西门子 S7-200 PLC 应用实验与工程实例

肖宝兴　主编

机械工业出版社

本书从课程实验及工程应用的角度出发，以德国西门子公司的S7-200型PLC为样机，突出应用性和实践性，重点介绍了CPU226型机的指令系统、编程软件STEP 7、课程实验、工程实例、程序编辑和程序调试等。通过大量的、有针对性的课程实验及工程实例，可了解在进行PLC控制系统设计时的设计思路、工作步骤、指令运用等。以具体实例为平台详尽地介绍了PLC与其他智能设备间的通信方式、与触摸屏或组态王等可视化软件间的组态配置，以及一些特殊功能指令的使用方法。本书语言通俗易懂、指令应用丰富、程序简捷全面，有利于读者尽快学习并掌握可编程序控制器技术。

本书可作为刚刚走出校门、初涉电气工程及工业自动化领域的大专院校毕业生的自学用书，也可作为大专院校相关专业的教材。对于广大的电气工程技术人员，本书也是一本更新知识结构和实践新技术应用的参考书。

图书在版编目（CIP）数据

西门子S7-200 PLC应用实验与工程实例/肖宝兴主编. —北京：机械工业出版社，2018.4

ISBN 978-7-111-59315-7

Ⅰ.①西…　Ⅱ.①肖…　Ⅲ.①PLC技术　Ⅳ.①TM571.6

中国版本图书馆CIP数据核字（2018）第041498号

机械工业出版社（北京市百万庄大街22号　邮政编码100037）
策划编辑：张俊红　责任编辑：间洪庆　责任校对：张　征
封面设计：路恩中　责任印制：张　博
三河市国英印务有限公司印刷
2018年5月第1版第1次印刷
184mm×260mm·17.5印张·427千字
标准书号：ISBN 978-7-111-59315-7
定价：59.90元

前　言

可编程序逻辑控制器（Programmable Logic Controller，PLC）问世 50 年来发展日新月异。在今日，PLC 已集数据采集与监控功能、通信功能、高速度数字量信号智能控制功能、模拟量闭环控制功能等高端技术于一身，使其不可动摇地成为控制系统的核心，已成为衡量生产设备自动化控制水平的标志。从事自动化专业的工程技术人员应该掌握这门应用性广泛的专业技术，可以通过各种形式的应用实例来感悟它，强化工程意识，提高应用能力。在高校电类专业中 PLC 已成为必修的专业课或专业基础课，然而作为初学者的学生还是不知如何入手编写PLC 程序，毕业以后面对大型控制系统在掌控上也存在一定难度，需要一定时间。

基于以上两方面因素，本书侧重于 PLC 控制程序的编写，实例丰富，涉及面广。既有适合初学者参考使用的简单的控制实例，又有来自于实际工程的较为复杂的应用实例。

西门子 S7-200 PLC 属于小型机，其一些控制功能却可与中型机、大型机相媲美，可以与其他智能设备实现串行通信、PLC 之间实现通信、可以作为现场总线中的一个单元参与整体控制、与可视化设备或软件组态共同完成控制任务。本书以此机型为样机。

全书共分四章及附录。第一章介绍一些常用的 PLC 基本指令和应用指令，为掌握指令和熟练使用指令打下基础，利用这些指令可以编写控制程序。第二章介绍西门子 S7-200 PLC 专用编程软件 STEP 7-Micro/WIN，介绍编程环境及程序的运行、监控和调试方法。第三章中的实验可分两部分，前面的实验来自于普通高校的课程实验，由浅入深，由易到难，面向于初学者；后面的实验难度大一些，适合作为课程设计类实践性课程参考使用。第四章为大型复杂的工程实例，适合刚走出校门步入实际工程的学生参考使用。比较有代表性的实例有 PLC 与变频器间串行通信、利用组态王软件与 PLC 配合实现可视化监控、西门子TP177A 触摸屏及其专用软件 WinCC flexible 在书中都有较详尽的介绍，触摸屏与 PLC 配合体现了当今最时尚的控制技术，在本章中有 TP177A 触摸屏与 PLC 组态形成的控制系统实例。通过学习，对于提高 PLC 的编程水平和充分利用 PLC 功能都会有很大的帮助。附录是电气控制线路中常用图形符号和文字符号新旧国标对照。

本书的编写原则是从课程实验出发，循序渐进，直到实际工程应用。在理解 PLC 的工作原理，熟悉 PLC 的结构组成及掌握 PLC 的指令系统后，开始接触课程实验实例，有助于刚接触 PLC 的学生尽快入门了解编程指令的运用方法，实现信号间的逻辑控制。工程应用实例部分选择一些具有现代控制手段的控制系统，更多地体现 PLC 与其他智能设备或可视化人机界面间的通信与组态功能，逻辑关系也更加复杂，所运用的指令功能性更强。

本书由肖宝兴主编。参与本书编写的还有冯冬梅、肖亮、贾茜茜、王金伟、钱锦锋、平乐民，全书由肖宝兴统稿。书中部分内容的编写参照了有关文献，恕不一一列举，在此谨对书后所有参考文献的作者表示感谢。

由于时间仓促，加之作者水平有限，书中错误和不妥之处恳请专家、同仁及广大读者批评指正。

主　编

目　录

第一章

S7-200 PLC的指令

在 S7-200 PLC 的指令系统中，可分为基本指令与应用指令。最初把能够取代传统的继电器控制系统的那些指令称为基本指令，为了满足用户不断提出的一些特殊控制要求而开发出的那些指令称为应用指令，应用指令又称为功能指令。由于 PLC 的功能越来越强，涉及的指令也越来越多，对基本指令所包含的内容也在不断扩充，所以，基本指令与应用指令目前还没有严格的界限与区分。在本章中，将由简到繁介绍一些在工控系统中经常使用的指令。

第一节 位操作指令

位是 PLC 存储器中的起步单元，也可以说是存储量最小的量值。位操作指令主要实现逻辑控制和顺序控制，完全可以用 S7-200 的位操作指令替代传统的继电器-接触器控制系统。

★ 一、基本逻辑指令

1. 触点指令

触点及线圈指令是 PLC 中应用最多的指令。触点首先分为动合触点及动断触点，又以其在梯形图中的位置分为和母线相连的动合触点或动断触点、与前边触点串联的动合或动断触点、并联的动合或动断触点。一些型号 PLC 还有边沿脉冲触点指令及取反触点指令。边沿脉冲触点指令是在满足工作条件时，接通一个扫描周期；取反触点指令是将其前面的信号状态取反后送出。表 1-1 所示为西门子 S7-200 PLC 的触点指令。

2. 线圈指令

线圈指令用来表达一段程序的运算结果。线圈指令含普通线圈指令、置位及复位线圈指令、立即线圈指令等类型。普通线圈指令在工作条件满足时，将该线圈相关存储器置1，在工作条件失去后复零。置位线圈指令在相关工作条件满足时将有关线圈置1，工作条件失去后，这些线圈仍保持置1，复位需用复位线圈指令。立即线圈指令采用中断方式工作，可以不受扫描周期的影响，将程序运算的结果立即送到输出口。表 1-2 所示为西门子可编程序控制器的线圈指令。

表 1-1　S7-200 PLC 部分触点指令

指令		梯形图符号	数据类型	操作数	指令功能
标准触点	动合 LD	┤├ Bit	位	I、Q、V、M、SM、S、T、C	将动合触点接在母线上
	动合 A	┤├ Bit			动合触点与其前面的信号相串联
	动合 O	┤├ Bit			动合触点与其上面的信号相并联
	动断 LDN	┤/├ Bit			将动断触点接在母线上
	动断 AN	┤/├ Bit			动断触点与其前面的信号相串联
	动断 ON	┤/├ Bit			动断触点与其上面的信号相并联
取反	NOT	─┤NOT├─		—	改变处在其前面信号的状态
正负跳变	正 EU	─┤P├─		—	检测到一次正跳变,可将此信号状态接通一个扫描周期
	负 ED	─┤N├─		—	检测到一次负跳变,可将此信号状态接通一个扫描周期

表 1-2　S7-200 PLC 线圈指令

指令与助记符		梯形图符号	数据类型	操作数	指令功能
输出	=	─( ) Bit	位	Q、V、M、SM、S、T、C	将运算结果输出到某个继电器
立即输出	=I	─(I) Bit	位	Q	立即将运算结果输出到某个继电器
置位与复位	S	─(S) Bit N	位 N:BYTE 或常数	位:Q、V、M、SM、S、T、C N:IB、QB、VB、SMB、SB、LB、AC、MB、常数等	将从指定地址开始 N 个位置位,N 的常数范围为 1~255
	R	─(R) Bit N	位 N:BYTE 或常数	位:Q、V、M、SM、S、T、C N:IB、QB、VB、SMB、SB、LB、AC、MB、常数等	将从指定地址开始 N 个位复位,N 的常数范围为 1~255
立即置位与立即复位	SI	─(SI) Bit N	位 N:BYTE 或常数	位:Q N:IB、QB、VB、SMB、SB、LB、AC、MB、常数等	立即将从指定地址开始 N 个位置位
	RI	─(RI) Bit N	位 N:BYTE 或常数	位:Q N:IB、QB、VB、SMB、SB、LB、AC、MB、常数等	立即将从指定地址开始 N 个位复位
SR 触发器	SR	SI OUT─ Bit SR R	位	Q、V、M、I、S	置位与复位同时为 1 时置位优先
RS 触发器	RS	S OUT─ Bit RS RI	位	Q、V、M、I、S、	置位与复位同时为 1 时复位优先

3. 触点及线圈指令梯形图实例

过去接触过的继电器/接触器控制系统中，控制电动机的起停往往需要两只按钮，在这里利用PLC逐行扫描的特点使用一只按钮控制电动机的起停，实现这个控制要求的方案很多，下面是其中3个方案。1个例子用3个方案的目的是一方面再熟悉一下周期性扫描的特点，另一方面是说明程序编写的灵活性。

将起动/停止的输入信号接按钮的常开触点并连接到输入点I0.0，通过输出点Q1.0连接接触器线圈来控制电动机。操作方法是，按一下该按钮，输入的是起动信号，再按一下该按钮，输入的则是停止信号，以此形成奇数次时为起动，偶数次时为停止。

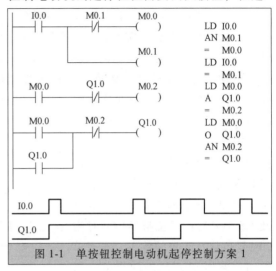

图 1-1 单按钮控制电动机起停控制方案 1

方案1如图1-1所示。当第1次按下按钮时，在当前扫描周期内，I0.0使辅助继电器M0.0及M0.1为ON状态，使Q1.0为ON；到第2个扫描周期，辅助继电器M0.1的动断触点为OFF，使M0.0为OFF，辅助继电器M0.2仍为OFF，M0.2的动断触点仍为ON，Q1.0的自锁触点已起作用，Q1.0仍为ON，从此不管经过多少扫描周期，这种状态也不会改变。第1次松开按钮后至第2次按下按钮前，在输入采样阶段读入I0.0的状态为OFF，辅助继电器M0.0、M0.1、M0.2均为OFF状态，Q1.0也继续保持ON状态。当第2次按下按钮时，在当前扫描周期，辅助继电器M0.0、M0.1、M0.2均为ON状态，M0.2的动断触点为OFF，使Q1.0由ON变为OFF；到下一个扫描周期（假定未松开按钮），M0.1的动断触点使M0.0为OFF，使M0.2为OFF，Q1.0不具备吸合条件仍然为OFF。第2次松开按钮后至第3次按下按钮前，M0.0、M0.1、M0.2及Q1.0均为OFF状态，控制程序恢复为原始状态。所以，当第3次按下按钮时，又开始了起动操作，由此进行起停电动机。

方案2如图1-2所示。相对于方案1，方案2去掉了一个中间环节，增加了一个正跳变指令，这个指令的特点就是当处在其前面的触点信号从OFF变ON时，它只ON一个扫描周期。当按一下按钮时，I0.0由OFF变ON，这时上升沿（正跳变）触发EU指令使M0.0只ON一个扫描周期，在本周期内接下来的扫描行是定M0.1的状态，因M0.0是ON，而Q1.0是OFF，所以M0.1是OFF。最后是定Q1.0的状态，因M0.0是ON，而M0.1是OFF，那M0.1的动断触点是ON，

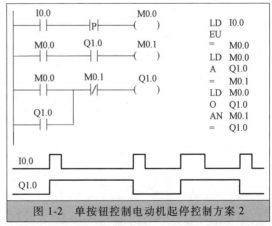

图 1-2 单按钮控制电动机起停控制方案 2

这样使得Q1.0"得电吸合"成为ON状态，接在这一点上的控制电动机的接触器线圈便得

电吸合，电动机就可转动起来。在接下来的第 2 扫描周期，即使按钮还没有松开，I0.0 还处于 ON 状态，由于 P 指令的作用，M0.0 变成了 OFF，也就是说从第 2 周期开始 M0.0 总是 OFF 了，下面的 M0.1 也不具备"得电吸合"的条件，始终处于 OFF 状态，Q1.0 仍然是 ON 状态。接下来就是松开按钮，3 个线圈的状态仍然与第 2 扫描周期的相同，电动机也始终在转动着。当第 2 次按下按钮时，就会形成 M0.0 与 M0.1 都是 ON 状态，而 Q1.0 成为 OFF 状态，电动机便停止转动。从第 2 次按下按钮的第 2 扫描周期开始 3 个线圈的状态都变成 OFF，恢复为原始状态。在这以后，当第 3 次按下按钮时，又开始了起动操作，由此进行起停电动机。

方案 3 如图 1-3 所示。在这里使用了 RS 触发器及上升沿（正跳变）触发 EU（P）指令，利用 P 指令只 ON 一个扫描周期的特点以及 RS 触发器在置位与复位同时为 1 时复位信号优先的特点，实现单按钮控制电动机起停的目的。当第 1 次按下按钮时，在当前扫描周期，I0.0 成为 ON 状态，RS 触

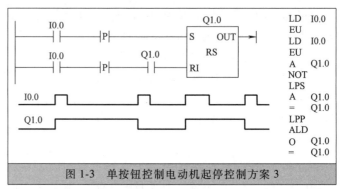

图 1-3　单按钮控制电动机起停控制方案 3

发器的置位端为 1，而复位端由于 Q1.0 此时处于 OFF 状态使得复位端为 0，所以在第 1 次按下按钮的第 1 个扫描周期，Q1.0 就会成为 ON 状态，电动机起动运行。从第 2 个扫描周期开始，由于 P 指令的作用，RS 触发器的置位与复位端都为 0，Q1.0 继续保持 ON 状态，无论继续按着或松开按钮，这样的状态也不会改变了。当第 2 次按下按钮时，由于 Q1.0 已经是 ON 状态，所以就会形成触发器的置位端与复位端都为 1 的时刻，这样由于 RS 触发器是复位优先，就会使得 Q1.0 复位，变成 OFF 状态，电动机就停止运行了。同样这种方案也能形成奇数次按下按钮时为起动，偶数次按下按钮时为停止。

★ 二、定时器指令

定时器是 PLC 中最常用器件之一，准确用好定时器对于 PLC 程序设计非常重要。S7-200 PLC 的 CPU22X 系列定时器有 3 种类型：接通延时型 TON、保持型（有记忆的）接通延时型 TONR、断开延时型 TOF。

定时器指令用来规定定时器的功能，表 1-3 所示为西门子 S7-200 系列 PLC 定时器指令，

表 1-3　定时器指令类别

定时器类别	接通延时定时器	保持型接通延时定时器	断开延时定时器
指令的表达形式	T×× — IN　TON — PT　××ms	T×× — IN　TONR — PT　××ms	T×× — IN　TOF — PT　××ms
操作数的范围及类型	T××:字型;常数 T0~T255,指定定时器号 IN:位型;I、Q、V、M、SM、S、T、C、L、能流,启动定时器 PT:整数型;IW、QW、VW、MW、SMW、T、C、LW、AC、AIW、* VD、* LD、* AC、常数,设定值输入端		

注：带"＊"的存储单元具有变址功能。

3 条指令规定了三种不同功能的定时器。

西门子 S7-200 系列定时器使用的基本要素如下。

1. 编号、类型及精度

S7-200 系列 PLC 配置了 256 个定时器，编号为 T0~T255。定时器有 1ms、10ms、100ms 三种精度，1ms 的定时器有 4 个，10ms 的定时器有 16 个，100ms 的定时器有 236 个。编号和类型与精度有关。例如，编号是 T2 的精度是 10ms，类型为有记忆的接通延时型。选用前应先查表 1-4 以确定合适的编号。从表 1-4 中可知，有记忆的定时器均是接通延时型，无记忆的定时器可根据需要选用接通延时或断开延时型，使用时还需注意，在一个程序中不能把一个定时器同时用作不同类型，如既有 TON37 又有 TOF37。

表 1-4　定时器的精度及编号

定时器类型	定时精度/ms	最大当前值/s	定时器编号
TONR （有记忆）	1	32.767	T0,T64
	10	327.67	T1~T4,T65~T68
	100	3276.7	T5~T31,T69~T95
TON,TOF （无记忆）	1	32.767	T32,T96
	10	327.67	T33~T36,T97~T100
	100	3276.7	T37~T63,T101~T255

2. 预置值（也叫设定值）

预置值即编程时设定的延时时间的长短，PLC 定时器采用时基计数及与预置值比较的方式确定延时时间是否达到，时基计数值称为当前值，存储在当前值寄存器中，预置值在使用梯形图编程时，标在定时器功能框的 PT 端。

3. 工作条件

工作条件也叫使能输入，从梯形图的角度看，定时器功能框中 IN 端连接的是定时器的工作条件。对于接通延时型定时器来说，有能流流到 IN 端时开始计时；对于断开延时型定时器来说，能流从有变到无时开始计时；对于无记忆的定时器来说，工作条件失去，如接通延时型定时器能流从有变到无时，无论定时器计时是否达到预置值，定时器均复位，前边的计时值清零；对于有记忆定时器来说，可累加分段的计时时间，这种定时器的复位就得靠复位指令。

4. 工作对象

工作对象是指定时器的延时时间已到，利用定时器的触点控制的输出或工作过程。S7-200 系列 PLC 定时器的工作过程可以描述如下：

接通延时定时器和有记忆的接通延时定时器在 IN 端接通，定时器的当前值大于等于 PT 端的预置值时，该定时器位被置位。当达到预设时间后，接通延时定时器和有记忆的接通延时定时器继续计时，后者的当前值可以分段累加，最大计时值都是 32767。

断开延时定时器在使能输入 IN 接通时，定时器位立即接通，并把当前值设为 0。当 IN 端断开时开始计时，达到预设值 PT 时，定时器位断开，并且停止当前值计数。当 IN 端断开的时间短于预置值时，定时器位保持接通。

5. S7-200 的定时器的刷新方式

S7-200 的定时器有 3 种不同的定时精度，即每种定时精度对应不同的时基脉冲。定时器计时的过程就是数时基脉冲的过程。然而，这 3 种不同定时精度的定时器的刷新方式是不同的，要正确使用定时器，首先要知道定时器的刷新方式，保证定时器在每个扫描周期都能刷新 1 次，并能执行 1 次定时器指令。

（1） 1ms 定时器的刷新方式

1ms 定时器采用中断刷新的方式，系统每隔 1ms 刷新 1 次，与扫描周期即程序处理无关。当扫描周期较长时，1ms 的定时器在 1 个扫描周期内将多次被刷新，其当前值在每个扫描周期内可能不一致。

（2） 10ms 定时器的刷新方式

10ms 的定时器由系统在每个扫描周期开始时自动刷新，在每次程序处理阶段，定时器位和当前值在整个扫描过程中不变。在每个扫描周期开始时将一个扫描周期累计的时间加到定时器当前值上。例如，扫描周期是 30ms 的程序，这个定时器在 IN 端接通有效到本周期结束用时 18ms，下个周期整个扫描过程中的当前值都是 18ms，再下个周期就是 48ms，再下个周期就是 78ms，假设定时器的预置值是 70ms，在这个周期，定时器的位就可起作用了，实际计时超过 70ms。

（3） 100ms 定时器的刷新方式

100ms 的定时器是在该定时器指令执行时被刷新。为了使定时器正确地定时，要确保每个扫描周期都能执行一次 100ms 定时器指令，程序的长短会影响定时的准确性。

下面介绍如何正确使用定时器。

在 PLC 的应用中，经常使用具有自复位功能的定时器，即利用定时器自己的动断触点去控制自己的线圈。在 S7-200 PLC 中，要使用具有自复位功能的定时器，必须考虑定时器的刷新方式。

图 1-4a 中，T96 是 1ms 的定时器，只有正好在程序扫描到 T96 的动断触点到 T96 的动合触点之间当前值等于预置值时被刷新，进行状态位的转换，使 T96 的动合触点为 ON，从而使 M0.0 能 ON 一个扫描周期，否则 M0.0 将总是 OFF 状态。正确解决这个问题的方法是采用图 1-4b 所示的编程方式。

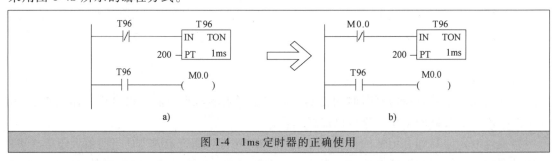

图 1-4　1ms 定时器的正确使用

图 1-5a 中，T33 是 10ms 的定时器，而 10ms 的定时器是在扫描周期开始时被刷新的，由于 T33 的动断触点和动合触点的相互矛盾状态，使得 M0.0 永远为 OFF 状态。正确解决这个问题的方法是采用图 1-5b 所示的编程方式。

对于 100ms 的定时器，推荐采用图 1-6b 所示的编程方式。

下面为定时器应用举例：用定时器设计输出脉冲的周期和占空比可调的振荡电路（即闪烁电路）。

图 1-7 中，在 I0.0 处于 OFF 状态时，T37 与 T38 也都处于 OFF 状态。当 I0.0 处于 ON

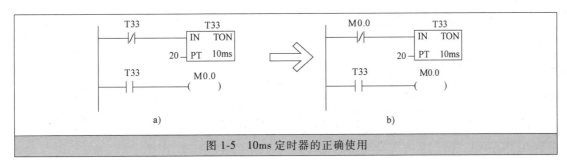

图 1-5　10ms 定时器的正确使用

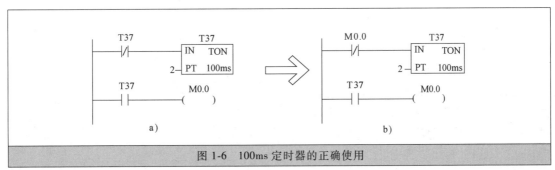

图 1-6　100ms 定时器的正确使用

状态后，T37 的 IN 输入端为 1 状态，T37 开始定时。3s 后定时时间到，T37 的动合触点接通，使 Q1.0 变为 ON，同时 T38 开始定时。5s 后定时时间到，它的动断触点断开，使 T37 的 IN 输入端变为 0 状态，T37 的动合触点断开，使 Q1.0 变为 OFF，同时 T38 因为 IN 输入端变为 0 状态，它被复位。复位后其动断触点又接通，T37 又开始计时，往后 Q1.0 的线圈就这样周期性地"通电"与"断电"，直到 I0.0 变为 OFF，Q1.0 线圈"通电"与"断电"的时间分别等于 T38 与 T37 的预置值。闪烁电路实际上是一个具有

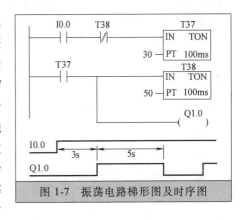

图 1-7　振荡电路梯形图及时序图

正反馈的振荡电路，T37 与 T38 的输出信号通过它们的触点分别控制对方的线圈，形成了正反馈。另外，特殊继电器 SM0.5 是以触点形式供我们使用的，它可提供周期为 1s，占空比为 0.5 的脉冲信号，此脉冲信号是不可调的，利用它也可以驱动需要闪烁的指示灯。

★ 三、计数器指令

S7-200 的普通计数器有 3 种类型：递增计数器 CTU、递减计数器 CTD 和增减计数器 CTUD，共计 256 个，编号为 C0～C255。可根据实际编程需要，对某个计数器的类型进行定义。不能重复使用同一个计数器的线圈编号，即每个计数器的线圈编号只能使用 1 次。每个计数器有一个 16 位的当前值寄存器和一个状态位，最大计数值为 32 767。计数器设定值 PV 的数据类型为整数型 INT，寻址范围为 VW、IW、QW、MW、SW、SMW、LW、AIW、T、C、AC、*VD、*AC、*LD 及常数。

计数器用来累计输入脉冲的次数，在实际应用中用来对产品进行计数或完成复杂的逻辑控制任务。计数器的使用和定时器基本相似，编程时各输入端都应有位控制信号，计数器累

计它的脉冲输入端信号上升沿的个数。依据设定值及计数器类型决定动作时刻，以便完成计数控制任务。

计数器指令的 LAD 和 STL 格式见表 1-5。

表 1-5　计数器的指令格式

格式	名称		
	增计数	增减计数	减计数
LAD	C××× CU CTU R PV	C××× CU CTUD CD R PV	C××× CD CTD LD PV
STL	CTU C×××,PV	CTUD C×××,PV	CTD C×××,PV

1. 增计数器 CTU（Count Up）

在梯形图中，增计数器以功能框的形式编程，指令名称为 CTU，它有 3 个输入端：CU、R 和 PV。当复位输入端（R）电路断开（见图 1-8），加计数脉冲输入端（CU）电路由断开变为接通（即 CU 信号的上升沿），计数器计数 1 次，当前值增加 1 个单位，PV 为设定值输入端，当前值达到设定值时，计数器动作，计数器位 ON，当前值可继续计数到 32767 后停止计数。当复

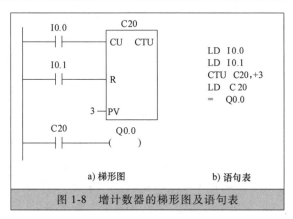

图 1-8　增计数器的梯形图及语句表

位输入端（R）为 ON 或对计数器执行复位指令，计数器自动复位，即计数器位为 OFF，当前值为 0。

2. 增减计数器 CTUD（Count Up/Down）

在梯形图中，增减计数器以功能框的形式编程，指令名称为 CTUD，它有 4 个输入端：CU 输入端用于递增计数，CD 输入端用于递减计数，R 输入端用于复位，PV 为设定值输入端。CU 输入的每个上升沿，计数器当前值加 1；CD 输入的每个上升沿，都使计数器当前值减 1，当前值达到设定值时，计数器动作，其状态位为 ON。若复位输入端 R 为 ON，或使用复位指令 R，都可使计数器复位，状态位变为 OFF，并使当前值清 0。

增减计数器当前值计数到 32767（最大值）后，下一个 CU 输入的上升沿将使当前值跳变为最小值（-32767）；当前值达到最小值-32767 后，下一个 CD 输入的上升沿将使当前值跳变为最大值 32767。图 1-9 所示为递减计数器的用法。

3. 减计数器 CTD（Count Down）

在梯形图中，减计数器以功能框的形式编程，指令名称为 CTD，它有 3 个输入端：CD、LD 和 PV。当复位输入端（LD）电路断开（见图 1-10），减计数脉冲输入端（CD）电路由断开变为接通（即 CD 信号的上升沿），计数器计数 1 次，当前值减去 1 个单位，PV 为设定值输入端，当前值减到 0 时，计数器动作，计数器位 ON，计数器的当前值保持为 0。当复位输入端（LD）为 ON 或对计数器执行复位指令，计数器自动复位，即计数器位为 OFF，当前值为设定值。

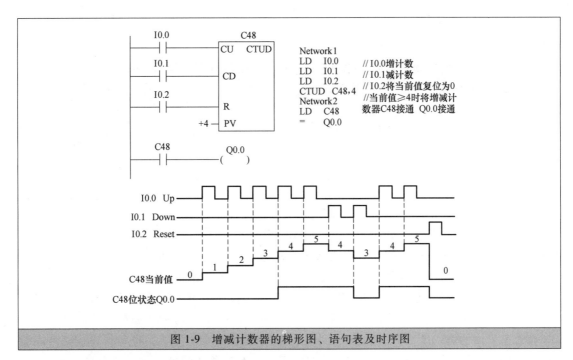

图1-9　增减计数器的梯形图、语句表及时序图

4. 计数器计数次数的串级组合

PLC的单个计数器的计数次数是一定的，或者说是有限的。在S7-200中，单个计数器的最大计数范围是32767，当所需计数的次数超过这个最大值时，可通过计数器串级组合的方法来扩大计数器的计数范围。

例如，某产品的生产个数达到50万个时，将有一个输出动作，用I0.0作为计数开关，I0.1为清0开关，Q0.0为50万个时的输出位，梯形图程序如图1-11所示，50万个数用一个计数器是实现不了的，这里使用了两个，C1的设定值是25000，C2的设定值是20，当达到C2的设定值时，对I0.0的计数次数已达到25000×20 = 500000次。

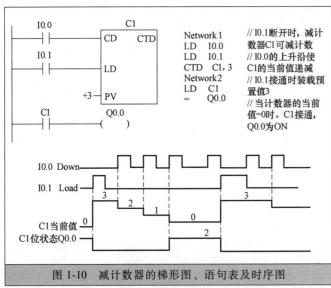

图1-10　减计数器的梯形图、语句表及时序图

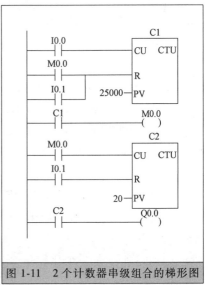

图1-11　2个计数器串级组合的梯形图

★ 四、比较指令

比较指令用于两个相同数据类型的有符号数或无符号数 IN1 和 IN2 的比较判断操作。

比较运算符有等于（=）、大于等于（>=）、小于等于（<=）、大于（>）、小于（<）、不等于（<>）共6种比较形式。

在梯形图中，比较指令是以动合触点的形式编程的，在动合触点的中间注明比较参数和比较运算符。触点中间的参数 B、I、D、R 分别表示字节、整数、双字、实数，当比较的结果满足比较关系式给出的条件时，该动合触点闭合。

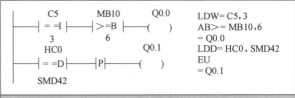

图 1-12 比较指令在梯形图中的基本格式

梯形图及语句表中比较指令的基本格式如图 1-12 所示，左为梯形图，右为语句表，图中第一段程序行中有两条比较指令，第一条是计数器 C5 与整数 3 比较，如 C5 中的计数值与 3 相等，该动合触点将闭合为 ON 状态。指令中的 C5 即是操作数 IN1，3 即是操作数 IN2，触点中间的参数 I 表示与整数比较，运算符是 " = " 号，说明 IN1 与 IN2 如相等，此触点就为 ON 状态。后面的第二条是 MB10 与 6 相比较，这条的比较参数是 B，也就是说这是一条字节比较指令，意思是当字节 MB10 中的数据大于等于 6 时条件满足，此触点为 ON 状态，那么当两条指令的条件都满足时线圈 Q0.0 也就为 ON 状态。第二段程序行中是一条双字比较指令，这里的操作数 IN1 是 0 号高速计数器 HC0，操作数 IN2 是 HC0 的设定值存放地址 SMD42，当两者相等时线圈 Q0.1 为 ON 状态。从这里可看出操作数 IN1、操作数 IN2 与比较参数都是统一对应的，不可错用。表 1-6 列出了操作数 IN1 与操作数 IN2 的寻址范围。

表 1-6　比较指令的操作数 IN1 和操作数 IN2 的寻址范围

操作数	类型	寻址范围
IN1 IN2	字节	VB、IB、QB、MB、SB、SMB、LB、AC、＊VD、＊AC、＊LD 和常数
	整数	VW、IW、QW、MW、SW、SMW、LW、AIW、T、C、AC、＊VD、＊AC、＊LD 和常数
	双字	VD、ID、QD、MD、SD、SMD、LD、HC、AC、＊VD、＊AC、＊LD 和常数
	实数	VD、ID、QD、MD、SD、SMD、LD、AC、＊VD、＊AC、＊LD 和常数

字节比较指令用于两个无符号的整数字节 IN1 和 IN2 的比较；整数比较指令用于两个有符号的一个字长的整数 IN1 和 IN2 的比较，整数范围为十六进制的 8000～7FFF，在 S7-200 中，用 16#8000～16#7FFF 表示；双字节整数比较指令用于两个有符号的双字长整数 IN1 和 IN2 的比较。双字整数的范围为 16# 80000000～16#7FFFFFFF；实数比较指令用于两个有符号的双字长实数 IN1 和 IN2 的比较，正实数的范围为 +1.175495E-38～+3.402823E+38，负实数的范围为 - 1.175495E - 38 ～ -3.402823E+38。

图 1-13 所示是一个比较指令使用较多的程序段。从中可以看出，计数器 C10

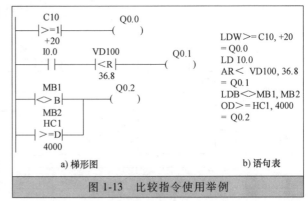

a）梯形图　　　　b）语句表

图 1-13　比较指令使用举例

中的当前值大于等于 20 时，Q0.0 为 ON；VD100 中的实数小于 36.8 且 I0.0 为 ON 时，Q0.1 为 ON，MB1 中的值不等于 MB2 中的值或者高速计数器 HC1 的计数值大于等于 4000 时，Q0.2 为 ON。

第二节　数据处理指令

★ 一、传送类指令

传送类指令用于在各个编程元件之间进行数据传送。根据每次传送数据的数量，可分为单个传送指令和块传送指令。

1. 单个传送指令 MOVB、MOVW、MOVD、MOVR

单个传送指令每次传送 1 个数据，传送数据的类型分为字节传送、字传送、双字传送和实数传送。表 1-7 所示为单个传送类指令的类别。IN 和 OUT 的寻址范围见表 1-8。

表 1-7　单个传送类指令

指令名称	梯形图符号	助记符	指令功能
字节传送 MOV_B	MOV_B EN　ENO IN　OUT	MOVB IN,OUT	以功能框的形式编程，当允许输入 EN 有效时，将 1 个无符号的单字节数据 IN 传送到 OUT 中
字传送 MOV_W	MOV_W EN　ENO IN　OUT	MOVW IN,OUT	以功能框的形式编程，当允许输入 EN 有效时，将 1 个无符号的单字长数据 IN 传送到 OUT 中
双字传送 MOV_DW	MOV_DW EN　ENO IN　OUT	MOVD IN,OUT	以功能框的形式编程，当允许输入 EN 有效时，将 1 个有符号的双字长数据 IN 传送到 OUT 中
实数传送 MOV_R	MOV_R EN　ENO IN　OUT	MOVR IN,OUT	以功能框的形式编程，当允许输入 EN 有效时，将 1 个有符号的双字长实数数据 IN 传送到 OUT 中

表 1-8　传送指令中 IN 和 OUT 的寻址范围

传送	操作数	类型	寻址范围
字节	IN	BYTE	VB、IB、QB、MB、SMB、LB、SB、AC、*AC、*LD、*VD 和常数
	OUT	BYTE	VB、IB、QB、MB、SMB、LB、SB、AC、*AC、*LD、*VD
字	IN	WORD	VW、IW、QW、MW、SMW、LW、SW、AC、*AC、*LD、*VD、T、C 和常数
	OUT	WORD	VW、IW、QW、MW、SMW、LW、SW、AC、*AC、*LD、*VD、T、C
双字	IN	DWORD	VD、ID、QD、MD、SMD、LD、AC、HC、*AC、*LD、*VD 和常数
	OUT	DWORD	VD、ID、QD、MD、SMD、LD、AC、*AC、*LD、*VD
实数	IN	REAL	VD、ID、QD、MD、SMD、LD、AC、HC、*AC、*LD、*VD 和常数
	OUT	REAL	VD、ID、QD、MD、SMD、LD、AC、*AC、*LD、*VD

2. 块传送指令 BMB、BMW、BMD

块传送指令用来进行一次传送多个数据，将最多可达 255 个的数据组成 1 个数据块，数据块的类型可以是字节块、字块和双字块。表 1-9 列出了块传送类指令的类别。块传送指令的 IN、N、OUT 的寻址范围见表 1-10。

表1-9 块传送类指令

指令名称	梯形图符号	助记符	指令功能
字节块传送 BLKMOV_B	BLKMOV_B EN ENO IN OUT N	BMB IN,OUT,N	当允许输入 EN 有效时,将从输入字节 IN 开始的 N 个字节型数据传送到从 OUT 开始的 N 个字节存储单元,功能框形式编程
字块传送 BLKMOV_W	BLKMOV_W EN ENO IN OUT N	BMW IN,OUT,N	当允许输入 EN 有效时,将从输入字 IN 开始的 N 个字型数据传送到从 OUT 开始的 N 个字存储单元,功能框形式编程
双字块传送 BLKMOV_D	BLKMOV_D EN ENO IN OUT N	BMD IN,OUT,N	当允许输入 EN 有效时,将从输入双字 IN 开始的 N 个双字型数据传送到从 OUT 开始的 N 个双字存储单元,功能框形式编程

表1-10 块传送指令的 IN、N、OUT 的寻址范围

指令	操作数	类型	寻址范围
BMB	IN,OUT	BYTE	VB、IB、QB、MB、SMB、LB、HC、AC、* AC、* LD、* VD
	N	BYTE	VB、IB、QB、MB、SMB、LB、AC、* AC、* LD、* VD
BMW	IN,OUT	WORD	VW、IW、QW、MW、SMW、LW、AIW、AC、AQW、HC、C、T、* AC、* LD、* VD
	N	BYTE	VB、IB、QB、MB、SMB、LB、AC、* AC、* LD、* VD
BMD	IN,OUT	DWORD	VD、ID、QD、MD、SMD、LD、SD、AC、HC、* AC、* LD、* VD
	N	BYTE	VB、IB、QB、MB、SMB、LB、AC、* AC、* LD、* VD 和常数

★ 二、移位指令

1. 左移和右移指令

移位指令在 PLC 控制中是比较常用的,根据移位的数据长度可分为字节型移位、字型移位和双字型移位;根据移位的方向可分为左移和右移,还可进行循环移位。指令有右移位指令、左移位指令、循环右移位指令、循环左移位指令。

移位指令的类别见表1-11。左移或右移指令的特点如下:

1)被移位的数据是无符号的。

2)在移位时,存放被移位数据的编程元件的移出端与特殊继电器 SM1.1 连接,移出位进入 SM1.1(溢出),另一端自动补0。

3)移位次数 N 与移位数据的长度有关,如 N 小于实际的数据长度,则执行 N 次移位;如 N 大于数据长度,则执行移位的次数等于实际数据长度的位数。

4)移位次数 N 为字节型数据。

影响允许输出 ENO 正常工作的出错条件是,SM4.3(运行时间)、0006(间接寻址)。

表1-11 移位指令

指令名称	梯形图符号	助记符	指令功能
字节左移 SHL_B	SHL_B EN ENO IN OUT N	SLB OUT,N	以功能框的形式编程,当允许输入 EN 有效时,将字节型输入数据 IN 左移 N 位($N \le 8$)后,送到 OUT 指定的字节存储单元

（续）

指令名称	梯形图符号	助记符	指 令 功 能
字节右移 SHR_B	SHR_B EN　ENO IN　OUT N	SRB OUT,N	以功能框的形式编程,当允许输入 EN 有效时,将字节型输入数据 IN 右移 N 位($N \leqslant 8$)后,送到 OUT 指定的字节存储单元
字左移 SHL_W	SHL_W EN　ENO IN　OUT N	SLW OUT,N	以功能框的形式编程,当允许输入 EN 有效时,将字型输入数据 IN 左移 N 位($N \leqslant 16$)后,送到 OUT 指定的字存储单元
字右移 SHR_W	SHR_W EN　ENO IN　OUT N	SRW OUT,N	以功能框的形式编程,当允许输入 EN 有效时,将字型输入数据 IN 右移 N 位($N \leqslant 16$)后,送到 OUT 指定的字存储单元
双字左移 SHL_DW	SHL_DW EN　ENO IN　OUT N	SLD OUT,N	以功能框的形式编程,当允许输入 EN 有效时,将双字型输入数据 IN 左移 N 位($N \leqslant 32$)后,送到 OUT 指定的双字存储单元
双字右移 SHR_DW	SHR_DW EN　ENO IN　OUT N	SRD OUT,N	以功能框的形式编程,当允许输入 EN 有效时,将双字型输入数据 IN 右移 N 位($N \leqslant 32$)后,送到 OUT 指定的双字存储单元

2. 循环左移和循环右移指令

循环移位的特点如下:

1）被移位时的数据是无符号的。

2）在移位时,存放被移位数据的编程元件的移出端既与另一端连接,又与特殊继电器 SM1.1 连接,移出位在被移到另一端的同时,也进入 SM1.1（溢出）。

3）移位次数 N 与移位数据的长度有关,如 N 小于实际的数据长度,则执行 N 次移位;如 N 大于数据长度,则执行移位的次数为 N 除以实际数据长度的余数。

4）移位次数 N 为字节型数据。

如果执行循环移位操作,移出的最后一位的数值存放在溢出位 SM1.1。如果实际移位次数为 0,零标志位 SM1.0 被置为 1。字节操作是无符号的,如果对有符号的字或双字操作,符号位也一起移动。循环移位指令类别见表 1-12。

表 1-12　循环移位指令

指令名称	梯形图符号	助记符	指令功能
字节循环左移 ROL_B	ROL_B EN　ENO IN　OUT N	RLB OUT,N	以功能框的形式编程,当允许输入 EN 有效时,将字节型输入数据 IN 循环左移 N 位后,送到 OUT 指定的字节存储单元
字节循环右移 ROR_B	ROR_B EN　ENO IN　OUT N	RRB OUT,N	以功能框的形式编程,当允许输入 EN 有效时,将字节型输入数据 IN 循环右移 N 位后,送到 OUT 指定的字节存储单元

（续）

指令名称	梯形图符号	助记符	指令功能
字循环左移 ROL_W	ROL_W EN ENO IN OUT N	RLW OUT,N	以功能框的形式编程,当允许输入 EN 有效时,将字型输入数据 IN 循环左移 N 位后,送到 OUT 指定的字存储单元
字循环右移 ROR_W	ROR_W EN ENO IN OUT N	RRW OUT,N	以功能框的形式编程,当允许输入 EN 有效时,将字型输入数据 IN 循环右移 N 位后,送到 OUT 指定的字存储单元
双字循环左移 ROL_DW	ROL_DW EN ENO IN OUT N	RLD OUT,N	以功能框的形式编程,当允许输入 EN 有效时,将双字型输入数据 IN 循环左移 N 位后,送到 OUT 指定的双字存储单元
双字循环右移 ROR_DW	ROR_DW EN ENO IN OUT N	RRD OUT,N	以功能框的形式编程,当允许输入 EN 有效时,将双字型输入数据 IN 循环右移 N 位后,送到 OUT 指定的双字存储单元

3. 传送类指令与循环指令应用实例

控制要求：用 1 个按钮控制彩灯循环，方法是第一次按下按钮为起动循环，第二次按下为停止循环，以此为奇数次起动、偶数次停止。用另一个按钮控制循环方向，第一次按下左循环，第二次按下右循环，由此交替。假设彩灯初始状态为 00000101，循环移动周期为 1s。

I/O 分配：I0.0 为起动、停止按钮，I0.1 为左、右循环按钮，Q0.0~Q0.7 为彩灯对应位（一个字节）。

程序注释：参见图 1-14，程序中 SM0.1 是个特殊继电器，利用它从 STOP 转为 RUN 只 ON 一个扫描周期的特点为彩灯设置初始值 00000101（16#05），在这用了字节传送指令 MOV_B 将 16#05 送到 QB0 中，按起动按钮 I0.0 为 ON，使 M0.0 置位，时间继电器 T37 开始计时，时间为 1s，到时后是左循环还是右循环要看 M0.1 是否吸合，如吸合为左循环，所用指令为 ROL_B，如没吸合为右循环，所用指令为 ROR_B，而 M0.1 是否吸合由 I0.1 决定，I0.1 单数次 ON 时左循环，I0.1 双数次 ON 时右循环，每隔 1s 循环移动 1 位。

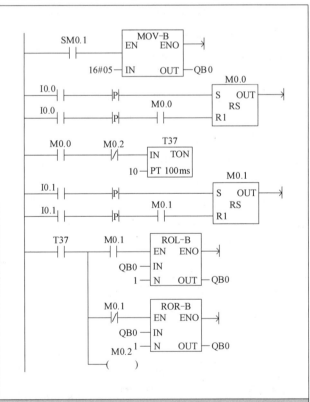

图 1-14　单按钮控制彩灯循环梯形图程序

4. 移位寄存器指令 SHRB

在顺序控制或步进控制中，应用移位寄存器编程是很方便的。

SHRB 指令如图 1-15 所示，移位寄存器以功能框的形式编程，指令名称为 SHRB。它有 3 个数据输入端：DATA 为移位寄存器的数据输入端；S_BIT 为组成移位寄存器的最低位；N 为移位寄存器的长度。

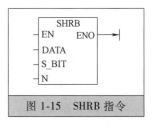

图 1-15　SHRB 指令

（1）移位寄存器的特点

移位寄存器的特点如下：

1）移位寄存器的数据类型无字节型、字型、双字型之分，移位寄存器的长度 N（≤ 64）由程序指定。

① $N>0$ 时，为正向移位，即从最低位向最高位移位。

② $N<0$ 时，为反向移位，即从最高位向最低位移位。

2）移位寄存器的移出端与 SM1.1（溢出）连接。

移位寄存器指令影响的特殊继电器：SM1.0（零），当移位操作结果为 0 时，SM1.0 自动置位；SM1.1（溢出）的状态由每次移出位的状态决定。

在语句表中，移位寄存器的指令格式为 SHRB DATA，S_BIT，N。

（2）移位寄存器的组成

① 最低位：S_BIT。

② 最高位的计算方法：$MSB = \{|N| - 1 + (S\_BIT 的位号)\}/8$。

③ 最高位的字节号：MSB 的商（不包括余数）+S_BIT 的字节号。

④ 最高位的位号：MSB 的余数。

例如，S_BIT = V21.2，$N = 14$，则 $MSB = (14-1+2)/8 = 15/8 = 1\cdots7$，其中最高位的字节号为 $21+1 = 22$，最高位的位号为 7，最高位为 V22.7。

⑤ 包括 V21.2~V21.7、V22.0~V22.7，共 14 位。

（3）移位寄存器指令的功能

当允许输入端 EN 有效时，如果 $N>0$，则在每个 EN 的前沿，将数据输入 DATA 的状态移入移位寄存器的最低位 S_BIT；如果 $N<0$，则在每个 EN 的前沿，将数据输入 DATA 的状态移入移位寄存器的最高位，移位寄存器的其他位按照 N 指定的方向（正向或反向），依次串行移位。

例如，移位寄存器指令的应用如图 1-16 所示。

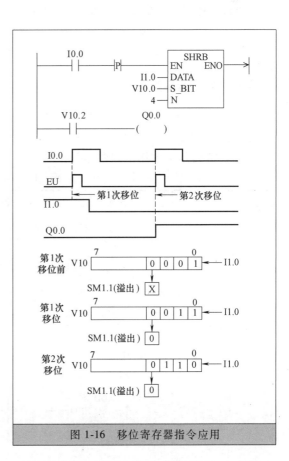

图 1-16　移位寄存器指令应用

从图 1-16 中可以看出，S_BIT=V10.0，N=4>0，最高位为 V10.3。每当按下 I0.0 时，I1.0 的状态将从 V10.0 开始移入移位寄存器中，在这里假设移位之前 V10.0 已处于 ON 状态，当第二次按下 I0.0 时，V10.0 的状态已移动到 V10.2，使 V10.2 变为 ON 状态，从而使 Q0.0 也变为 ON 状态。

5. 填充指令 FILL

填充指令 FILL 用于处理字型数据，指令功能是将字型输入数据 IN 填充到从 OUT 开始的 N 个字存储单元，N 为字节型数据。

FILL 指令如图 1-17 所示，FILL 指令以功能框的形式编程，指令名称为 FILL_N。当允许输入 EN 有效时，开始填充操作。例如，将 VW100～VW109 这 10 个字都清 0。那除了有效端 EN，0 应放在 IN 端、10 应放在 N 端、VW100 应放在 OUT 端。这样当 EN 端有效时，这 10 个字就都清 0 了。在语句表中，FILL 指令的指令格式为 FILLIN，OUT，N。

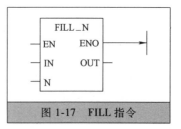

图 1-17　FILL 指令

第三节　运 算 指 令

随着计算机技术的发展，今天的 PLC 具备了越来越强的运算功能，拓宽了 PLC 的应用领域。运算指令包括算术运算与逻辑运算，算术运算包括加法、减法、乘法、除法及一些常用的数学函数；逻辑运算包括逻辑与、逻辑或、逻辑非、逻辑异或。

★ 一、算术运算指令

在算术运算中，数据类型为整数 INT、双整数 DINT、实数 REAL，对应的运算结果分别为整数、双整数和实数，除法不保留余数。运算结果如超出允许范围，溢出位被置 1。

表 1-13 所示为常用的加法运算指令，表 1-14 所示为算术运算指令操作数的寻址范围。

表 1-13　加法运算指令

指令名称	梯形图符号	助记符	指令功能
整数加法 ADD_I	ADD_I / EN ENO / IN1 OUT / IN2	+I IN1,OUT	以功能框的形式编程，当允许输入 EN 有效时，将 2 个字型有符号整数 IN1 和 IN2 相加，产生 1 个字型整数和 OUT（字存储单元）。这里 IN2 与 OUT 是同一存储单元
双整数加法 ADD_DI	ADD_DI / EN ENO / IN1 OUT / IN2	+D IN1,OUT	以功能框的形式编程，当允许输入 EN 有效时，将 2 个双字型有符号整数 IN1 和 IN2 相加，产生 1 个双字型整数和 OUT（双字存储单元）。这里 IN2 与 OUT 是同一存储单元
实数加法 ADD_R	ADD_R / EN ENO / IN1 OUT / IN2	+R IN1,OUT	以功能框的形式编程，当允许输入 EN 有效时，将 2 个双字长实数 IN1 和 IN2 相加，产生 1 个双字长实数和 OUT（双字存储单元）。这里 IN2 与 OUT 是同一存储单元

表 1-14　算术运算指令 IN1、IN2 和 OUT 的寻址范围

指令	操作数	类型	寻 址 范 围
整数	IN1、IN2	INT	VW、IW、QW、MW、SMW、LW、SW、AC、﹡AC、﹡LD、﹡VD、T、C、AIW 和常数
	OUT	INT	VW、IW、QW、MW、SMW、LW、SW、T、C、AC、﹡AC、﹡LD、﹡VD
双整数	IN1、IN2	DINT	VD、ID、QD、MD、SMD、LD、SD、AC、﹡AC、﹡LD、﹡VD、HC 和常数
	OUT	DINT	VD、ID、QD、MD、SMD、LD、SD、AC、﹡AC、﹡LD、﹡VD
实数	IN1、IN2	REAL	VD、ID、QD、MD、SMD、LD、AC、SD、﹡AC、﹡LD、﹡VD 和常数
	OUT	REAL	VD、ID、QD、MD、SMD、LD、AC、﹡AC、﹡LD、﹡VD、SD
完全整数	IN1、IN2	INT	VW、IW、QW、MW、SMW、LW、SW、AC、﹡AC、﹡LD、﹡VD、T、C、AIW 和常数
	OUT	DINT	VD、ID、QD、MD、SMD、LD、SD、AC、﹡AC、﹡LD、﹡VD

　　加法指令是对两个有符号数进行相加操作，减法指令是对两个有符号数进行相减操作。表 1-15 所示为常用的减法运算指令，与加法指令一样，也可分为整数减法指令、双整数减法指令及实数减法指令。运算指令中操作数的寻址范围见表 1-14。

　　表 1-16 所示为常用的乘（除）法运算指令。乘（除）法指令是对两个有符号数进行相乘（除）运算，可分为整数乘（除）法指令、双整数乘（除）法指令、完全整数乘（除）法指令及实数乘（除）法指令。乘法指令中 IN2 与 OUT 为同一个存储单元，而除法指令中 IN1 与 OUT 为同一个存储单元。运算指令中操作数的寻址范围见表 1-14。

★ 二、增减指令

　　增减指令又称为自动加 1 或自动减 1 指令。数据长度可以是字节、字、双字，表 1-17 列出了这几种不同数据长度的增减指令。表 1-18 所示为指令中 IN 和 OUT 的寻址范围。

表 1-15　减法运算指令

指令名称	梯形图符号	助记符	指令功能
整数减法 SUB_I	SUB_I EN　ENO IN1　OUT IN2	−I IN2, OUT	以功能框的形式编程，当允许输入 EN 有效时，将 2 个字型有符号整数 IN1 和 IN2 相减，产生 1 个字型整数差 OUT（字存储单元）。这里 IN1 与 OUT 是同一存储单元
双整数减法 SUB_DI	SUB_DI EN　ENO IN1　OUT IN2	−D IN2, OUT	以功能框的形式编程，当允许输入 EN 有效时，将 2 个双字型有符号整数 IN1 和 IN2 相减，产生 1 个双字型整数差 OUT（双字存储单元）。这里 IN1 与 OUT 是同一存储单元
实数减法 SUB_R	SUB_R EN　ENO IN1　OUT IN2	−R IN2, OUT	以功能框的形式编程，当允许输入 EN 有效时，将 2 个双字长实数 IN1 和 IN2 相减，产生 1 个双字长实数差 OUT（双字存储单元）。这里 IN1 与 OUT 是同一存储单元

表 1-16　乘法、除法运算指令

指令名称	梯形图符号	助记符	指令功能
整数乘法 MUL_I	MUL_I EN　ENO IN1　OUT IN2	×I IN1, OUT	以功能框的形式编程，当允许输入 EN 有效时，将 2 个字型有符号整数 IN1 和 IN2 相乘，产生 1 个字型整数积 OUT（字存储单元）。这里 IN2 与 OUT 是同一存储单元

（续）

指令名称	梯形图符号	助记符	指令功能
完全整数乘法 MUL	MUL EN ENO IN1 OUT IN2	MUL IN1,OUT	以功能框的形式编程,当允许输入 EN 有效时,将 2 个字型有符号整数 IN1 和 IN2 相乘,产生 1 个双字型整数积 OUT（双字存储单元）。这里 IN2 与 OUT 的低 16 位是同一存储单元
双整数乘法 MUL_DI	MUL_DI EN ENO IN1 OUT IN2	×D IN1,OUT	以功能框的形式编程,当允许输入 EN 有效时,将 2 个双字长有符号整数 IN1 和 IN2 相乘,产生 1 个双字型整数积 OUT（双字存储单元）。这里 IN2 与 OUT 是同一存储单元
实数乘法 MUL_R	MUL_R EN ENO IN1 OUT IN2	×R IN1,OUT	以功能框的形式编程,当允许输入 EN 有效时,将 2 个双字长实数 IN1 和 IN2 相乘,产生 1 个实数积 OUT（双字存储单元）。这里 IN2 与 OUT 是同一存储单元
整数除法 DIV_I	DIV_I EN ENO IN1 OUT IN2	/ I IN2,OUT	以功能框的形式编程,当允许输入 EN 有效时,用字型有符号整数 IN1 除以 IN2,产生 1 个字型整数商 OUT（字存储单元,不保留余数）。这里 IN1 与 OUT 是同一存储单元
完全整数除法 DIV	DIV EN ENO IN1 OUT IN2	DIV IN2,OUT	以功能框的形式编程,当允许输入 EN 有效时,用字型有符号整数 IN1 除以 IN2,产生 1 个双字型结果 OUT,低 16 位存商,高 16 位存余数。低 16 位运算前存放被除数,这里 IN1 与 OUT 的低 16 位是同一存储单元
双整数除法 DIV_DI	DIV_DI EN ENO IN1 OUT IN2	/ D IN2,OUT	以功能框的形式编程,当允许输入 EN 有效时,将双字长有符号整数 IN1 除以 IN2,产生 1 个整数商 OUT（双字存储单元,不保留余数）。这里 IN1 与 OUT 是同一存储单元
实数除法 DIV_R	DIV_R EN ENO IN1 OUT IN2	/ R IN1,OUT	以功能框的形式编程,当允许输入 EN 有效时,用双字长实数 IN1 除以 IN2,产生 1 个实数商 OUT（双字存储单元）。这里 IN1 与 OUT 是同一存储单元

表 1-17　增减指令

指令名称	梯形图符号	助记符	指令功能
字节加 1 INC_B	INC_B EN ENO IN OUT	INCB OUT	以功能框的形式编程,当允许输入 EN 有效时,将 1 字节长的无符号数 IN 自动加1,输出结果 OUT 为 1 个字节长的无符号数。指令执行结果: IN+1＝OUT
字节减 1 DEC_B	DEC_B EN ENO IN OUT	DECB OUT	以功能框的形式编程,当允许输入 EN 有效时,将 1 字节长的无符号数 IN 自动减1,输出结果 OUT 为 1 个字节长的无符号数。指令执行结果: IN−1＝OUT
字加 1 INC_W	INC_W EN ENO IN OUT	INCW OUT	以功能框的形式编程,当允许输入 EN 有效时,将 1 字长的有符号数 IN 自动加1,输出结果 OUT 为 1 个字长的有符号数。指令执行结果:IN+1＝OUT

（续）

指令名称	梯形图符号	助记符	指令功能
字减1 DEC_W	DEC_W EN ENO IN OUT	DECW OUT	以功能框的形式编程，当允许输入EN有效时，将1字长的有符号数IN自动减1，输出结果OUT为1个字长的有符号数。指令执行结果：IN－1＝OUT
双字加1 INC_D	INC_D EN ENO IN OUT	INCD OUT	以功能框的形式编程，当允许输入EN有效时，将1双字长（32位）的有符号数IN自动加1，输出结果OUT为1个双字长的有符号数。指令执行结果：IN＋1＝OUT
双字减1 DEC_D	DEC_D EN ENO IN OUT	DECD OUT	以功能框的形式编程，当允许输入EN有效时，将1双字长（32位）的有符号数IN自动减1，输出结果OUT为1个双字长的有符号数。指令执行结果：IN－1＝OUT

表1-18　增减指令中IN和OUT的寻址范围

指令	操作数	类型	寻址范围
字节 增减	IN	BYTE	VB、IB、MB、QB、LB、SB、SMB、＊LD、＊VD、AC、＊AC和常数
	OUT	BYTE	VB、IB、MB、QB、LB、SB、SMB、＊LD、＊VD、AC、＊AC
字增减	IN	WORD	VW、IW、QW、MW、SMW、LW、SW、AC、＊AC、＊LD、＊VD和常数
	OUT	WORD	VW、IW、QW、MW、SMW、LW、SW、AC、＊AC、＊LD、＊VD
双字 增减	IN	DWORD	VD、ID、QD、MD、SMD、LD、AC、SD、＊AC、＊LD、＊VD和常数
	OUT	DWORD	VD、ID、QD、MD、SMD、LD、AC、＊AC、＊LD、＊VD、SD

★三、逻辑运算指令

逻辑运算指令是对逻辑数（无符号数）进行处理，包括逻辑与、逻辑或、逻辑异或、取反等逻辑操作，数据长度为字节、字、双字。逻辑运算指令见表1-19。

表1-20所示为逻辑运算指令中IN、IN1、IN2和OUT的寻址范围。

表1-19　逻辑运算指令

指令名称	梯形图符号	助记符	指令功能
字节与 WAND_B	WAND_B EN ENO IN1 OUT IN2	ANDB IN1,OUT	以功能框的形式编程，当允许输入EN有效时，将2个1字节长的逻辑数IN1和IN2按位相与，产生1字节的运算结果放OUT。这里IN2和OUT是同一存储单元
字节或 WOR_B	WOR_B EN ENO IN1 OUT IN2	ORB IN1,OUT	以功能框的形式编程，当允许输入EN有效时，将2个1字节长的逻辑数IN1和IN2按位相或，产生1字节的运算结果放OUT。这里IN2和OUT是同一存储单元
字节异或 WXOR_B	WXOR_B EN ENO IN1 OUT IN2	XORB IN1,OUT	以功能框的形式编程，当允许输入EN有效时，将2个1字节长的逻辑数IN1和IN2按位异或，产生1字节的运算结果放OUT。这里IN2和OUT是同一存储单元
字节取反 INV_B	INV_B EN ENO IN OUT	INVB OUT	以功能框的形式编程，当允许输入EN有效时，将1字节长的逻辑数IN按位取反，产生1字节的运算结果放OUT。这里IN和OUT是同一存储单元

（续）

指令名称	梯形图符号	助记符	指令功能
字与 WAND_W	WAND_W EN ENO IN1 OUT IN2	ANDW IN1,OUT	以功能框的形式编程,当允许输入 EN 有效时,将 2 个 1 字长的逻辑数 IN1 和 IN2 按位相与,产生 1 字长的运算结果放 OUT。这里 IN2 和 OUT 是同一存储单元
字或 WOR_W	WOR_W EN ENO IN1 OUT IN2	ORW IN1,OUT	以功能框的形式编程,当允许输入 EN 有效时,将 2 个 1 字长的逻辑数 IN1 和 IN2 按位相或,产生 1 字长的运算结果放 OUT。这里 IN2 和 OUT 是同一存储单元
字异或 WXOR_W	WXOR_W EN ENO IN1 OUT IN2	XORW IN1,OUT	以功能框的形式编程,当允许输入 EN 有效时,将 2 个 1 字长的逻辑数 IN1 和 IN2 按位异或,产生 1 字长的运算结果放 OUT。这里 IN2 和 OUT 是同一存储单元
字取反 INV_W	INV_W EN ENO IN OUT	INVW OUT	以功能框的形式编程,当允许输入 EN 有效时,将 1 字长的逻辑数 IN 按位取反,产生 1 字长的运算结果放 OUT。这里 IN 和 OUT 是同一存储单元
双字与 WAND_D	WAND_D EN ENO IN1 OUT IN2	ANDD IN1,OUT	以功能框的形式编程,当允许输入 EN 有效时,将 2 个双字长的逻辑数 IN1 和 IN2 按位相与,产生 1 个双字长的运算结果放 OUT。这里 IN2 和 OUT 是同一存储单元
双字或 WOR_D	WOR_D EN ENO IN1 OUT IN2	ORD IN1,OUT	以功能框的形式编程,当允许输入 EN 有效时,将 2 个双字长的逻辑数 IN1 和 IN2 按位相或,产生 1 个双字长的运算结果放 OUT。这里 IN2 和 OUT 是同一存储单元
双字异或 WXOR_D	WXOR_D EN ENO IN1 OUT IN2	XORD IN1,OUT	以功能框的形式编程,当允许输入 EN 有效时,将 2 个双字长的逻辑数 IN1 和 IN2 按位异或,产生 1 个双字长的运算结果放 OUT。这里 IN2 和 OUT 是同一存储单元
双字取反 INV_D	INV_D EN ENO IN OUT	INVD OUT	以功能框的形式编程,当允许输入 EN 有效时,将 1 个双字长的逻辑数 IN 按位取反,产生 1 个双字长的运算结果放 OUT。这里 IN 和 OUT 是同一存储单元

表 1-20　逻辑运算指令 IN、IN1、IN2 和 OUT 的寻址范围

指令	操作数	类型	寻址范围
字节逻辑	IN1、IN2 IN	BYTE	VB、IB、MB、QB、LB、SB、SMB、* LD、* VD、AC、* AC 和常数
	OUT	BYTE	VB、IB、MB、QB、LB、SB、SMB、* LD、* VD、AC、* AC
字 逻辑	IN1、IN2 IN	WORD	VW、IW、QW、MW、SMW、LW、SW、AC、* AC、* LD、* VD、T、C 和常数
	OUT	WORD	VW、IW、QW、MW、SMW、LW、SW、AC、* AC、* LD、* VD、T、C
双字逻辑	IN1、IN2 IN	DWORD	VD、ID、QD、MD、SMD、LD、AC、HC、* AC、* LD、* VD 和常数
	OUT	DWORD	VD、ID、QD、MD、SMD、LD、AC、* AC、* LD、* VD

第四节 转换指令

★ 一、七段显示码指令 SEG

在 S7-200 PLC 中，有一条可直接驱动七段数码管的指令 SEG。如果在 PLC 的输出端用 1 个字节的前 7 个端口与数码管的 7 个段（a、b、c、d、e、f、g）对应接好，当 SEG 指令的允许输入 EN 有效时，将字节型输入数据 IN 的低 4 位对应的数据（0~F），输出到 OUT 指定的字节单元（只用前 7 位），这时 IN 处的数据即可直接通

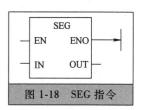

图 1-18 SEG 指令

过数码管显示出来。SEG 指令如图 1-18 所示，七段数码指令以功能框的形式编程，在语句表中的指令格式为 SEG IN，OUT。

★ 二、数据类型转换指令

在进行数据处理时，不同性质的操作指令需要不同数据类型的操作数。数据类型转换指令的功能是将一个固定的数值，根据操作指令对数据类型的需要进行相应类型的转换。表 1-21 列出了几种常用的数据类型转换指令。

表 1-21　数据类型转换指令

指令名称	梯形图符号	助记符	指令功能
字节到整数 B_I	B_I EN ENO IN OUT	BTI IN，OUT	以功能框的形式编程，当允许输入 EN 有效时，将字节型输入数据 IN，转换成整数型数据送到 OUT
整数到字节 I_B	I_B EN ENO IN OUT	ITB IN，OUT	以功能框的形式编程，当允许输入 EN 有效时，将整数型输入数据 IN，转换成字节型数据送到 OUT
整数到双整数 I_D	I_D EN ENO IN OUT	ITD IN，OUT	以功能框的形式编程，当允许输入 EN 有效时，将整数型输入数据 IN，转换成双整数型数据送到 OUT
双整数到整数 D_I	D_I EN ENO IN OUT	DTI IN，OUT	以功能框的形式编程，当允许输入 EN 有效时，将双整数型输入数据 IN，转换成整数型数据送到 OUT
实数到双整数 ROUND	ROUND EN ENO IN OUT	ROUND IN，OUT	以功能框的形式编程，当允许输入 EN 有效时，将实数型输入数据 IN，转换成双整数型数据（对 IN 中的小数采取四舍五入），转换结果送到 OUT
实数到双整数 TRUNC	TRUNC EN ENO IN OUT	TRUNC IN，OUT	以功能框的形式编程，当允许输入 EN 有效时，将实数型输入数据 IN，转换成双整数型数据（舍去 IN 中的小数部分），转换结果送到 OUT

（续）

指令名称	梯形图符号	助记符	指令功能
双整数到实数 DI_R	DI_R EN ENO IN OUT	DTR IN,OUT	以功能框的形式编程，当允许输入 EN 有效时，将双整数型输入数据 IN，转换成实数型数据送到 OUT
整数到 BCD 码 I_BCD	I_BCD EN ENO IN OUT	IBCD OUT	以功能框的形式编程，当允许输入 EN 有效时，将整数型输入数据 IN，转换成 BCD 码输入数据送到 OUT
BCD 码到整数 BCD_I	BCD_I EN ENO IN OUT	BCDI OUT	以功能框的形式编程，当允许输入 EN 有效时，将 BCD 输入数据 IN，转换成整数型输入数据送到 OUT

第五节　程序控制指令

　　程序控制类指令包括跳转指令、循环指令、顺控继电器指令、子程序指令、结束及暂停指令、看门狗指令，主要用于程序执行流程的控制。对一个扫描周期而言，跳转指令可以使程序出现跨越以实现程序的选择；子程序指令可调用某段子程序，使主程序结构简单清晰，减少扫描时间；循环指令可多次重复执行指定的程序段；顺控继电器指令把程序分成若干个段以实现步进控制；暂停指令可使 CPU 的工作方式发生变化。

　　以下仅介绍跳转指令、循环指令和子程序指令。

★ 一、跳转指令

　　跳转指令的功能是根据不同的逻辑条件，有选择地执行不同的程序。利用跳转指令，可以使程序结构更加灵活，减少扫描时间，从而加快了系统的响应速度。

　　执行跳转指令需要用两条指令配合使用，跳转开始指令 JMPn 和跳转标号指令 LBLn，其中 n 是标号地址，n 的取值范围是 0~255 的字型类型。

　　使用跳转指令有以下几点需要注意：

　　1）由于跳转指令具有选择程序段的功能，在同一程序且位于因跳转而不会被同时执行的程序段中的同一线圈不被视为双线圈，双线圈指同一程序中出现对同一线圈的不同逻辑处理现象，这在编程中是不允许的。

　　2）跳转指令 JMP 和 LBL 必须配合应用在同一个程序块中，即 JMP 和 LBL 可同时出现在主程序中，或者同时出现在子程序中，或者同时出现在中断程序中。不允许从主程序中跳转到子程序或中断程序，也不允许从某个子程序或中断程序中跳转到主程序或其他的子程序或中断程序。

　　3）在跳转条件中引入上升沿或下降沿脉冲指令时，跳转只执行一个扫描周期，但若用特殊辅助继电器 SM0.0 作为跳转指令的工作条件，跳转就成为无条件跳转。

　　在梯形图中，JMPn 以线圈形式编程，LBLn 以功能框形式编程。

　　例如，某食品罐头杀菌工序需一个热水储备罐，如图 1-19 所示，在杀菌处理之前先要给储备罐加水，到达水位后停止加水，开始进蒸汽加热到设定温度关闭进汽阀，当处理信号来到时将热水放入处理罐开始杀菌，杀菌结束后再将热水送回储备罐等待下一次再用。如此循环使用间隔时间的不等，会造成水位与水温的不等，在此就要用跳转指令。

图 1-20 所示是食品罐头杀菌工序热水储备罐 PLC 控制的对外接线图。当储水开始时，按下起动按钮 SB1，水泵起动（KM1 得电），进水阀（YV1 得电）也同时打开。到达设定水位时，水位开关 SL 闭合使水泵停止，进水阀关闭，同时开启进汽阀（YV2）开始加热。到达设定温度时，

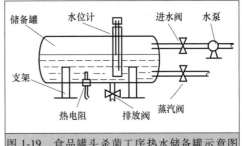

图 1-19　食品罐头杀菌工序热水储备罐示意图

温度开关 KW 闭合使进汽阀（YV2）关闭。当处理信号来到时，KJ 闭合，说明处理罐内已放入罐头可以进行杀菌了，此刻开启排放阀（YV3），将热水放入处理罐。因此储备罐的水是循环再利用的，所以下一次使用时，水位与水温是否还在设定值上是说不准的，这里就需要利用跳转指令进行选择。图 1-21 所示为此工序的控制程序。

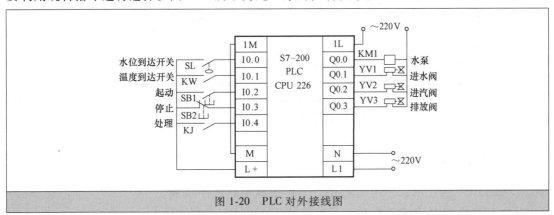

图 1-20　PLC 对外接线图

★二、循环指令

在控制系统中经常遇到对某项任务需重复执行若干次的情况，这时可使用循环指令。S 循环指令由循环开始指令 FOR 和循环结束指令 NEXT 组成。驱动 FOR 指令的逻辑条件满足时，反复执行 FOR 与 NEXT 之间的程序段。

循环开始指令 FOR 的功能是标记循环体的开始，在指令图（见图 1-22）中是以功能框的形式编程，名称为 FOR，它有 3 个输入端，分别是 INDX（当前循环计数）、INIT（循环初值）、FINAL（循环终值），它们的数据类型均为整数。循环结束指令 NEXT 的功能是标记循环体的结束，在梯形图中是以线圈的形式编程。

FOR 和 NEXT 必须成对使用，在 FOR 和 NEXT 之间构成循环体。当允许输入 EN 有效时，执行循环体，INDX 从 1 开始计数。每执行 1 次循环体，INDX 自动加 1，并且与终值相比较，如果 INDX 大于 FINAL，循环结束。

假设 INIT 是 1，FINAL 是 5，每次执行 FOR 与 NEXT 之间的指令后，INDX 的值加 1，并进行 INDX 与 FINAL 的比较，如果 INDX 大于 5，则循环终止，FOR 和 NEXT 之间的指令被执行 5 次。

在语句表中，循环指令的指令格式为 FOR INDX, INIT, FINAL NEXT。

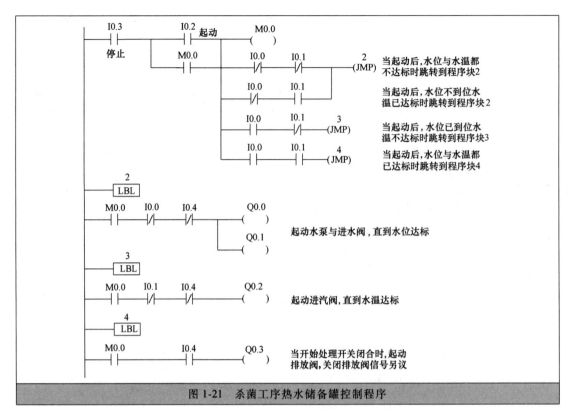

图 1-21 杀菌工序热水储备罐控制程序

★ 三、子程序指令

S7-200 CPU 的控制程序由主程序、子程序和中断程序组成。在 STEP 7-Micro/WIN 编程软件的程序编辑器窗口里这三者都有各自独立的页。

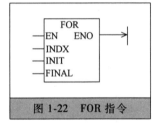

图 1-22 FOR 指令

在 PLC 的程序设计中，对那些需要经常执行的程序段，设计成子程序的形式，并为每个子程序赋以不同的编号，在程序执行的过程中，可随时调用某个编号的子程序。子程序的调用是有条件的，未调用它时不会执行子程序中的指令，因此使用子程序可以减少扫描时间。使用子程序可以将程序分成容易管理的小块，使程序结构简单清晰，易于查错和维护。

可以在主程序、其他子程序或中断程序中调用子程序，调用某个子程序时将执行该子程序的全部指令，直至子程序结束，然后返回调用它的程序中该子程序调用指令的下一条指令之处。

子程序调用指令 CALL 的功能是将程序执行转移到编号为 n（n = 0、1、2、…）的子程序。子程序的入口用指令 SBR n 表示，在子程序执行过程中，如果满足条件返回指令 CRET 的条件，则结束该子程序，返回到主程序原调用处继续执行；否则，将继续执行该子程序到最后一条，也就是无条件返回指令 RET，结束该子程序的运行，返回到主程序。综上所述，进入子程序后，返回时有两种指令，一是有条件返回指令 CRET，一是无条件返回指令 RET。用 STEP 7-Micro/WIN 软件编程时，编程人员不用手工输入 RET 指令，当执行子程序到最后一条时，软件会自动将程序返回到主程序原调用处继续执行。

程序控制类指令对合理安排程序的结构、提高程序功能以及实现某些技巧性运算，具有重要的意义。

第六节　特殊指令

★ 一、中断指令

在 S7-200 中，中断服务程序的调用和处理由中断指令来完成。CPU 提供了中断处理功能，有很多的信息和事件能够引起中断，一般可分为系统内部中断和用户引起的中断。系统的内部中断是由系统来处理的，如编程器、数据处理器及某些智能单元等，都随时会向 CPU 发出中断请求，对于这种中断请求的处理，PLC 是自动完成的，用户不必为此编程。而由用户引起的包括通信中断、高速脉冲串输出中断、外部输入中断、高速计数器中断、定时中断、定时器中断都是需要用户通过设计中断服务程序并设定对应的入口地址来完成的。以上各种中断的先后次序符合优先级排队。

能够用中断功能处理的特定事件称为中断事件。S7-200 PLC 为每个中断事件规定了一个中断事件号。响应中断事件而执行的程序称为中断服务程序，把中断事件号和中断服务程序关联起来才能执行中断处理功能。

中断程序不是由程序调用，而是在中断事件发生时由操作系统调用，这一点是与子程序调用不同的，一旦执行中断程序就会把主程序封存，中断了主程序的正常扫描。中断事件处理完才返回主程序，所以中断程序应尽量短小，否则可能引起主程序控制的设备操作异常。

中断指令主要包括以下几种：

1）ENI（全局允许中断）：功能是全局地开放所有被连接的中断事件，允许 CPU 接受所有中断事件的中断请求。在梯形图中，开中断指令以线圈的形式编程，无操作数。

2）DISI（全局禁止中断）：功能是全局地关闭所有被连接的中断事件，禁止 CPU 接受所有中断事件的中断请求。在梯形图中，关中断指令以线圈的形式编程，无操作数。

3）ATCH（中断连接）：功能是建立一个中断事件 EVNT 与一个标号为 INT 的中断服务程序的联系，并对该中断事件开放。

中断连接指令（见图 1-23）以功能框的形式编程，指令名称为 ATCH。它有两个数据输入端：INT 为中断服务程序的标号，用字节型常数输入；EVNT 为中断事件号，用字节型常数输入。当允许输入有效时，连接与中断事件 EVNT 相关联的 INT 中断程序。

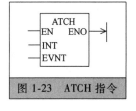

图 1-23　ATCH 指令

4）DTCH（中断分离）：功能是取消某个中断事件 EVNT 与所有中断程序的关联，并对该中断事件禁止。

中断分离指令（见图 1-24）以功能框的形式编程，指令名称为 DTCH，只有一个数据输入端：EVNT，用以指明要被分离的中断事件。当允许输入有效时，切断由 EVNT 指定的中断事件与所有中断程序的联系。

5）RETI（中断返回）和 CRETI（中断返回）：功能是，当中断结束时，通过中断返回指令退出中断服务程序，返回到主程序。RETI 是无条件返回指令，CRETI 是有条件返回指令。

图 1-24　DTCH 梯形图

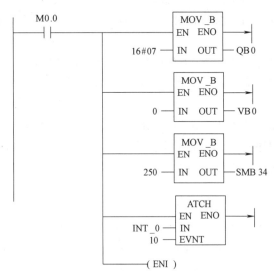

第1程序行：用I0.1作为起、停按钮，即按单数次是起动，按双数次是停止。用了RS触发器指令，利用S与R同为1时，R信号状态优先的特点，实现M0.0的ON与OFF的转换。在这里上升沿触发指令的作用至关重要，利用它只给处在自己前面的信号ON一个扫描周期的特点，实现单按钮控制起、停。

第2程序行：这是调用子程序指令，SBR_0指的是调用0号子程序。在I0.1的后面也加了上升沿触发指令，说明这个子程序只需调用一次，对子程序中的程序起到初始化或者说是激活的作用。

第3程序行：程序停止时将QB0清零，也就是说彩灯全灭。

a) 主程序OB1

第1条指令：在M0.0闭合的前提下，将16#07（00000111）数据送入QB0字节中用于彩灯显示，准备循环。

第2条指令：将变量存储器VB0整个字节清零，作为计数用。

第3条指令：这是一条能产生定时中断的指令，SMB34是专用于0号中断程序的定时中断，最长时间为255ms，在这里用250是因为本例的彩灯循环间隔是1s，与250ms有整倍数关系，或者还可以是50ms、100ms、125ms。这条指令能达到的目的是计时到250ms，就产生一次中断。

第4条指令：这是一条中断连接指令，它的功能是用0号中断程序执行第10号中断事件。查表可知第10号中断事件即是SMB34产生的定时中断。

第5条指令：允许或者说是开通此中断事件，如没有这条指令将无法进入中断程序。

b) 子程序SBR_0

第1条指令：在M0.0闭合的前提下，当子程序当中的SMB34计时到250ms时，即刻进入中断程序。INC_B指令是字节自动加1指令，这时VB0就会自动加1。

第2条指令：首先是一条字节比较指令，当VB0中的数据为4时，才可执行后面的程序指令，而VB0为4就说明已执行了4次中断程序，次间间隔是250ms，这样4次就是1s。这时就可以通过左循环指令让QB0左移一位，也就是彩灯左移一位了。

第3条指令：给VB0清零，继续累加计数到下一个1s。

c) 中断程序INT_0

图 1-25　定时中断控制程序的梯形图及注释

例如：利用"定时中断"给8位彩灯循环左移。

控制要求：先设定8位彩灯在QB0处显示，并设7为初始值，然后每隔1s彩灯循环左移一位。控制按钮选I0.1按一次开始，再按一次停止，停止后彩灯全灭。

程序中包括了子程序的调用及中断程序的执行，在子程序中建立了初始化状态并建立与开通了中断事件。应特别注意的是，尽管主程序只调用一次子程序，但子程序中的定时中断指令却不停地计时工作，每隔250ms产生一次中断，直到按下停止按钮。图1-25所示为控制程序的梯形图及注释。

S7-200 CPU226的中断系统中，按中断性质和轻重缓急分配不同的优先级，当多个中断事件同时发出中断请求时，要按表1-22所列的优先级顺序进行排队。

在S7-200的CPU22X中，可连接的中断事件及中断事件号见表1-23。

表1-22　中断事件的优先级

事件号	中断事件描述	组优先级	组内类型	组内优先级
8	通信口0:单字符接收完成	通信中断最高级	通信口0	0
9	通信口0:发送字符完成			0
23	通信口0:接收信息完成			0
24	通信口1:接收信息完成		通信口1	1
25	通信口1:单字符接收完成			1
26	通信口1:发送字符完成			1
19	PTO 0脉冲串输出完成中断	I/O中断	脉冲串输出	0
20	PTO 1脉冲串输出完成中断			1
0	I0.0上升沿中断		外部输入	2
2	I0.1上升沿中断			3
4	I0.2上升沿中断			4
6	I0.3上升沿中断			5
1	I0.0下降沿中断			6
3	I0.1下降沿中断			7
5	I0.2下降沿中断			8
7	I0.3下降沿中断			9
12	高速计数器0:CV=PV(当前值=设定值)			10
27	高速计数器0:输入方向改变			11
28	高速计数器0:外部复位			12
13	高速计数器1:CV=PV(当前值=设定值)			13
14	高速计数器1:输入方向改变			14
15	高速计数器1:外部复位			15
16	高速计数器2:CV=PV		高速计数器	16
17	高速计数器2:输入方向改变			17
18	高速计数器2:外部复位			18
32	高速计数器3:CV=PV(当前值=设定值)			19
29	高速计数器4:CV=PV(当前值=设定值)			20
30	高速计数器4:输入方向改变			21
31	高速计数器4:外部复位			22
33	高速计数器5:CV=PV(当前值=设定值)			23
10	定时中断0,SMB34	时基中断最低级	定时	0
11	定时中断1,SMB35			1
21	定时器T32:CT=PT中断		定时器	2
22	定时器T96:CT=PT中断			3

表 1-23 可连接的中断事件及中断事件号

CPU 型号	CPU221	CPU222	CPU224	CPU226
可连接的中断事件数	25		31	34
可连接的中断事件号	0~12,19~23,27~33		0~23,27~33	0~33

★ 二、高速计数器指令

普通计数器是按照顺序扫描的方式进行工作，在每个扫描周期中，对计数脉冲只能进行一次累加，计数频率一般仅有几十赫兹。然而，当输入脉冲信号的频率比 PLC 的扫描频率高时，如果仍然采用普通计数器进行累加，必然会丢失很多输入脉冲信号。在 PLC 中，处理比扫描频率高的输入信号的任务是由高速计数器来完成的。

1. 输入端的连接

S7-200 CPU226 拥有 6 个高速计数器 HSC0 ~ HSC5，用以响应快速的脉冲输入信号，可以设置多达 12 种不同的操作模式。用户程序中一旦采用了高速计数器功能，首先要定好高速计数器的号数，也就是在 6 个当中选取，然后就要定模式，因号数与模式相对于 PLC 的输入点都是固定的，见表 1-24。接下来就要编程了，除软件（编程）方面要有相应的初始化设置外，PLC 的输入端也一定要与产生高速脉冲信号的设备按照已定的号数与模式把导线接好。

在实际工程中，高速计数器大多连接增量型旋转编码器，用于检测位移量和速度等。

旋转编码器一般与被控电动机同轴，每旋转一周可发出一定数量的计数脉冲和一个复位脉冲，作为高速计数器的输入，这种方式的输入信号是不受扫描周期控制的，随来随进，因之前已为此编写了专用程序，与程序相对应的输入端就成为"绿色通道"，只要用户程序中能利用上送进来的脉冲数就可以了，这就是高速计数器的特点。

表 1-24 中所用到的输入点，如果不使用高速计数器，可作为一般的数字量输入点，有些高速计数器的输入点相互间，或它们与边沿中断（I0.0~I0.3）的输入点有重叠，同一输入点不能同时用于两种不同的功能。但是高速计数器当前模式未使用的输入点可以用于其他功能。例如，HSC0 工作在模式 1 时只使用 I0.0 及 I0.2，那么 I0.1 就可供他用了。在 PLC 的实际应用中，每个输入点的作用是唯一的，不能对某一个输入点分配多个用途，因此要合理分配每一个输入点。

表 1-24 高速计数器的输入点

高速计数器编号	输入点	高速计数器编号	输入点
HC0	I0. 0,I0. 1,I0. 2	HC3	I0. 1
HC1	I0. 6,I0. 7,I1. 0,I1. 1	HC4	I0. 3,I0. 4,I0. 5
HC2	I1. 2,I1. 3,I1. 4,I1. 5	HC5	I0. 4

2. 高速计数器的工作模式

工作模式大致分为下面 4 大类：

1）无外部方向输入信号（内部方向控制）的单相加/减计数器（模式 0~2）：可以用高速计数器的控制字节的第 3 位来控制是加还是减。该位是 1 时为加，是 0 时为减。

2）有外部方向输入信号的单相加/减计数器（模式 3~5）：方向输入信号是 1 时为加计

数，是 0 时为减计数。

3）有加计数时钟脉冲和减计数时钟脉冲输入的双相计数器（模式 6~8），也就是双相增/减计数器，双脉冲输入。

4）A/B 相正交计数器（模式 9~11）：它的两路计数脉冲的相位互差 90°，正转时 A 相在前，反转时 B 相在前。利用这一特点可以实现在正转时加计数，反转时减计数。

3. 高速计数器指令

高速计数器的指令有 2 条：定义高速计数器指令 HDEF（见图 1-26）和执行高速计数器指令 HSC（见图 1-27）。

1）定义高速计数器指令 HDEF。功能是为某个要使用的高速计数器选定一种工作模式。每个高速计数器在使用前，都要用 HDEF 指令来定义工作模式，并且只能定义 1 次。可以用只 ON 一个扫描周期的指令或 SM0.1 调用包含 HDEF 指令的子程序来定义高速计数器，也就是说，只激活或者初始化一下即可。在梯形图中，HDEF 以功能框的形式编程，它有 2 个数据输入端：HSC 为要使用的高速计数器编号，数据类型为字节型，数据范围为 0~5 的常数，分别对应 HC0~HC5；MODE 为高速计数器的工作模式，数据类型为字节型，数据范围为 0~11 的常数，分别对应 12 种工作模式。当允许输入 EN 有效时，为指定的高速计数器 HSC 定义工作模式 MODE。

2）执行高速计数器指令 HSC。功能是根据与高速计数器相关的特殊继电器确定的控制方式和工作状态，使高速计数器的设置生效，按照指定的工作模式执行计数操作。

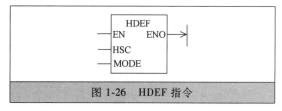

图 1-26　HDEF 指令

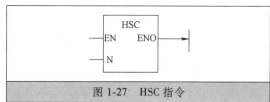

图 1-27　HSC 指令

在梯形图中，HSC 以功能框的形式编程，它有一个数据输入端 N：N 为高速计数器的编号，数据类型为字型，数据范围为 0~5 的常数，分别对应 HC0~HC5。当允许输入 EN 有效时，启动 N 所对应的 HC0~HC5 之一。

4. 高速计数器的控制字节

在使用高速计数器时，用 HDEF 指令定工作模式，用 HSC 指令定开启哪个高速计数器，然后还要对高速计数器的动态参数进行编程。各高速计数器均有一个特殊继电器的控制字节 SMB，通过对控制字节指定位的编程，确定高速计数器的工作方式，各位的意义见表 1-25。执行 HSC 指令时，CPU 检查控制字节及有关的当前值与设定值。执行 HDEF 指令之前必须将控制位设置成需要的状态，否则高速计数器将选用模式的默认设置。一旦执行了 HDEF 指令，设置的控制位就不能再改变，除非 CPU 进入停止模式。

5. 高速计数器的数值寻址

每个高速计数器都有一个初始值和一个设定值，它们都是 32 位有符号整数。初始值是高速计数器计数的起始值；设定值是高速计数器运行的目标值，当实际计数值等于设定值（见表 1-22）时会发生一个内部中断事件。必须先设置控制字节（见表 1-25）以允许装入新的初始值和设定值，并且把初始值和设定值存入特殊存储器中，然后执行 HSC 指令使新的初始值和设定值有效。高速计数器各种数值存放处见表1-26。当前值也是一个32位的有符号整数，例如，表中的HSC0的当前值，在程序里可从HC0中直接读出。

表 1-25　高速计数器的控制字节

HC0	HC1	HC2	HC3	HC4	HC5	描　　　述
SM37.0	SM47.0	SM57.0	—	SM147.0	—	0=复位信号高电平有效,1=低电平有效
-	SM47.1	SM57.1	—	—	—	0=启动信号高电平有效,1=低电平有效
SM37.2	SM47.2	SM57.2	—	SM147.2	—	0=4倍频模式,1=1倍频模式
SM37.3	SM47.3	SM57.3	SM137.3	SM147.3	SM157.3	0=减计数方向,1=增计数方向
SM37.4	SM47.4	SM57.4	SM137.4	SM147.4	SM157.4	0=不改变计数方向,1=可改变计数方向
SM37.5	SM47.5	SM57.5	SM137.5	SM147.5	SM157.5	0=不改变设定值,1=可改变设定值
SM37.6	SM47.6	SM57.6	SM137.6	SM147.6	SM157.6	0=不改变当前值,1=可改变当前值
SM37.7	SM47.7	SM57.7	SM137.7	SM147.7	SM157.7	0=禁止高速计数器,1=允许高速计数器

表 1-26　高速计数器的数值寻址

计数器号	HSC0	HSC1	HSC2	HSC3	HSC4	HSC5
初始值	SMD38	SMD48	SMD58	SMD138	SMD148	SMD158
设定值	SMD42	SMD52	SMD62	SMD142	SMD152	SMD162
当前值	HC0	HC1	HC2	HC3	HC4	HC5

★ 三、通信指令

PLC的通信包括PLC之间、PLC与上位计算机之间以及PLC与其他智能设备之间的通信。PLC与计算机可以直接或通过通信处理单元、通信转换器相连构成网络，以实现信息的交换。

1. S7-200 的网络通信协议

在进行网络通信时，通信双方必须遵守约定的规程，这些为交换信息而建立的规程称为通信协议。

S7-200系列的PLC主要用于现场控制，在主站和从站之间的通信可以采用3个标准化协议和1个自由口协议：① PPI（Point to Point Interface）协议，也就是点对点接口协议；② MPI（Multi Point Interface）协议，也就是多点接口协议；③ PROFIBUS协议，用于分布式I/O设备的高速通信；④ 用户定义的协议，也就是自由口协议。

其中，PPI协议是SIEMENS公司专为S7-200系列PLC开发的通信协议，是主/从协议，利用PC/PPI电缆，将S7-200系列的PLC与装有STEP 7-Micro/WIN32编程软件的计算机连接起来，组成PC/PPI（单主站）的主/从网络连接。

本节中只介绍PPI协议。

网络中的S7-200 CPU均为从站，其他CPU、编程器或人机界面HMI（如TD200文本显示器）为主站。

如果在用户程序中指定某个S7-200 CPU为PPI主站模式，则在RUN工作方式下，可以作为主站，它可以用相关的通信指令读写其他PLC中的数据；与此同时，它还可以作为从站响应来自于其他主站的通信请求。

对于任何一个从站，PPI不限制与其通信的主站的数量，但是在网络中最多只能有32个主站。

2. 通信设备

（1）通信端口

S7-200 系列 PLC 中的 CPU226 型机有 2 个 RS-485 端口，外形为 9 针 D 型，分别定义为端口 0 和端口 1，作为 CPU 的通信端口，通过专用电缆可与计算机或其他智能设备及 PLC 进行数据交换。

（2）网络连接器

网络连接器用于将多个设备连接到网络中。一种是连接器的两端只是个封闭的 D 型插头，可用于两台设备间的一对一通信；另一种是在连接器两端的插头上还设有敞开的插孔，可用来连接第三者，实现多设备通信。

（3）PC/PPI 电缆

用此电缆连接 PLC 主机与计算机及其他通信设备，PLC 主机侧是 RS-485 接口，计算机侧是 RS-232 接口。当数据从 RS-232 传送到 RS-485 时，PC/PPI 电缆是发送模式，反之是接收模式。

3. 通信指令

（1）PPI 主站模式设定

在 S7-200 的特殊继电器 SM 中，SMB30（SMB130）是用于设定通信端口 0（通信端口 1）的通信方式。由 SMB30（SMB130）的低 2 位决定通信端口 0（通信端口 1）的通信协议。只要将 SMB30（SMB130）的低 2 位设置为 2#10，就允许该 PLC 主机为 PPI 主站模式，可以执行网络读写指令。

（2）PPI 主站模式的通信指令

S7-200 CPU 提供网络读写指令，用于 S7-200 CPU 之间的联网通信。网络读写指令只能由在网络中充当主站的 CPU 执行，或者说只给主站编写读写指令，就可与其他从站通信了；从站 CPU 不必做通信编程，只需准备通信数据，让主站读写（取送）有效即可。

在 S7-200 的 PPI 主站模式下，网络通信指令有两条：NETR 和 NETW。

1）网络读指令 NETR（Net Read）。

网络读指令通过指定的通信口（主站上 0 口或 1 口）从其他 CPU 中指定地址的数据区读取最多 16 字节的信息，存入本 CPU 中指定地址的数据区。

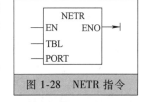

图 1-28　NETR 指令

在指令（见图 1-28）中，网络读指令以功能框形式编程，指令的名称为 NETR。当允许输入 EN 有效时，初始化通信操作，通过指定的端口 PORT，从远程设备接收数据，将数据表 TBL 所指定的远程设备区域中的数据读到本 CPU 中。TBL 和 PORT 均为字节型，PORT 为常数。

PORT 处的常数只能是 0 或 1，如是 0，就要将 SMB30 的低 2 位设置为 2#10；如是 1，就要将 SMB130 的低 2 位设置为 2#10，这里要与通信端口的设置保持一致。

TBL 处的字节是数据表的起始字节，可以由用户自己决定，但起始字节定好后，后面的字节就要接连使用，形成列表，每个字节都有自己的任务，见表 1-27。NETR 指令最多可以从远程设备上接收 16 字节的信息。

在语句表中，NETR 指令的指令格式：NETR TBL, PORT。

2）网络写指令 NETW（Net Write）。

表 1-27　数据表（TBL）格式

字节偏移地址	字节名称	描述
0	状态字节	反映网络通信指令的执行状态及错误码
1	远程设备地址	被访问的 PLC 从站地址
2	远程设备的数据指针	被访问数据的间接指针 指针可以指向 I、Q、M 和 V 数据区
3		
4		
5		
6	数据长度	远程设备被访问的数据长度
7	数据字节 0	执行 NETR 指令后,存放从远程设备接收的数据
8	数据字节 1	
…	……	
22	数据字节 15	执行 NETW 指令前,存放要向远程设备发送的数据

　　网络写指令通过指定的通信口（主站上 0 口或 1 口），把本 CPU 中指定地址的数据区内容写到其他 CPU 中指定地址的数据区内，最多可以写 16 字节的信息。

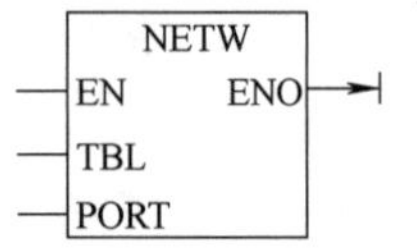

　　在指令（见图 1-29）中，网络写指令以功能框形式编程，指令的名称为 NETW。当允许输入 EN 有效时，初始化通信操作，通过指定的端口 PORT，将数据表 TBL 所指定的本 CPU 区域中的数据发送到远程设备中。TBL 和 PORT 均为字节型，PORT 为常数。数据表 TBL 见表 1-27。NETW 指令最多可以从远程设备上接收 16 字节的信息。

图 1-29　NETW 指令

　　在语句表中，NETW 指令的指令格式：NETW TBL, PORT

　　在一个应用程序中，使用 NETR 和 NETW 指令的数量不受限制，但是不能同时激活 8 条以上的网络读写指令（例如，同时激活 6 条 NETR 和 3 条 NETW 指令）。

　　数据表 TBL 共有 23 个字节，表头（第一个字节）是状态字节，它反映网络通信指令的执行状态及错误码，各个位的意义如下：

MSB							LBS
D	A	E	O	E1	E2	E3	E4

　　D 位：操作完成位。0—未完成，1—已经完成。

　　A 位：操作排队有效位。0—无效，1—有效。

　　E 位：错误标志位。0—无错误，1—有错误。

　　E1、E2、E3、E4 为错误编码。如果执行指令后，E 位为 1，则由 E1E2E3E4 反映一个错误码。编码及说明见表 1-28。

表 1-28　错误编码

E1E2E3E4	错误码	说明
0000	0	无错误
0001	1	时间溢出错误:远程设备不响应
0010	2	接收错误:奇偶校验错,响应时帧或检查时出错
0011	3	离线错误:相同的站地址或无效的硬件引发冲突
0100	4	队列溢出错误:同时激活了 8 个以上的网络通信指令
0101	5	违反通信协议:没有在 SMB30 中设置允许 PPI 协议而使用网络指令
0110	6	非法参数:NETR 或 NETW 中包含有非法或无效的值
0111	7	没有资源:远程设备忙,如正在上传或下载程序
1000	8	第 7 层错误:违反应用协议
1001	9	信息错误:错误信息的数据地址或不正确的数据长度

★ 四、PID 回路控制指令

在过程控制中，经常涉及模拟量的控制，如温度、压力和流量控制等。为了使控制系统稳定准确，要对模拟量进行采样检测，形成闭环控制系统。检测的对象是被控物理量的实际数值，也称为过程变量；用户设定的调节目标值，也称为给定值。控制系统对过程变量与给定值的差值进行 PID 运算，根据运算结果，形成对模拟量的控制作用。

PID 即比例/积分/微分，在闭环控制系统中，PID 调节器的控制作用是使系统在稳定的前提下，偏差量最小，并自动消除各种因素对控制效果的扰动。

1. PID 回路表

在 S7-200 中，通过 PID 回路指令来处理模拟量是非常方便的，PID 功能的核心是 PID 指令。PID 指令需要为其指定一个以 V 变量存储区地址开始的 PID 回路表、PID 回路号。PID 回路表提供了给定和反馈，以及 PID 参数等数据入口，PID 运算的结果也在回路表输出，见表 1-29。

表 1-29　PID 指令回路表

偏移地址	参数名	数据格式	类型	描　述
0	PV_n		输入	过程变量当前值，应在 0.0~1.0 之间
4	SP_n		输入	给定值，应在 0.0~1.0 之间
8	M_n		输入/输出	输出值，应在 0.0~1.0 之间
12	K_c		输入	比例增益，常数，可正可负
16	T_s	双字,实数	输入	采样时间，单位为 s，应为正数
20	T_I		输入	积分时间常数，单位为 min，应为正数
24	T_D		输入	微分时间常数，单位为 min，应为正数
28	MX		输入/输出	积分项前值，应在 0.0~1.0 之间
32	PV_{n-1}		输入/输出	最近一次 PID 运算的过程变量值

PID 回路有两个输入量，即给定值（SP）与过程变量（PV）。给定值通常是固定的值，过程变量是经 A-D 转换和计算后得到的被控量的实测值。给定值与过程变量都是现实存在的值，对于不同的系统，它们的大小、范围与工程单位有很大的区别。在回路表中它们只能被 PID 指令读取，而不能改写。PID 指令对这些量进行运算之前，还要进行标准化转换。每次完成 PID 运算后，都要更新回路表内的输出值 M_n，它被限制在 0.0~1.0 之间。从手动控制切换到 PID 自动控制方式时，回路表中的输出值可以用来初始化输出值。

增益 K_c 是正时为正作用回路，反之为反作用回路。如果不想要比例作用，应将回路增益 K_c 设为 0.0，对于增益为 0.0 的积分或微分控制，如果积分或微分时间为正，则为正作用回路，反之为反作用回路。

如果使用积分控制，上一次的积分值 MX（积分和）要根据 PID 运算的结果来更新，更新后的数值作为下一次运算的输入。MX 也应限制在 0.0~1.0 之间，每次 PID 运算结束时，将 MX 写入回路表，供下一次 PID 运算使用。

2. PID 参数的整定方法

为执行 PID 指令，要对某些参数进行初始化设置，也可称为整定，参数整定对控制效果的影响非常大，PID 控制器有 4 个主要的参数 T_s、K_c、T_I 和 T_D 需要整定。

在 P、I、D 这三种控制作用中，比例（P）部分与误差在时间上是一致的，只要误差一出现，比例部分就能及时地产生与误差成正比的调节作用，具有调节及时的特点。比例系数

Kc 越大，比例调节作用越强，但过大会使系统的输出量振荡加剧，稳定性降低。

积分（I）部分与误差的大小和误差的历史情况都有关系，只要误差不为零，控制器的输出就会因积分作用而不断变化，一直要到误差消失，系统处于稳定状态时，积分部分才不再变化，因此积分部分可以消除稳态误差，提高控制精度。但是积分作用的动作缓慢，滞后性强，可能给系统的动态稳定性带来不良影响。积分时间常数 TI 增大时，积分作用减弱，系统的动态稳定性可能有所改善，但是消除稳态误差的速度减慢。

微分（D）部分反映了被控量变化的趋势，微分部分根据它提前给出较大的调节作用。它较比例调节更为及时，所以微分部分具有超前和预测的特点。微分时间常数 TD 增大时，可能会使超调量减小，动态性能得到改善，但是抑制高频干扰的能力下降。如果 TD 过大，系统输出量可能出现频率较高的振荡。

为使采样值能及时反映模拟量的变化，Ts 越小越好。但是 Ts 太小会增加 CPU 的运算工作量，相邻两次采样的差值几乎没有什么变化，所以也不宜将 Ts 取得过小。表 1-30 给出了过程控制中采样周期的经验数据。

表 1-30　采样周期的经验数据

被控制量	流量	压力	温度	液位
采样周期/s	1~5	3~10	15~20	6~8

3. PID 回路控制指令

S7-200 的 PID 指令没有设置控制方式，执行 PID 指令时为自动方式；不执行 PID 指令时为手动方式。PID 指令的功能是进行 PID 运算。

当 PID 指令的允许输入 EN 有效时，即进行手动/自动控制切换，开始执行 PID 指令。为了保证在切换过程中无扰动、无冲击，在转换前必须把当前的手动控制输出值写入回路表的参数 Mn，并对回路表内的值进行下列操作：

1）使 SPn（给定值）$= PVn$（过程变量）。

2）使 $PVn-1$（前一次过程变量）$= PVn$（过程变量的当前值）。

3）使 MX（积分和）$= Mn$（输出值）。

在图 1-30 中，PID 指令以功能框的形式编程，指令名称为 PID。在功能框中有两个数据输入端：TBL 是回路表的起始地址，是由变量寄存器 VB 指定的字节型数据；LOOP 是回路的编号，是 0~7 的常数。当允许输入 EN 有效时，根据 PID 回路表中的输入信息和组态信息，进行 PID 运算。在一个应用程序中，最多可以使用 8 个 PID 控制回路，一个

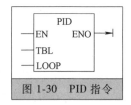

图 1-30　PID 指令

PID 控制回路只能使用 1 条 PID 指令，不同的 PID 指令不能使用相同的回路编号。

第二章

STEP 7-Micro/WIN编程软件

第一节　软件安装和设置

★ 一、软件安装条件

S7-200 PLC 的编程软件是 STEP 7-Micro/WIN。在个人计算机 Windows 操作系统下运行，它的功能强大，使用方便，简单易学。PLC 通过 PC/PPI 电缆或插在个人计算机中的专用通信卡与其进行通信。此软件支持三种编程模式：STL（语句表）、LAD（梯形图）、FBD（功能模块），便于用户选用，三种编程模式间可以相互转换。Micro/WIN 还提供程序在线编辑、调试、监控，以及 CPU 内部数据的监视、修改功能；支持符号表编辑和符号寻址，例如指定符号"电动机正转"对应于地址 Q0.0，使程序便于理解与寻找；支持子程序、中断程序的编辑，提供集成库程序功能，以及用户定义的库程序。

PLC 之间的网络通信、模拟量控制、高速计数器和 TD200 文本显示器的编程设计可以说是 S7-200 PLC 程序设计中的难点，STEP 7-Micro/WIN 为此设计了大量的向导，通过对话方式，用户只需要输入一些参数，就可以实现参数设置，自动生成用户程序。用户还可以通过系统块来完成大量的参数设置。

STEP 7-Micro/WIN 需要安装、运行在使用 Microsoft（微软）公司的 Windows 操作系统的计算机上。STEP 7-Micro/WIN V4.0 可以在 Microsoft 公司出品的如下操作系统环境下安装：

1）Windows 2000，SP3 以上。

2）Windows XP Home。

3）Windows XP Professional。

对计算机的硬件有如下要求：

1）任何能够运行上述操作系统的 PC 或 PG（西门子编程器）。

2）至少 350MB 硬盘空间。

3）Windows 操作系统支持的鼠标。

本章介绍 STEP 7-Micro/WIN_ V40_ SP9 版，此软件需占用约 300MB 空间。

★二、安装

关闭所有应用程序，包括 Microsoft Office 快捷工具栏，此 STEP 7 软件可存放在光盘等外存储器中。安装前将外存连接到计算机上，安装时找到相应文件夹，打开文件夹中的 Setup. exe 文件即可进行安装，安装程序会自动运行。

1）双击 Setup 后，安装过程会自动进行，只有几个需手动配合的界面。图 2-1 所示为选择语言的对话框，第一位就是英语，选好后单击 Next 按钮，安装继续进行。

2）选择是否同意协议要求，当然要单击 Yes 按钮，如图 2-2 所示。

图 2-1 选择安装程序界面语言

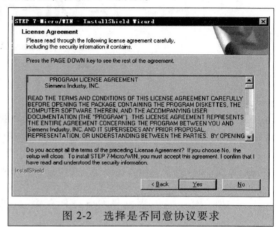
图 2-2 选择是否同意协议要求

3）选择安装此软件的文件夹，如图 2-3 所示。

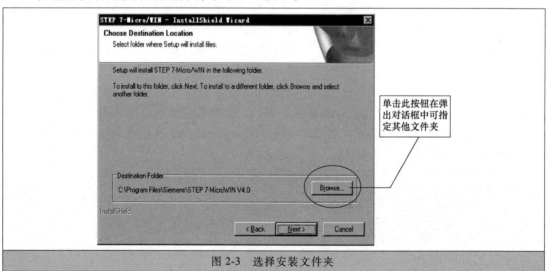
图 2-3 选择安装文件夹

4）安装完成后，弹出如图 2-4 所示的确认界面，单击对话框上的 Finish（完成）按钮，就可以使用已安装好的软件了。

5）安装结束后，双击桌面上的 V4.0 STEP 7 MicroWIN SP9 图标，或者在 Windows 的"开始"菜单中找到相应的快捷方式，运行此编程软件，第一次打开后会发现界面是英文的，如图 2-5 所示。把它变成中文会更方便使用，这时可在最上面一行的菜单栏中找到 Tools，单击它会出现一个下拉菜单，选择 Options 后会出现如图 2-6 所示的界面。

6) 在图 2-6 所示的界面中，找到左侧的选择项，单击第一位的 General 后会出现语言选择口 Language，选择 Chinese，单击 OK 按钮，关闭界面再打开后就是中文的界面了，而且关机后再打开中文界面也不会变了，除非重新选择。

图 2-4　选择查看已安装好的文件

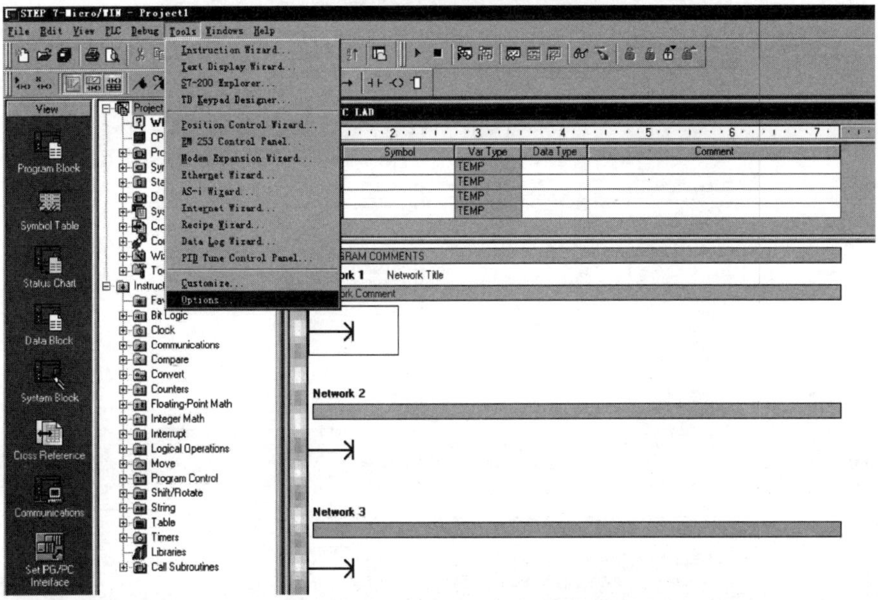

图 2-5　第一次打开软件的英文编程界面

7) 打开编程软件界面，可以查看软件的版本信息，方法是单击"帮助"菜单栏，如图 2-7 所示，会出现下拉菜单，选择"关于（A）"菜单项就会出现如图 2-8 所示的版本的详细信息。

如果计算机上已经安装了西门子公司提供的 Micro/WIN 32 指令库，安装新版本的 Micro/WIN 就会自动将库文件更新为最新版本；如果没有安装，则必须单独安装西门子公司的 Micro/WIN 32 指令库。安装指令库非常简单，只需要几秒钟就可以完成，在第四章的 PLC 与变频器通信的例子，就将使用 USS 通信协议指令，而相关 USS 指令就必须通过指令库来调用，调用方法在第四章的例子中也会详细介绍，此处不再赘述。

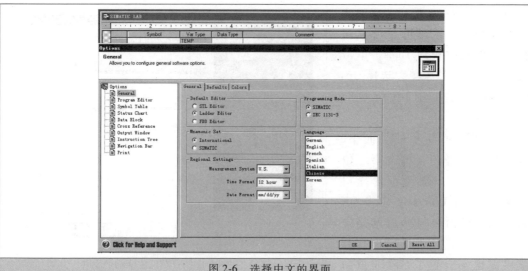

图2-6　选择中文的界面

图2-7　查看版本信息

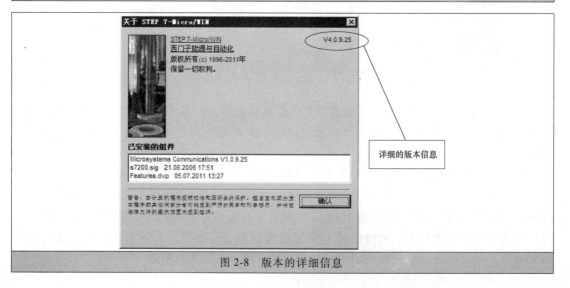

图2-8　版本的详细信息

第二节 STEP 7-Micro/WIN 简介

★ 一、STEP 7-Micro/WIN 窗口元素

STEP 7-Micro/WIN 的基本功能是协助用户完成应用软件的开发利用、创建用户程序、修改和编辑原有的用户程序。编程软件可设置 PLC 的工作模式和参数，编译、上传和下载用户程序，进行程序的运行监控等。它还具有简单语法的检查、对用户程序的文档管理和加密，以及提供在线帮助等功能。STEP 7-Micro/WIN 编程软件的主界面元素如图 2-9 所示。

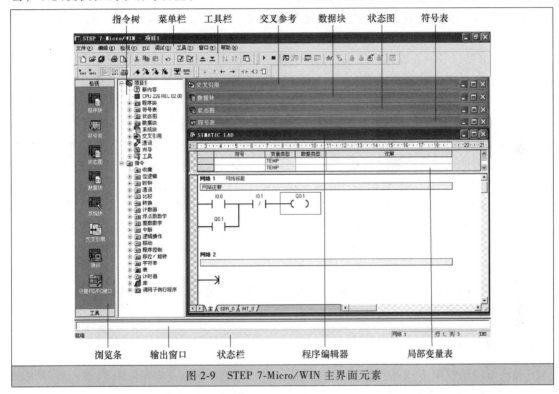

图 2-9　STEP 7-Micro/WIN 主界面元素

主界面一般可分以下几个区：菜单栏、工具栏、浏览条、指令树窗口、输出窗口、状态和程序编辑器、局部变量表（可同时或分别打开 5 个用户窗口）。除菜单栏外，用户可根据需要决定其他窗口的取舍和样式设置。

图 2-9 所示是 V4.0 版编程软件的界面，程序编辑就在此处进行。项目（Project）的名称由用户自己来定。下面介绍各部分的作用：

1）浏览条——显示常用编程按钮群组。浏览条包括两个组件框：检视和工具。

① 检视——显示程序块、符号块、状态表、数据块、系统块、交叉参考、通信和设置 PG/PC 接口 8 个按钮。

② 工具——显示指令向导、TD200 向导、位置控制向导、EM253 控制面板、扩展调制解调器向导、以太网向导、AS-i 向导、因特网向导、配方向导、数据记录向导和 PID 调节

控制面板等十几个按钮。

例如，进行通信端口的参数设置时，直接单击"系统块"按钮，然后在弹出的对话框中进行设置就可以了。

2）指令树——提供编程时用到的所有快捷操作命令和 PLC 指令。可以在项目分支里对所打开项目的所有包含对象进行操作，利用指令分支输入编程指令。可用"检视"菜单中的"指令树"项决定是否将其打开。

3）交叉参考——查看程序的交叉引用和元件使用信息。

4）数据块——显示和编辑数据块内容。

5）状态图——允许将程序输入、输出或变量置入图表中，监视其状态。可以建立多个状态图，以便分组查看不同的变量。

6）符号表/全局变量表——允许分配和编辑全局符号。可以为一个项目建立多个符号表。

7）输出窗口——在编译程序或指令库时提供消息。当输出窗口列出程序错误时，双击错误信息，会自动在程序编辑器窗口中显示相应的程序网络。编辑好一段程序，如需检查是否有错误，可以直接单击"全部编译"按钮（它的图形符号就是两张白纸上面有一个蓝色的对钩），这时就会在输出窗口显示所编辑的程序是否有错、有几条错误，然后再单击"编译"按钮（它的图形符号就是一张白纸上面有一个蓝色的对钩），就会在此处显示错误在哪行哪列，如无错就显示"错误为 0"。

8）状态栏——提供在 STEP 7-Micro/WIN 中操作时的操作状态信息。

9）程序编辑器——可用梯形图（LAD）、语句表（STL）或功能块图（FBD）编辑器编写用户程序，或在联机状态下从 PLC 上传用户程序，然后进行程序的编辑或修改。如果需要，可以拖动分割条以扩充程序视图，并覆盖局部变量表。单击程序编辑器窗口底部的标签，可以在主程序、子程序和中断服务程序之间移动。

10）局部变量表——每个程序块都对应一个局部变量表，在带参数的子程序调用中，参数的传递就是通过局部变量表进行的。

★ 二、菜单栏

允许使用鼠标单击或采用对应热键操作各种命令和工具，如图 2-10 所示。可以定制"工具"菜单，在该菜单中增加自己的工具。菜单栏包含 8 个主菜单项。

STEP 7-Micro/WIN - 项目1 - [SIMATIC LAD]
文件(F) 编辑(E) 检视(V) PLC 调试(D) 工具(T) 窗口(W) 帮助(H)

图 2-10　菜单栏

菜单栏中各项功能如下：

1）文件（File）：文件操作可完成新建、打开、关闭、保存文件；.awl 文件的导入与导出；上传、下载程序和库操作；文件的页面设置、打印预览和操作等。

2）编辑（Edit）：编辑功能完成剪切、复制、粘贴、选择程序块或数据块，插入、删除，同时提供查找、替换、光标定位等功能。

3）检视（View）：选择不同语言的编程器（包括 LAD、STL、FBD 三种）；在组件中执行浏览条的任何项；可以设置软件开发环境的风格，如决定其他辅助窗口（浏览条窗口、指令树窗口、工具栏按钮区）的打开与关闭。

4）PLC：可建立与PLC联机时的相关操作，改变PLC的工作方式（运行或停止）；在线或离线编译；清除程序和上电复位；查看PLC的信息和存储器卡操作、建立数据块、实时时钟、程序比较；PLC类型选择及通信设置等。

5）调试（Debug）：主要用于联机调试，可进行扫描方式设置（首次或多次）；程序执行和状态监控选择；状态表的单次读取和全部写入；各种强制方式选择等。

6）工具（Tools）：可以调用复杂指令向导（包括PID指令、NETR/NETW指令和HSC指令），使复杂指令的编程工作大大简化，安装TD200本文显示向导等；自定义界面风格（如设按钮及按钮样式，并可添加菜单项）；用"选项"子菜单也可以设置三种程序编辑器的风格，如语言模式、颜色、字体、指令盒的大小等。

7）窗口（Windows）：可以打开一个或多个窗口，并可进行窗口之间的切换，可以设置窗口的排放形式，如层叠、水平、垂直等。

8）帮助（Help）：通过帮助菜单上的目录和索引项可以查阅几乎所有相关的使用帮助信息；在软件编程操作过程中的任何步或任何位置都可以按F1键来显示在线帮助，或利用"这是什么"来打开相应的帮助，大大方便了用户的使用；帮助菜单还提供网上查询功能。

★三、工具栏

工具栏提供常用命令或工具的快捷按钮，通过简便的鼠标单击操作，就可完成相应的工作。如图2-11所示，可用"检视"菜单中的"工具条"项定义工具栏。其标准工具栏如图2-12所示；调试工具栏如图2-13所示；常用工具栏如图2-14所示；LAD指令工具栏如图2-15所示。

标准工具栏中，前面几种按钮与一般Word软件中的图形相同，作用也相同，后面的几种就是该软件特有的了。其中常用的有局部编译、全编译、上传、下载。一个项目的程序编好后，用"全编译"及"局部编译"检查是否有错误；单击"下载"按钮，将程序传入PLC中；单击"上传"按钮，将程序从PLC传入STEP 7中。

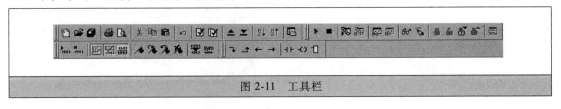

图2-11　工具栏

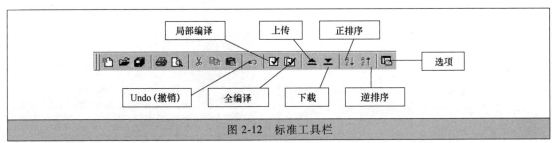

图2-12　标准工具栏

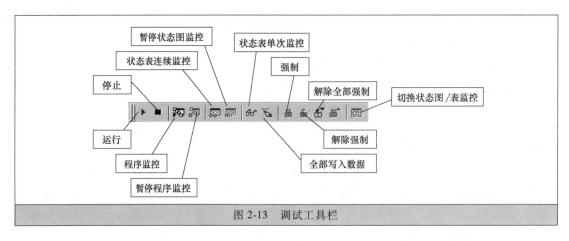

图 2-13　调试工具栏

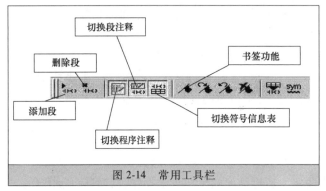

图 2-14　常用工具栏

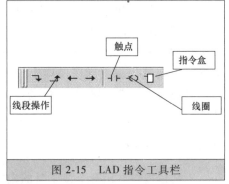

图 2-15　LAD 指令工具栏

★ 四、项目及其组件

STEP 7-Micro/WIN 把每个实际的 S7-200 PLC 系统的用户程序、系统设置等保存在一个项目文件中，扩展名为 .mwp。打开一个×××.mwp 文件，就打开了相应的工程项目。

如图 2-16 所示，使用浏览条的视图部分和指令树的项目分支可以查看项目的各个组件，并且在它们之间切换。单击浏览条图标，或者双击指令树分支都可以快速到达相应的项目组件。

例如，单击"通讯"图标可以寻找与编程计算机连接的 S7-200 PLC CPU，建立编程通信；单击"设置 PG/PC 接口"图标可以设置计算机与 S7-200 PLC 之间的通信硬件以及网络地址和速率等参数。

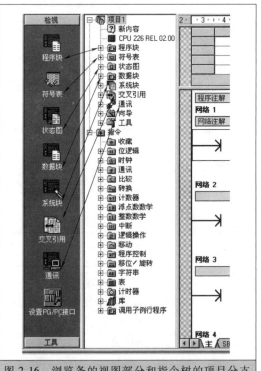

图 2-16　浏览条的视图部分和指令树的项目分支

第三节　定制 STEP 7-Micro/WIN

★ 一、显示和隐藏各种窗口组件

在菜单条中单击"检视"并选择一个对象，将其选择标记（一个对勾）在有和无之间切换。带选择标记的对象是当前在 STEP 7-Micro/WIN 环境中打开的，如图 2-17 所示。

★ 二、选择"窗口"显示方式

在菜单条单击"窗口"，会出现如图 2-18 所示的选择项，当打开多个窗口时，用来决定窗口的排列方式，也可在不同窗口间切换，例如选择了"垂直"方式，窗口间的排列方式如图 2-19 所示。

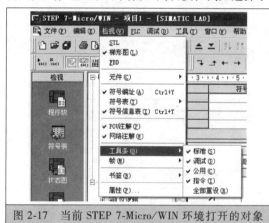

图 2-17　当前 STEP 7-Micro/WIN 环境打开的对象

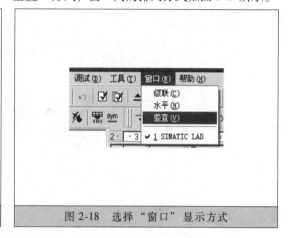

图 2-18　选择"窗口"显示方式

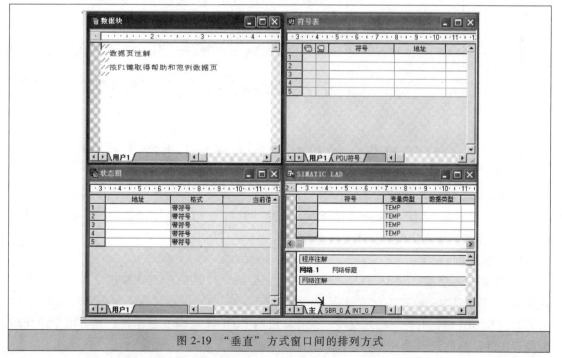

图 2-19　"垂直"方式窗口间的排列方式

★ 三、程序编辑的窗口选择

因为用户程序有主程序、子程序、中断程序之分，STEP 7-Micro/WIN 为此也可以进行选择，也就是说各自都有自己的编程区域，如图 2-20 所示，只要单击标签，即可在相应区域进行编程。

另外，用鼠标拖动分隔栏可以改变窗口区域的尺寸，如图 2-21 所示。

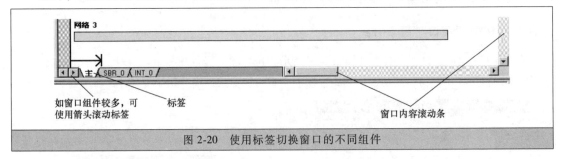

图 2-20　使用标签切换窗口的不同组件

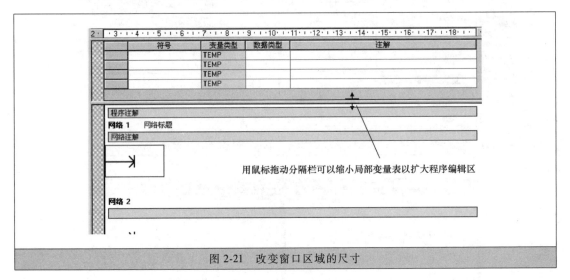

图 2-21　改变窗口区域的尺寸

第四节　编程计算机与 CPU 通信

在计算机上装好 STEP 7-Micro/WIN 编程软件后，即可编写程序了，程序编好后要下载到 PLC 中，在下载之前还有一项工作要做，就是计算机与 PLC 要相互认识一下，这个过程被称为"通信"。相互认识后，才可以进行程序的上传或下载。

最简单的通信配置：

1）带串行通信端口（RS-232C 即 COM 口，或 USB 口）的个人计算机（PC），并已正确安装了 STEP 7-Micro/WIN 的有效版本。

2）PC/PPI 编程电缆，用此电缆连接计算机的 COM 口和 CPU 通信口；或者用 USB/PPI 电缆连接计算机的 USB 口和 CPU。

★ 一、设置通信

可以根据需要选择不同的通信波特率，9.6kbit/s 是 S7-200 PLC CPU 默认的通信速率。使用其他波特率需要在系统块内设置，并下载到 PLC 中才能生效。

用 PC/PPI 电缆连接 PC 和 PLC，将 PLC 前盖内的模式选择开关（黄色、3 档）设置为 STOP，给 PLC 上电。

1）单击浏览条上的"通讯"图标出现通信窗口，如图 2-22 所示。

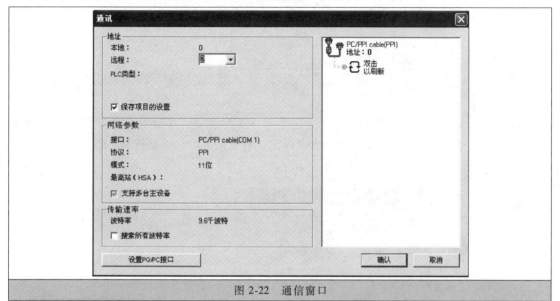

图 2-22　通信窗口

窗口左侧显示编程计算机将通过 PC/PPI 电缆尝试与 PLC 通信，右侧显示本地编程计算机的网络通信地址是 0，默认的远程（就是与计算机连接的）单台 PLC 的 CPU 端口地址为 2。

2）双击右上角处的 PC/PPI cable（PPI）电缆的图标，或单击左下角处的"设置 PG/PC 接口"按钮，出现如图 2-23 所示的窗口。单击 Properties（属性）按钮，查看或修改 PC/PPI 电缆连接参数及校准通信端口。

3）单击 Properties（属性）按钮后，出现两个选项，如图 2-24 所示。在 PPI 选项卡中查看、设置网络相关参数，在 Local Connection（本地连接）选项卡中，通过下拉选

图 2-23　通信参数设置

择框选择实际连接的编程计算机 COM 口（如果是 RS-232/PPI 电缆）或 USB 口（如果是 USB/PPI 电缆），如图 2-25 所示。这里选择的通信端口一定要与电缆实际连接的一致。

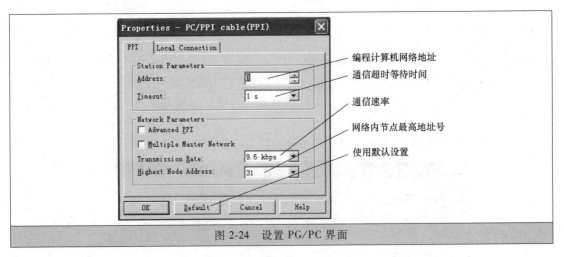

图 2-24　设置 PG/PC 界面

4）单击 OK 按钮，回到通信窗口，如图 2-22 所示，双击"双击以刷新"图标，开始进行编程计算机与 PLC 的通信（联络），也可以把它看成是编程计算机搜索 PLC 的 CPU 信息，这一过程是完全自动进行的，如图 2-26 所示。

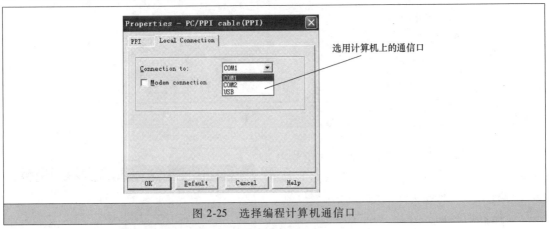

图 2-25　选择编程计算机通信口

图 2-26　计算机正在与 PLC 通信

5）在保证 COM 口（USB 口）设置准确、通信电缆完好无损的前提下，通信过程结束后，编程计算机肯定能搜索到与之连接的 PLC 的地址号、CPU 规格等，如图 2-27 所示。因为是单台 PLC，所以搜索到的默认地址应该是 2。这时单击"确认"按钮，通信过程就结束了。在这以后，就可以在计算机与 PLC 之间进行程序的上传或下载。

图 2-27　PLC 的信息搜索完毕

★ 二、PLC 信息

双击找到的设备图标（这里是 CPU 226 REL 02.00 地址：2），将显示 CPU 的信息，或在在线状态下选择 PLC→"信息"命令，将显示 PLC 的信息，如图 2-28 所示，包括操作模式、PLC 型号和 CPU 版本号、以 ms 为单位的扫描周期、I/O 模块配置、CPU 和 I/O 模块错误及历史事件日志等信息。

如果 PLC 类型支持"历史事件"日志，该按钮就会被使能。单击"事件历史"按钮，查看何时上电、模式转换及致命错误的历史记录。只有设置了实时时钟，才能得到时间记录中正确的时间标记。

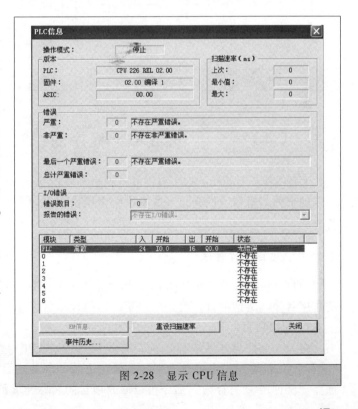

图 2-28　显示 CPU 信息

★ 三、读取远程 PLC 类型

双击指令树中 CPU 类型图标，或者选择 PLC→"类型"命令，将显示如图 2-29 所示的对话框；单击"读取 PLC"按钮，显示在线的 PLC 类型和 CPU 版本号；单击"确认"按钮关闭对话框后，发现指令树中的 PLC 类型处显示实际连接并通信成功的 CPU 型号和版本信息。也可在离线状态下，单击图中的列表框，在下拉选项中选择 PLC 类型或 CPU 版本。

★ 四、设置实时时钟

要查看或设置存储在 PLC 中的当前时间和日期，可选择 PLC→"实时时钟"命令，以设置"PLC 时钟操作"对话框中的时间和日期，如图 2-30 所示。PLC 型号 214、215、216、221、222、224 和 226 支持"实时时钟"及 TODR/TODW 程序指令。CPU 222、224、226（2.0 版或更高版本）支持夏时制时间的自动调整。

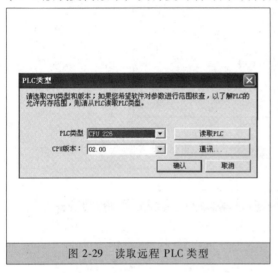

图 2-29 读取远程 PLC 类型

图 2-30 设置实时时钟

第五节 程序的编写与传送

利用 STEP 7-Micro/WIN 编程软件编辑和修改控制程序是用户要做的最基本工作，本节将以梯形图编辑器为例介绍一些基本编辑操作。语句表和功能块图编辑器的操作可采用类似的方法。

★ 一、项目文件管理

项目（project）文件来源有三个：新建一个项目、打开已保存的项目以及从 PLC 上传已有项目等。所谓项目，就是用户所编写的程序名称。

1. 新建项目

在为一个控制过程编程之前，首先应为这个程序起个名字，即创建一个项目。选择"文件"→"新建"命令或单击工具条最左边的"新建项目"按钮，可以生成一个新的项目。选择"文件"→"另存为"命令可以修改项目的名称和项目文件所在的目录。

STEP 7-Micro/WIN 运行后,会在主窗口自动创建一个以"项目 1"命名的项目文件,主窗口会显示新建的项目文件主程序区。它是一组空的项目组件,包括程序编辑、数据块、符号表、交叉参考、状态表等 5 个用户窗口。STEP 7-Micro/WIN 支持 LAD(梯形图)、STL(语句表)和 FBD(功能块图)三种编程方式。图 2-31 所示为 LAD 程序编辑器窗口,是系统默认的编程方式。

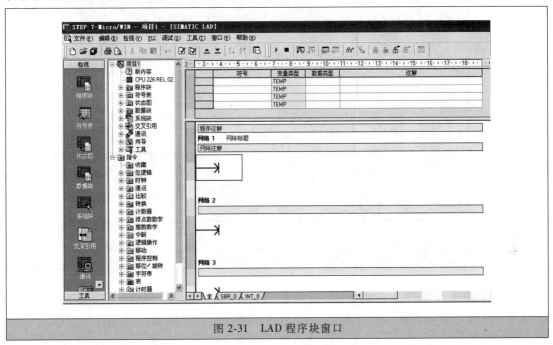

图 2-31 LAD 程序块窗口

程序块由主程序、可选的子程序(SBR_0)和中断程序(INT_0)组成。各程序分别包括程序注释、子程序注释、中断程序注释;程序段编辑区包括程序段网络编号、网络标题、网络注释和母线,单击"浏览条"中图标,直接切换项目的不同组件,如在程序块窗口中单击底部的程序标签可以在主程序、子程序和中断服务程序之间浏览。

2. 打开项目

选择"文件"→"打开"命令(见图 2-10)或单击工具条中的"打开项目"按钮(位于图 2-12 的第二个),弹出"打开"对话框,选择项目路径及项目名称后,单击"确定"按钮,则打开现有项目。项目存放在扩展名为 . mwp 的文件中。

也可选择在"文件"菜单底部所列出最近出现过的项目名称,直接选择打开。或者用 Windows 资源管理器找到要打开的项目,直接双击打开即可。

3. 上传项目

在确保计算机与 PLC 通信正常运行的前提下,如果要上传(PLC 至编辑器)一个 PLC 存储器中的项目文件(包括程序块、系统块、数据块),可选择"文件"→"上传"命令,也可单击工具条中的"上传"按钮(见图 2-12 中的▲按钮)来完成。上传时,选定要上传的块(程序块、数据块或系统块),如图 2-32 所示,计算机会从 S7-200 PLC 的 RAM 中上传系统块,从 EEPROM 中上传程序块和数据块。上传来的程序一定要将名称选好后再保存,避免覆盖现象。

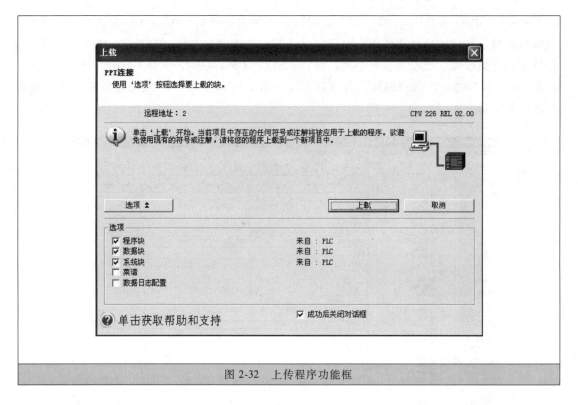

图 2-32   上传程序功能框

4. 项目保存和更名

如要在当前编辑操作状态下保存首次建立的项目文件，则选择"文件"→"保存"或"另存为"命令，在工具栏中单击"保存项目"按钮（图 2-12 中第三个）或按 Ctrl+S 组合键进行保存都可以。项目文件在以 .mwp 为扩展名的单个文件中存储所有项目数据（程序、数据块、PLC 配置、符号表、状态表和注释）的当前状态，STEP 7-Micro/WIN 的默认文件名为"项目 1"，目录的默认值是之前确定的安装路径，当然可以根据自己的需要指定具体位置。

项目更名可使用菜单栏"文件"中的"另存为"命令修改当前项目名称或目录位置；程序块中的主程序名（任何项目文件的主程序只有一个）、子程序名和中断程序名均可更改，方法是在指令树窗口中，右击需要更名的子程序或中断程序标签名，选中后直接输入所希望的名称。

5. 复制项目

使用编辑菜单命令或标准微软键组合方式，可实现项目段的全选（Ctrl+A）、复制（Ctrl+C）、剪切（Ctrl+X）及粘贴（Ctrl+V）等操作。其使用方法与普通文字处理软件相同。

6. 确定程序结构

较简单的数字量控制程序一般只有主程序（OB1），系统较大、功能复杂的程序除了主程序外，可能还有子程序、中断程序和数据块。

主程序在每个扫描周期被顺序执行一次。子程序的指令存放在独立的程序块中，仅在被别的程序调用时才执行。中断程序的指令也存放在独立的程序块中，用来处理预先规定的中断事件，在中断事件发生时将主程序暂时封存，由操作系统调用中断程序。

7. 添加子程序

如果在项目文件中有多个子程序，可以通过 3 种方法实现。

1）在指令树窗口中，右击"程序块"，在弹出的快捷菜单中找到"插入"项，随后又出现两个可选项，一个是"子程序"，另一个是"中断"，单击"子程序"即可。

2）用菜单命令"编辑"→"插入"→"子程序"来添加子程序。

3）右击编辑窗口（区域），在弹出的快捷菜单中选择"插入"→"子程序"。

新生成的子程序根据已有子程序的数目，自动递增编号（SBR_ n）。

8. 添加中断服务程序

如果在项目文件中有多个中断服务程序，可以通过 3 种方法实现。

1）在指令树窗口中，右击"程序块"，在弹出的快捷菜单中找到"插入"项，随后又出现两个可选项，一个是"子程序"，另一个是"中断"，单击"中断"即可。

2）用菜单命令"编辑"→"插入"→"中断"来添加中断服务程序。

3）右击编辑窗口（区域），在弹出的快捷菜单中选择"插入"→"中断"。

新生成的中断服务程序根据已有中断服务程序的数目，自动递增编号（INT_ n）。

★ 二、项目文件编辑

用选择的编程语言编写用户程序。梯形图直观方便、容易理解，一般都选择梯形图，梯形图程序被划分为若干个网络，一个网络中只能有一块独立电路，或者说一个网络中只允许一条支线与母线相连接，例如，图 3-4 需要 4 个网络，而图 3-7 只需 1 个网络。一个网络中最多可写 32 行程序。如果一个网络中有两块或以上独立电路，在编译时将会显示"无效网络或网络太复杂无法编译"，程序"下载"就更谈不上了。

输入梯形图程序可以通过指令树、指令工具栏按钮、快捷键方式进行。程序块由可执行的指令代码和注释组成。

1. 输入编程元件

梯形图的编程指令（编程元件）主要有线圈、触点、指令盒（功能块）、标号及连线。输入编程指令的方法有以下几种：

1）在程序编辑区单击要放置编程指令的位置，此时会出现一个"选择方框"（矩形光标），然后在指令树所列的一系列指令中，双击要输入的指令符号，这个指令符号就自动落在矩形光标处，如图 2-33 中①所示。

2）在指令树中单击所选择的指令并按住，将指令拖拽至程序编辑区需要放置指令的位置后释放鼠标按键，则相应指令就会落在该位置上，如图 2-33 中②所示。

3）在程序编辑区用鼠标确定指令所放置的位置，此时会出现一个"选择方框"（矩形光标），用工具栏上的一组编程按钮（见图 2-15），单击触点、线圈或指令盒（功能块）按钮，或按对应的快捷键（F4 = 触点、F6 = 线圈、F9 = 功能块），从弹出的窗口下拉列表框所列出的指令中选择要输入的指令（利用鼠标拖动或键盘上的上下箭头键找到需用的指令），单击所需的指令或使用 Enter 键插入该指令，如图 2-34 所示。

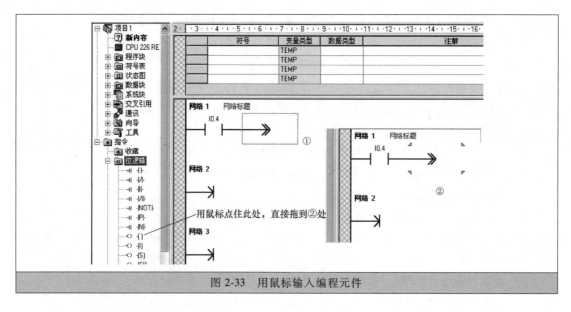

图 2-33　用鼠标输入编程元件

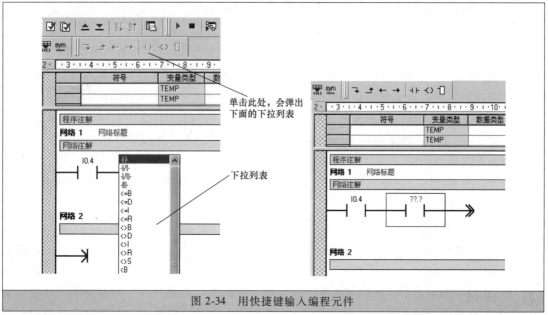

图 2-34　用快捷键输入编程元件

图 2-34 中的下拉列表是单击触点指令而产生的，指令段的终点处应该是线圈或者指令盒（功能块），在工具栏上单击线圈按钮（图 2-15 中第 6 个）或者指令盒按钮（图 2-15 中第 7 个），同样会出现它们各自的下拉列表，也可以从指令树中单击"指令"获取所需要的线圈或功能块，如图 2-35 所示。放置方法与触点放置方法相同。

4）输入操作数。在用梯形图输入指令时，操作数最初是由红色问号代表，如图 2-36 中的"??.?"或"????"，表示参数未赋值。单击"??.?"或"????"处，或用光标（上、下、左、右箭头）键选择要输入操作数的指令后按 Enter 键，选择输入操作数的区域，选中后，此问号处就会被光标圈住，然后输入操作数即可。操作数输入完按 Enter 键，就会自动转入下一条指令的编辑。

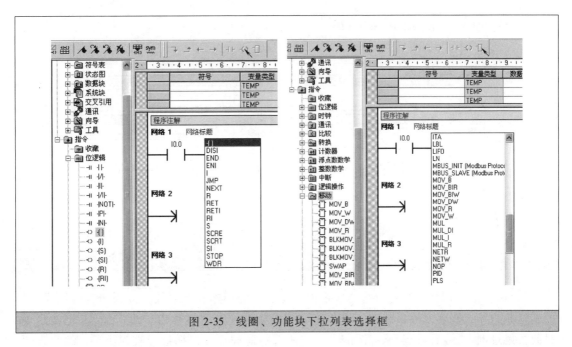

图 2-35　线圈、功能块下拉列表选择框

5）顺序输入和并联分支。顺序输入是从网络的母线开始连续在一行上依次输入各编程元件。编程元件是在矩形光标处被输入，编程元件以串联形式连接，输入和输出都无分叉。

并联分支是在同一网络块中第一行下方的编程区域单击鼠标，出现小矩形光标，然后输入编程元件生成新的一行，而且与上一行有连接关系。如输入与前边的程序无连接，出现同一网络有两条支线与母线连接，那就错了，则应在下一网络块中输入。

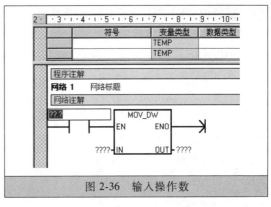

图 2-36　输入操作数

6）连接 LAD 线段。用工具条上水平和垂直线按钮（见图 2-15），或按住键盘上的"Ctrl+光标"键，从光标位置处开始画线，连接编程元件以构成网络程序。例如，要在一行的某个元件后向上分支，可将光标移至要合并的触点处，如图 2-37 所示，单击"上连线"按钮即可。如果要在一行的某个元件后向下分支，则将光标移到该元件，单击"下连线"按钮或用键盘操作完成连接，然后再进行其他编辑。

STEP 7-Micro/WIN 支持与常用文档编辑软件类似的两种编辑模式：插入和改写。可用 Insert 键切换插入和覆盖两种编辑方式，在视窗状态栏右下角显示当前的 INS 或 OVR 模式状态。插入方式下，在一条指令上放新指令后，现有指令右移，为新指令让出位置；覆盖方式下，在一条指令上放新指令后，新指令替换现有指令。当用具有相同类型的方框覆盖（替换）一条指令时，对旧参数所做的任何赋值都保留到新参数。也就是说，如果第二个指令与第一个指令有同样数目的能流位输入、输入地址参数、能流位输出和输出地址参数，进行覆盖时参数赋值被保留。

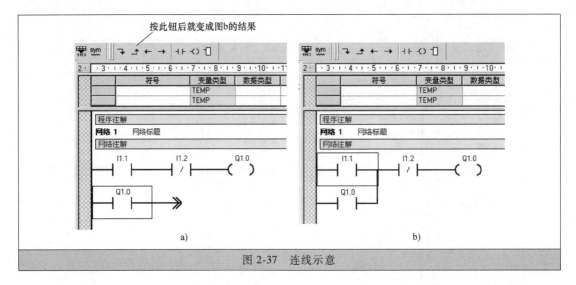

图 2-37 连线示意

7）编程语言切换。第三章与第四章中应用实例的程序，大多数是以语句表的形式给出的，这是为什么呢？回答很简单，是为了节省篇幅。梯形图被称为"电工图"，也就是说，只要接触过继电接触器控制原理图的人，都能看得懂梯形图，梯形图直观明了，编写方便，特别适合编程调试阶段。在没有计算机软件编程之前，使用编程器给 PLC 输入程序，编程者既要用梯形图编写程序，又要会用语句表助记符输入程序，也就是说，一定要掌握梯形图与语句表之间的指令对应关系才能完成整个设计工作。工作难度与强度都比现在大。

在 STEP 7-Micro/WIN 编程软件中可以将编写好的梯形图程序与语句表程序方便地进行切换。梯形图（LAD）、语句表（STL）或功能块图（FBD）三种编程语言表达模式用哪一种编写都可以，切换是通过工具栏中的"检视"来完成的，如图 2-17 所示，在检视的下拉菜单中的前三项就是 STL、LAD、FBD，需要使用哪一种单击它即可，只要在其前面出现"√"就是选中了。应该注意的是，在某一模式程序编好后，经编译不存在错误，方可进行切换，如有错误，则无法切换。

2．输入注释

梯形图编辑器中共有 4 个注释级别，分别是项目组件注释、网络标题、网络注释和项目组件属性。在此可为每个 POU 及网络加标题或必要的注释说明，使程序清晰易读。

1）项目组件注释：单击"网络 1"上方的灰色文本框，输入 POU 注释，每条 POU 注释可允许使用的最大字符数为 4096。POU 注释是供选用项目，反复单击"公用工具栏"中"切换 POU 注释"按钮或选择"检视"→"POU 注解"命令，可在 POU 注释"打开"（可见）或"关闭"（隐藏）之间切换。可视时，项目组件注释始终位于 POU 顶端，并在第一个网络之前显示。

2）网络标题：将光标放在网络标题行的任何位置，输入一个评价该逻辑网络功能的标题。网络标题中可允许使用的最大字符数为 127。

3）网络注释：单击"网络 n"（表示每个网络块或程序段）下方的灰色文本框，输入有关网络内容的说明，网络注释中允许使用的最大字符为 4096。反复单击"切换网络注释"按钮或选择"检视"→"网络注解"命令，可在网络注释"打开"（可见）和"关闭"（隐藏）之间切换。

4）项目组件属性：右击程序编辑器窗口中的某一个 POU 标签，从弹出的快捷菜单中选择"属性"命令，打开"属性"对话框。"属性"对话框中有一般和保护两个标签，在"一般"标签中可依次设置名称、作者、程序编号等内容，在"保护"标签中可输入密码。

3. 编程元素的编辑

编程元素可以是单元、指令、地址及网络，编辑方法与普通的文字处理软件相似。在程序编辑器上选择要编辑的元素，通过工具栏按钮或"编辑"菜单命令，或直接右击或使用快捷菜单选项，均可实现对选定对象的剪切、复制、粘贴、插入或删除等操作。

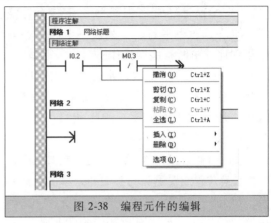

图 2-38　编程元件的编辑

（1）剪切、复制和粘贴

图 2-38 所示是在编程元件上右击鼠标时的结果，此时"剪切"和"复制"项处于有效状态，可以对元件进行剪切或复制。

用鼠标在梯形图母线上单击，可以选择该母线所对应的整个网络，如图 2-39 所示。在母线上按住左键拖动，可以选择多个网络段；也可先选择开始网络位置，然后在结束网络位置处按住 Shift 键并单击鼠标，确定多个网络段区域；可以在编辑器任意位置单击右键并通过下拉菜单完成"全选"操作（见图 2-38）。选择后可进行剪切、复制和粘贴。粘贴操作只有在剪切、复制后有效。

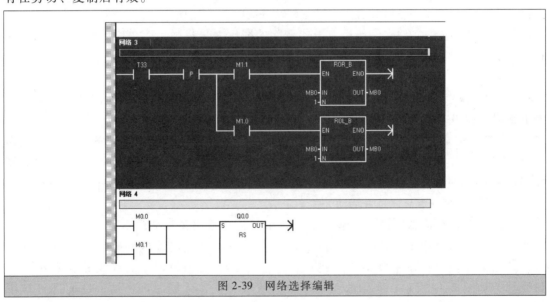

图 2-39　网络选择编辑

（2）插入和删除

1）编程时经常用到插入一行、一列、竖线、一个网络、一个子程序或中断程序等。

一行、一列、竖线、一个网络的插入方式是，在要插入处右击，弹出快捷菜单，选择"插入"命令，弹出下拉子菜单，如图 2-40 所示；单击要插入的项，然后进行编辑。也可用菜单栏"编辑"中相应的"插入"项来完成相同的操作。插入"行"或"列"是指在鼠标当前位置的上面或左边插入新的位置，"竖线"用来插入垂直的并联线段，"网络"是在光标上方插入网络并为所有网络重新编号。

2）编程时经常遇到删除一条指令、竖线、水平线段、一行、一列、一个网络、一个子程序或中断程序等操作。

① 一条指令、竖线、水平线段的删除方式是，单击要删除的指令、竖线的左侧位置、水平线段后按 Delete 键，删除相应的指令、竖线、水平线段。

② 一行、一列的删除方式是，在要删除行上的任意位置或要删除的某一列处单击鼠标右键，弹出快捷菜单，选择"删除"下拉子菜单中的"行"或"列"，删除相应的行或列。

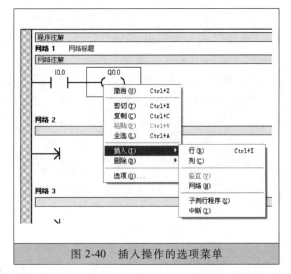

图 2-40　插入操作的选项菜单

③ 删除一个网络：在网络标题或网络注释上右击，选择"删除"下拉子菜单中的"网络"，删除相应的程序段。选择一个或多个程序段，按 Delete 键，或在被选择区域处右击，选择"删除"下拉菜单中的"选择"或"网络"，或单击"删除网络"按钮，删除程序中选择的整个网络。在下拉菜单出现后，按照快捷提示，用快捷键完成相应的操作。

④ 删除一个子程序或中断程序：右击待删除的子程序或中断程序标签，选择"删除"下拉子菜单中的 POU，弹出对话框，问是否确定删除该项，单击"是"按钮，或打开"指令树"中与之对应的文件夹，然后右击待删除的图标并选择弹出菜单中的"删除"命令，相应的子程序或中断程序将被删除。

（3）编译与下载

在 STEP 7-Micro/WIN 中，编辑的程序必须编译成 S7-200 PLC CPU 能识别的机器码，才能下载到 S7-200 PLC CPU 内运行。

程序编辑完成，可用菜单栏中的 PLC→"编译"命令或者用工具栏上的"编译"按钮（见图 2-12），对当前编辑器中的程序进行离线编译。若选择 PLC→"全部编译"命令，则按照顺序编译程序块（主程序、全部子程序、全部中断程序）、数据块、系统块等全部块，"全部编译"与哪一个窗口是否活动无关。

编译结束后在信息输出窗口显示编译结果。信息输出窗口会显示程序块和数据块的大小，也会显示编译中发现的语法错误的数量、各条错误的原因和错误在程序中的位置。双击信息输出窗口中的某一条错误信息，会在程序编辑器中相应出错位置出现矩形光标，如图 2-41 所示。必须改正程序中的所有错误，才能编译成功，进而进行"下载"操作。

上传和下载用户程序指的是用 STEP 7-Micro/WIN 编程软件进行编程时，PLC 主机和计算机之间的程序、数据和参数的传送。

下载之前，PLC 应处于 STOP 模式。单击工具条中的"停止"按钮，或选择 PLC→"停止"命令，进入 STOP 模式。如果不在 STOP 模式，可将 CPU 模块上的模式开关（处在 PLC 主机正面中右侧小门里的黄色开关）扳到 TERM 或 STOP 位置。

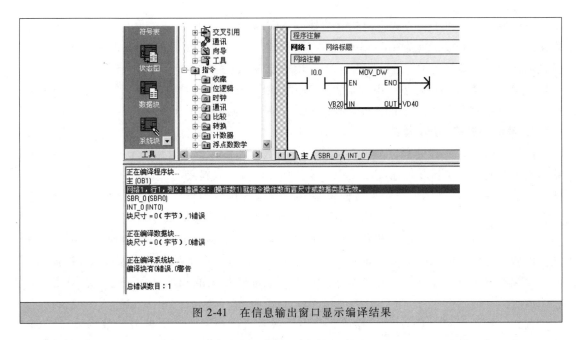

图 2-41　在信息输出窗口显示编译结果

　　在计算机与 PLC 建立起通信连接后，如直接执行下载操作，STEP 7-Micro/WIN 会自动进行编译。用户程序编译成功后，可以将程序代码下载到 PLC 中，而程序注释被忽略。

　　单击工具条中的"下载"按钮（见图 2-12），或选择"文件"→"下载"命令，将会出现下载对话框，如图 2-42 所示。用户可以分别选择是否下载程序块、数据块和系统块。单击"下载"按钮，开始下载信息，如 PLC 处于 RUN 模式，将出现"将 PLC 设置为 STOP 模式吗？"选项框，单击"是"按钮，使 PLC 转为 STOP 模式后，开始下载程序，同时输出窗口中显示"正在下载至 PLC…"信息，下载完毕后，显示"下载成功"字样。

　　如果 STEP 7-Micro/WIN 中设置的 CPU 型号与实际的型号不符，下载时会出现警告信息，这时应重新进行"通信"并成功后再下载。

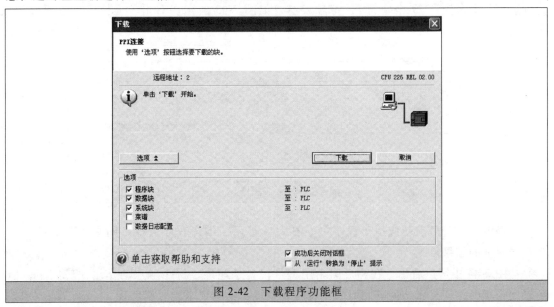

图 2-42　下载程序功能框

下载成功后，以手动方式将模式开关拨到 RUN 位置，或模式开关设为 TERM 位置，通过使用工具条中的按钮（见图 2-13 中的第 1 个按钮"▶"），使 PLC 成为 RUN 模式。运行模式下，PLC 上黄灯 STOP 指示灯灭，绿灯 RUN 指示灯亮。

这时 PLC 就开始运行了，不管是否有输入信号，它都在周期性顺序扫描下载进去的程序。如果进行程序调试，就可以启动相应的输入信号开始调试了。

4. 数据块编辑

数据块用来对 V 存储器（变量存储器）进行数据初始化，可以用字节、字或双字赋值。数据块中的典型行包括起始地址以及一个或多个数据值，双斜线（"//"）之后的注释为可选项。输入一行后，按 Enter 键，数据块编辑器对输入行自动格式化（对齐地址列、数据、注释；大写 V 存储区地址标志）并重新显示。数据块编辑器接收大小写字母，并允许使用逗号、制表符或空格作为地址和数据值之间的分隔符。数据块的第一行必须包含明确的地址，以后的行可以不包含明确的地址。在单地址值后面输入多个数据或输入只包含数据的行时，由编辑器进行地址赋值。编辑器根据前面的地址和数据的长度（字节、字或双字）进行赋值。

选择"检视"→"元件"→"数据块"命令，或者直接在浏览条中单击"数据块"按钮，或者在指令树中单击"数据块"图标，均可打开数据块窗口进行操作。

5. 符号表

符号表是使用符号编址的一种工具表，可使程序逻辑更容易理解、便于记忆。使用符号表的方式有两种：一种是在编程时使用直接地址，然后打开符号表，编写与直接地址对应的符号名称，编译后由软件自动转换名称；另一种是在编程时直接使用符号名称，然后打开符号表，编写与符号名称对应的直接地址，编译后得到相同的结果。

要打开符号表，可单击"检视"菜单中的"符号表"项或浏览条窗口中的"符号表"按钮，在"符号"列输入符号名，使用 Tab、Enter 或 Arrow 键确认输入，同时移至下一个单元格。符号名最大允许长度为 23 个字符。在地址列和注释列分别输入地址和注释（注释为可选项，最多允许 79 个字符），符号表窗口如图 2-43 所示。右击单元格，可进行修改、删除、插入等操作。

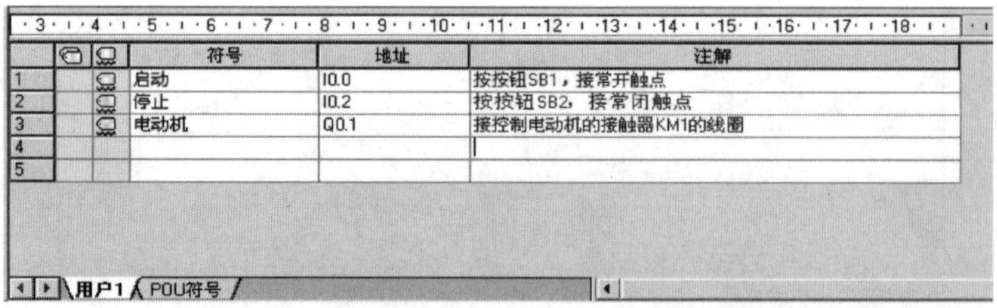

		符号	地址	注解
1		启动	I0.0	按按钮 SB1，接常开触点
2		停止	I0.2	按按钮 SB2，接常闭触点
3		电动机	Q0.1	接控制电动机的接触器 KM1 的线圈
4				
5				

▶ ▶ 用户1 / POU符号 /

图 2-43 符号表

一经编译，符号表就应用于程序中。图 2-44 显示了编译程序后梯形图中的变量已经改为符号寻址的结果。

从图 2-44 中可以看出，在梯形图中用符号代替了地址，每个触点的作用比较明了，但还是觉得不太方便，希望能够同时看见符号和地址，这个要求也可以实现。

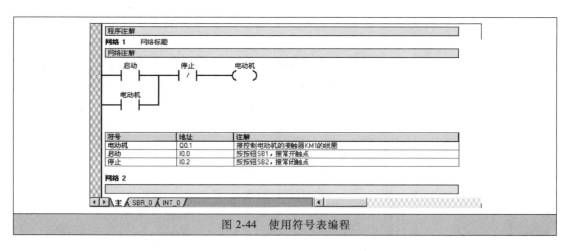

图 2-44　使用符号表编程

选择"工具"→"选项"命令，在选项对话框中选择"程序编辑器"选项卡，在此对话框的右中间位置有个"符号编址"选项口，选择"显示符号和地址"并确认，之后在所打开的项目程序元件上会显示符号和地址，如图 2-45 所示。

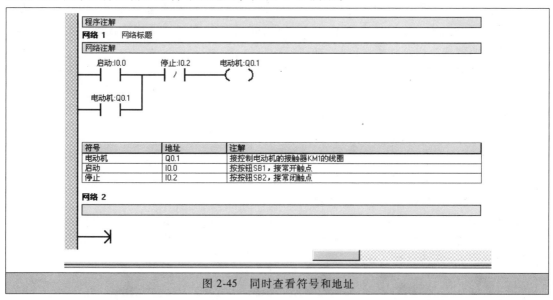

图 2-45　同时查看符号和地址

第六节　程序的运行监控与调试

STEP 7-Micro/WIN 编程软件提供了一系列工具来调试并监控正在执行的用户程序。

★ 一、工作模式选择

S7-200 PLC 的 CPU 具有停止和运行两种操作模式。在停止模式下，可以创建、编辑程序，但不能执行程序；在运行模式下，PLC 读取输入，执行程序，写输出，反映通信请求，更新智能模块，进行内部事务管理及恢复中断条件，不仅可以执行程序，也可以创建、编辑及监控程序操作和数据。为调试提供帮助，加强了程序操作和确认编程的能力。

如果 PLC 上的模式开关处于 RUN 或 TERM 位置，可通过 STEP 7-Micro/WIN 软件执行菜单命令 PLC→"运行"或 PLC→"停止"进入相应工作模式。也可单击工具栏中的"运行"按钮（图 2-13 中第 1 个）或"停止"按钮（图 2-13 中第 2 个）进入相应工作模式，还可以手动改变位于 PLC 正面上小门内的状态开关改变工作模式，"运行"工作模式时，PLC 上的黄色 STOP 指示灯灭，绿色 RUN 指示灯亮。

★ 二、梯形图程序的状态监视

编程设备和 PLC 之间建立通信并向 PLC 下载程序后，STEP 7-Micro/WIN 可对当前程序进行在线调试。利用菜单栏中"调试"列表选择或单击"调试"工具条中的按钮，可以在梯形图程序编辑器窗口查看以图形形式表示的当前程序的运行状况，还可直接在程序指令上进行强制或取消强制数值等操作。

运行模式下，选择"调试"→"开始程序状态监控"命令，或单击工具条中的"程序状态监控"按钮，用程序状态功能监视程序运行的情况，PLC 的当前数据值会显示在引用该数据的 LAD 旁边，LAD 以彩色显示活动能流分支。由于 PLC 与计算机之间有通信时间延迟，PLC 内所显示的操作数数值总在状态显示变化之前先发生变化。所以，用户在屏幕上观察到的程序监控状态并不是完全如实迅速变化的元件状态。屏幕刷新的速率取决于 PLC 与计算机的通信速率以及计算机的运行速度。

1. 执行状态监控方式

"使用执行状态"功能使监控视图能显示程序扫描周期内每条指令的操作数数值和能流状态。或者说，所显示的 PLC 中间数据值都是从一个程序扫描周期中采集的。

在程序状态监控操作之前选择"调试"→"使用执行状态"（此命令行前面出现一个"√"即可）命令，进入可监控状态。

在这种状态下，PLC 处于运行模式时，单击"程序监控"按钮（图 2-13 中第 3 个）启动程序状态监控，STEP 7-Micro/WIN 将用默认颜色（浅灰色）显示并更新梯形图中各元件的状态和变量数值，如图 2-46 所示。什么时候想退出监控，再按此按钮即可。

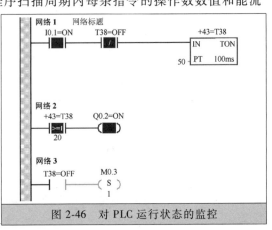

图 2-46　对 PLC 运行状态的监控

启动程序状态监控功能后，梯形图中左边的垂直"母线"和有能流流过的"导线"变为蓝色；如果位操作数为逻辑"真"，其触点和线圈也变成蓝色；有能流流入的指令盒的使能输入端变为蓝色；如该指令被成功执行，指令盒的方框也变为蓝色；定时器和计数器的方框为绿色时表示它们已处在工作状态；红色方框表示执行指令时出现了错误；灰色表示无能流、指令被跳过、未调用或 PLC 处于停止模式。

运行过程中，单击"暂停程序监控"按钮（图 2-13 中第 4 个），或者右击正处于程序监控状态的显示区，在弹出的快捷菜单中选择"暂停程序状态（M）"命令，将使这一时刻的状态信息静止地保持在屏幕上以提供仔细分析与观察，直到再次单击"暂停程序监控"按钮（图 2-13 中第 4 个），才可以取消该功能，继续维持动态监控。

2. 扫描结束状态的状态监控方式

"扫描结束状态"显示在程序扫描周期结束时读取的状态结果。首先使菜单命令"调试"→"使用执行状态"命令行前面的"√"消失，进入扫描结束状态。由于快速的 PLC 扫描循环和相对慢速的 PLC 状态数据通信采集之间存在的速度差别，"扫描结束状态"显示的是多个扫描周期结束时采集的数据值。也就是说，显示值并不是即时值。

在该状态 STEP 7-Micro/WIN 经过多个扫描周期采集状态值，然后刷新梯形图中各值的状态并显示。但是不显示 L 存储器或累加器的状态。在"扫描结束监控"下，"暂停程序监控"功能不起作用。

在运行模式下启动程序状态监控功能，电源"母线"或逻辑"真"的触点和线圈显示为蓝色，梯形图中所显示的操作数的值都是 PLC 在扫描周期完成时的结果。

★ 三、语句表程序的状态监视

语句表和梯形图的程序状态监视方法是完全相同的。选择"工具"→"选项"命令，在打开的窗口中选择"程序编辑器"中的"STL 状态"选项卡，如图 2-47 所示，可以选择语句表程序状态监视的内容，每条指令最多可以监控 17 个操作数、逻辑堆栈中 4 个当前值和 11 个指令状态位。

状态信息从位于编辑窗口顶端的第一条 STL 语句开始显示。当向下滚动编辑窗口时，将从 CPU 获取新的信息。如果需要暂停刷新，还是单击"暂停程序监控"按钮（图 2-13 中第 4 个），过程与梯形图的相同。

★ 四、用状态表监视与调试程序

如果需要同时监视的变量不能在程序编辑器中同时显示，可以使用状态表监视功能。虽然梯形图状态监视的方法很直观，但受到屏幕的限制，只能显示很小一部分程序。利用 STEP 7-Micro/WIN 的状态表不仅能监视比较大的程序块或多个程序，而且可以编辑、读、写、强制和监视 PLC 的内部变量；还可使用诸如单次读取、全部写入、读取全部强制等功能，以大大方便程序的调试。状态表始终显示"扫描结束状态"信息。

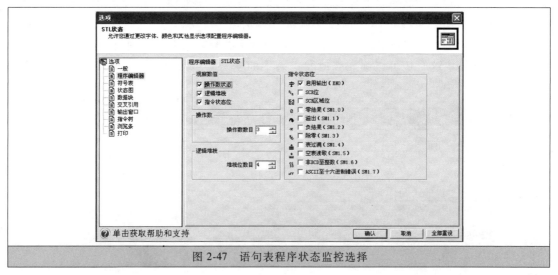

图 2-47　语句表程序状态监控选择

1. 打开和编辑状态表

在程序运行时，可以用状态表来读、写、强制和监视 PLC 的内部变量。单击浏览条中的"状态表"图标，或右击指令树中的"状态表"选项，在弹出的快捷菜单中选择"打开"命令，或选择"检视"→"元件"→"状态图"命令，均可以打开状态表，如图 2-48 所示。打开后可对它进行编辑。如果项目中有多个状态表，可以用状态表底部的选项卡切换。

未启动状态表的监视功能时，可以在状态表中输入要监视的变量的地址和数据类型，定时器和计数器可以分别按位或按字监视。如果按位监视，显示的是它们的输出位的 ON/OFF 状态。如果按字监视，显示的是它们的当前值。

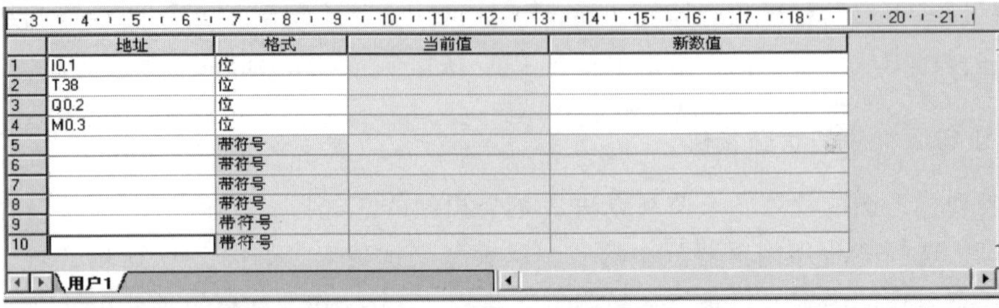

	地址	格式	当前值	新数值
1	I0.1	位		
2	T38	位		
3	Q0.2	位		
4	M0.3	位		
5		带符号		
6		带符号		
7		带符号		
8		带符号		
9		带符号		
10		带符号		

用户1

图 2-48　状态表窗口

选择"编辑"→"插入"命令，或右击状态表中的单元，在弹出的快捷菜单中选择"插入"命令，可以在状态表中当前光标位置的上部插入新的行。将光标置于最后一行中的任意单元后，按向下的箭头键，可以将新的行插在状态表的底部。在符号表中选择变量并将其复制在状态表中，可以加快创建状态表的速度。

2. 创建新的状态表

可以创建几个状态表，分别监视不同的元件组。右击指令树中的状态图标或单击已经打开的状态表，将弹出一个窗口，在窗口中选择"插入"→"状态表"命令，可以创建新的状态表。

3. 启动和关闭状态表的监视功能

与 PLC 的通信连接成功后，选择"调试"→"开始图状态"命令或单击工具条上的"状态表"图标，可以启动状态表的监视功能，在状态表的"当前值"列将会出现从 PLC 中读取的动态数据，如图 2-49 所示。选择"调试"→"停止图状态"命令或单击"状态表"图标，可以关闭状态表。状态表的监视功能被启动后，编程软件从 PLC 收集状态信息，并对表中的数据更新。这时还可以强制修改状态表中的变量，用二进制方式监视字节、字或双字，可以在一行中同时监视 8 点、16 点或 32 点位变量。

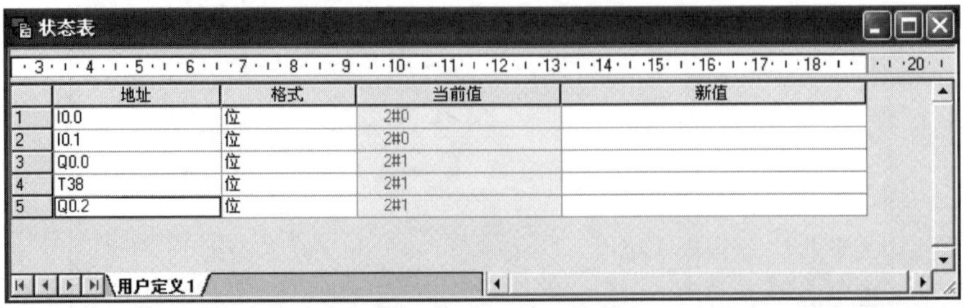

状态表

	地址	格式	当前值	新值
1	I0.0	位	2#0	
2	I0.1	位	2#0	
3	Q0.0	位	2#1	
4	T38	位	2#1	
5	Q0.2	位	2#1	

用户定义1

图 2-49　状态表监控状态

★ 五、在 RUN 模式下编辑用户程序

在 RUN（运行）模式下，不必转换到 STOP（停止）模式，便可以对程序做较小的改动，并将改动下载到 PLC 中。

建立好计算机与 PLC 之间的通信联系后，当 PLC 处于 RUN 模式时，选择"调试"→"运行"命令中程序编辑，如果编程软件中打开的项目与 PLC 中的程序不同，将提示上传 PLC 中的程序。该功能只能编辑 PLC 中的已有程序。进入 RUN 模式编辑状态后，将会出现一个跟随鼠标移动的 PLC 图标。再次选择"调试"→"运行"命令中程序编辑，将退出 RUN 模式编辑。

编辑前应退出程序状态监视，修改程序后，需要将改动下载到 PLC。下载之前一定要仔细考虑可能对设备或操作人员造成的各种影响。

在 RUN 模式编辑状态下修改程序后，CPU 对修改的处理方法可以查阅系统手册。

★ 六、使用系统块设置 PLC 的参数

选择"检视"→"元件"→"系统块"命令或直接单击浏览条中的"系统块"都可以打开系统块。单击指令树中"系统块"文件夹中的某一图标，则可以直接进入系统块中对应的对话框。

系统块主要包括通信端口、断电数据保持、密码、数字量和模拟量输出表配置、数字量和模拟量输入滤波器、脉冲捕捉位和通信背景时间等，如图 2-50 所示。

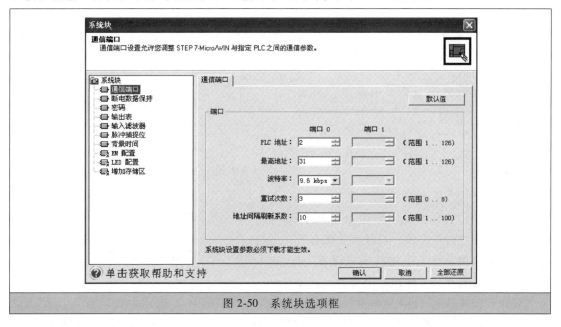

图 2-50 系统块选项框

打开系统块后，单击感兴趣的图标进入对应的选项卡，可以进行有关的参数设置。有的选项卡中有"默认值"按钮，单击"默认值"按钮可以自动设置编程软件推荐的设置值。

设置完成后，单击"确认"按钮确认设置的参数，并自动退出系统块窗口。设置完

所有的参数后，需要立即将新的设置下载到 PLC 中，参数便存储在 CPU 模块的存储器中。

★ 七、梯形图程序状态的强制功能

在 PLC 处于运行模式时执行强制状态。此时右击某元件地址位置，在弹出的快捷菜单中可以对该元件执行写入、强制或取消强制的操作，如图 2-51 所示。强制和取消强制功能不能用于 V、M、AI 和 AQ 的位。执行强制功能后，默认情况下 PLC 上的故障灯显示为黄色。

在 PLC 处于停止模式时也会显示强制状态。但只有在非"使用执行状态"和"程序

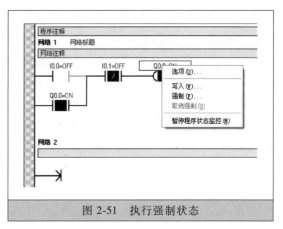

图 2-51　执行强制状态

状态监控"条件下，选择"调试"→"在停止模式中写入-强制输出"命令后，才能执行对输出 Q 和 AQ 的写和强制操作。

★ 八、程序的打印输出

打印的相关功能在菜单栏"文件"项中，包括页面设置、打印预览和打印。

选择"文件"→"页面设置"命令，或单击工具栏中的"打印"按钮，在弹出的打印对话框中单击"页面设置"按钮，出现"页面设置"对话框，如图 2-52 所示。

在"页面设置"对话框中单击"页眉/页脚"按钮，弹出"页眉/脚注"对话框，可在该对话框中进行项目名、对象名称、日期、时间、页码以及左对齐、居中、右对齐的设定。

选择"文件"→"打印预览"命令，或单击工具栏中的"打印预览"按钮，显示打印预览窗口，可进行程序块、符号表、状态表、数据块、系统块、交叉引用的预览设置。如果对打印结果满意，可选择打印功能。

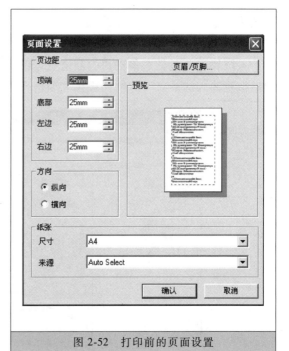

图 2-52　打印前的页面设置

选择"文件"→"打印"命令，或单击工具栏中的"打印"按钮，在如图 2-53 所示的"打印"对话框中，可选择需要打印的文件的组件的复选框，选择打印主程序网络 1～网络 20 的梯形图程序，但如果还希望打印程序的附加组件，例如，还要打印符号表等，则所选打印范围无效，将打印全部 LAD 网络。

单击"选项"按钮，在出现的"打印选项"对话框中选择是否打印程序属性、局部变量表和数据块属性。

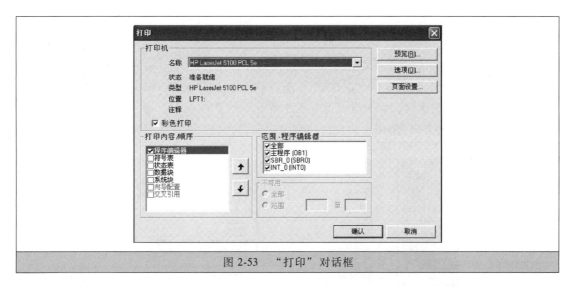

图 2-53　"打印"对话框

第七节　通信程序下载与向导编程

★ 一、主从式通信程序的下载

第三章的实验十三与第四章的例五都是主从式通信的例子，那么程序编好后，如何通过 STEP 7-Micro/WIN 编程软件将程序下载到主站与从站中，继而投入运行呢？

这种通信方式接线很少，通过一根专用通信电缆将主站与从站通过指定的通信端口连接起来即可，通信端口在程序中应指定好，在这两例中都是用的"通信1口"。接下来是程序编辑，编程有两种途径：一是只在一台计算机上将主站程序编好后，下载到作为主站的 PLC 中，然后编写从站程序，编好后下载到作为从站的 PLC 中；二是用两台计算机分别给主站与从站编程下载，这一方法的优点是当两台 PLC 投入运行时，两台计算机可以分别监视主站与从站的工作状态。

计算机与 PLC 之间仍然用 PC/PPI 电缆进行通信，因"通信1口"已经被两台 PLC 之间通信电缆占用，所以计算机与 PLC 之间只好用"通信0口"。STEP 7-Micro/WIN 编程软件对单台 PLC 的默认站地址是 2，就把主站地址设为 2，这样，主站的程序不难下载，因为只要计算机与 PLC 通信过，地址肯定是 2，编好程序直接下载就可以了。下载成功后将小门内的模式开关定在 RUN 位置，主站的编辑下载都结束了，就等待运行了。

将主站 PLC 的电源断开，然后拔下 PC/PPI 电缆插头，插到从站 PLC 的"通信0口"（如果是两台计算机分别编程下载就没有这一步），给从站 PLC 通上电源并开始编程。

从站地址就应该从 3 开始，在这两个例子中从站地址都选 3。将 PLC 站地址由 2 设置为 3，可单击"系统块"，选择"通信端口"选项卡（见图 2-50），选项卡中第一项是"PLC 地址"的端口选项，将端口定为 3 后单击"确认"按钮退出。设置好的通信参数应立即下载到 PLC 主机，然后在进行通信时，会发现搜索来的站地址已经是 3。完成这几步后，再将已编写好的从站程序下载到作为从站的 PLC 中，下载成功后将小门内的模式开关定在 RUN 位置，这时给两台 PLC 都通上电源，就可以调试运行了。

★ 二、PLC 与变频器通信程序的下载

PLC 与变频器之间的通信使用的是 USS 通信协议，用户程序可以通过子程序调用的方式进行编程，编程的工作量很小。在 STEP 7 编程软件中先安装 "STEP 7-Micro/WIN V32 指令库"，几秒钟即可安装好，USS 协议指令在此指令库的文件夹中。指令库提供 8 条指令来支持 USS 协议，如图 2-54 所示。

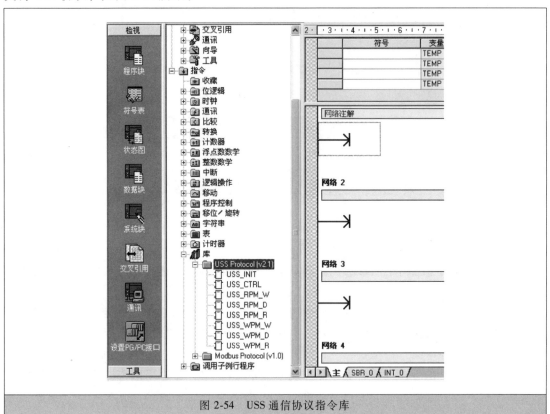

图 2-54　USS 通信协议指令库

调用一条 USS 指令时，将会自动增加一个或多个相关的子程序。调用方法是打开 STEP 7 编程软件，在 "指令树" → "指令" → "库" →USS Protocol 文件夹中，将会出现用于 USS 协议的通信指令，用它们来控制变频器和读写变频器参数。用户不需要关注这些子程序的内部结构，只要将有关指令的外部参数设置好，直接在用户程序中调用它们即可，如图 2-55 所示。

1）USS_ INIT 指令用于初始化或改变 USS 的通信参数，只需在一个扫描周期调用一次就可以了，所以一般都使用 SM0.1 指令或在常开触点后加前沿微分指令达到只在一个扫描周期有效的目的。

2）USS_ CTRL（变频器控制）指令，在用户程序中，每一个被激活的变频器只能有一条。

3）USS_ RPM _ x（读变频器参数）和 USS_ WPM _ x（写变频器参数）指令可以任意使用，但是每次只能激活其中的一条。

在下载程序调试之前，还应确保 PLC 与变频器之间的通信电缆已经接好，屏蔽线也已经接好，变频器操作面板上所设置的波特率和站地址等应与程序中的相符合。

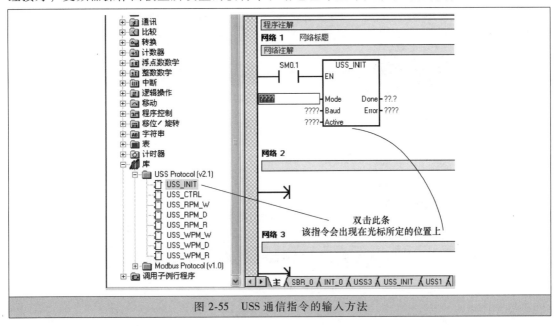

图 2-55　USS 通信指令的输入方法

★三、向导

一些特殊功能指令，像通信、高速计数器、PID、TD200 等，可以通过"向导"进行编程、设置，在 STEP 7-Micro/WIN 编程软件中，"向导"的功能相当强大，除了编程、设置之外，还可以利用它进行配方、数据归档、组态等。直接单击"工具"或者在指令树中单击"向导"，都会出现向导选项菜单，如图 2-56 所示。

例如，需要编辑高速计数器指令的应用程序，这时就可以使用"向导"，让"向导"为我们编程。只要按照对话框正确输入相关参数，"向导"编辑组态后，梯形图程序就生成了。在图 2-56 中选择"工具"→"指令向导"命令，或在指令树的向导区域内双击"高速计数器"，都会出现"向导"

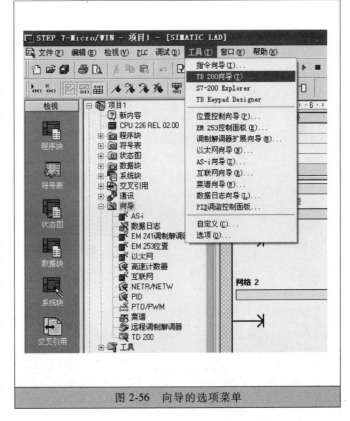

图 2-56　向导的选项菜单

编辑高速计数器程序的第一个对话框，如图 2-57 所示。在对话框中选定参数后，单击"下一步"按钮，继续进行后面的选择。

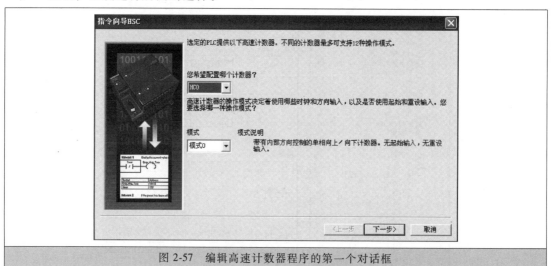

图 2-57　编辑高速计数器程序的第一个对话框

第三章

课 程 实 验

在理解了 PLC 的工作原理及熟悉了 PLC 的结构组成及指令系统之后，就要编写程序了。首先要熟悉编程软件，本书是以 S7-200 PLC 系列 CPU226 为样机的，专用编程软件是 STEP 7，现用版本为 STEP 7-Micro WIN ＿ V40＿ SP9。

最初编程时都是编写控制要求非常简单的程序，目的是熟悉编程环境，所用的编程语言是梯形图。梯形图直观易懂，它与电器控制系统的原理图相似，是目前大家愿意使用的编程语言。梯形图的设计过程称为编程，在梯形图中能反映信号间的逻辑关系。程序调试时能够从编程软件中直接看出某个信号的通/断状态。

编程步骤：① 明确控制要求或称控制目的；② 进行 I/O 分配，也就是数一数程序中应出现多少输入/输出信号，然后为其分配一个 I/O 地址；③ 画出 PLC 的对外接线图；④ 接线、编程、下载、调试、运行。其中②和③可以合为一步。

学习 PLC 的最终目的是为生产服务、为工程服务、为自动控制系统服务。通过课程实验，巩固基础知识、检验掌握程度、构筑应用环境、强化工程意识，进一步提高编程水平和应用能力。

程序仅供参考。重要的是明确控制要求，了解指令的使用方法，由浅到深逐渐感悟 PLC 作为核心器件的控制系统的逻辑关系是如何实现的。

实验一 逻辑指令

★ 一、实验目的

1. 加深对逻辑指令的理解。

2. 进一步熟悉 STEP 7 编程软件的使用方法。

★ 二、实验内容

1. 编写电动机起—保—停程序

1) 打开 STEP7-Micro/WIN V4. 0 编程软件，选择 "文件"→"新建" 命令，生成一个新的项目。选择"文件"→"打开"命令，可打开一个已有的项目。选择"文件另存为"命令可修改项目的名称并保存。

2）选择 PLC→"类型"命令，设置可编程序控制器的型号，这里要选择 CPU226 型。可以使用对话框中的"通信"按钮，设置与 PLC 通信的参数。

3）用"检视"菜单可以选择 PLC 的编程语言，使用梯形图或 STL（语句表）。

4）输入图 3-1 所示的梯形图程序。

5）用 PLC 菜单中的命令或单击工具条中的"编译"及"全部编译"按钮来编译输入的程序，所谓"编译"就是软件帮你检查编写的程序有无错误。

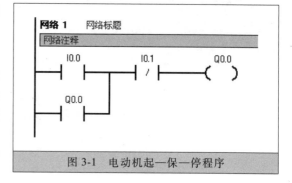

图 3-1 电动机起—保—停程序

如果程序有错误，则必须改正程序中所有的错误，编译成功后，才能下载程序。

6）用专用电缆将 PLC 与计算机连接好，给 PLC 送上电，设置通信参数。

7）将编译好的程序下载到 PLC 之前，它应处于 STOP 工作方式。将 PLC 上的模式开关放在非 STOP 位置，单击工具栏中的"停止"按钮，可进入 STOP 状态。

单击工具栏中的"下载"按钮，或选择"文件"→"下载"命令，在下载对话框中选择下载程序块，单击"确认"按钮，开始下载。

8）断开数字量输入板上的全部输入开关，输入侧的 LED 全部熄灭。下载成功后，单击工具栏中的"运行"按钮，用户程序开始运行，RUN LED 亮。

用接在端子 I0.0 和 I0.1 的开关模拟按钮的操作，即将开关接通后立即断开，发出起动信号和停止信号，观察 Q0.0 对应的 LED 的状态。

2. 基本指令编程训练

输入图 3-2 所示的梯形图程序，编译成功后运行该程序。选择"检视"→STL 命令，可将梯形图转换为语句表。分别在梯形图和语句表方式用"程序状态"功能监视程序的运行情况。改变各输入点的状态，观察 Q0.3 和 M1.0 的状态是否符合图 3-2 给出的逻辑关系。

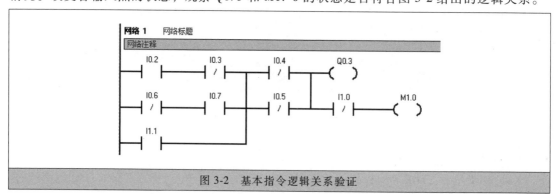

图 3-2 基本指令逻辑关系验证

3. 抢答游戏实验

1）要求：参加智力竞赛的 A、B、C 三人的桌上各有一只抢答按钮，分别为 SB1、SB2和 SB3，用 3 盏灯 HL1~HL3 显示他们的抢答信号。当主持人接通抢答允许开关 SA1 后抢答开始，最先按下按钮的抢答者对应的灯亮，与此同时，应禁止另外两个抢答者的灯亮，指示灯在主持人按下复位开关 SA2 后熄灭。

2）接线图（参考）如图 3-3 所示。

3）梯形图程序如图 3-4 所示。

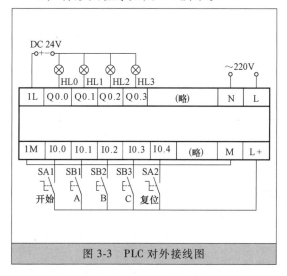

图 3-3　PLC 对外接线图

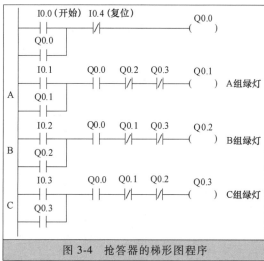

图 3-4　抢答器的梯形图程序

★ 三、实验报告中应回答的问题

1. PLC 由哪几部分组成？输入电源为多少伏？

2. 实验所用的 PLC 的型号是什么？输入为多少点？输出为多少点？

3. 如何进行程序的写入、读出、删除、插入、监控和测试？

4. 起—保—停电路中，起动、停止按钮是接按钮的常开触点还是常闭触点？

实验二　运料小车延时正、反转控制

★ 一、实验目的

1. 了解并掌握置位指令、复位指令、定时器的使用方法。

2. 进一步熟悉 STEP 7 编程软件的使用方法。

★ 二、实验内容

1. 控制要求

运料小车由三相交流异步电动机驱动。当按下正转起动按钮 SB1 时，如果小车处于停止状态，则立即正转运行，直至碰到正向限位开关 SQ1 后停止；如果小车处于反转运行状态，则先使反向停止，10s 后小车正转运行，直至碰到正向限位开关 SQ1 后停止。当按下反转起动按钮 SB2 时，如果小车处于停止状态，则立即反转运行，直至碰到反向限位开关 SQ2 后停止；如果小车处于正转运行状态，则先使正向停止，10s 后小车反转运行，直至碰到反向限位开关 SQ2 后停止。任何时候按下停止按钮 SB3，小车都停止运行。

2. 程序设计

1）根据控制要求，首先要确定 I/O 个数，进行 I/O 分配，进一步定出 PLC 的控制接线图，如图 3-5 所示。小车运行示意图如图 3-6 所示。

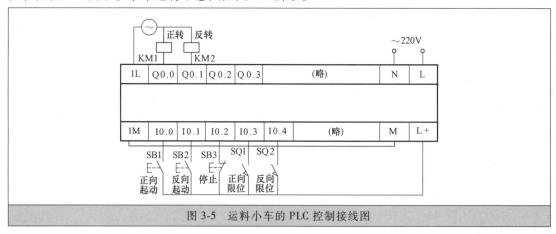

图 3-5　运料小车的 PLC 控制接线图

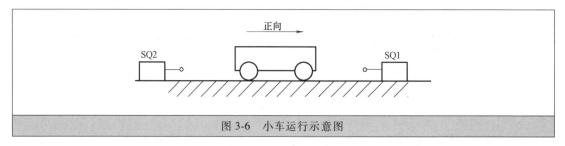

图 3-6　小车运行示意图

2）控制程序梯形图如图 3-7 所示。

3）程序注释：当按下正向起动按钮 SB1 时，I0.0 处于 ON 状态，这时控制 Q0.0 线圈的第一程序行中的各点都是 ON 状态，Q0.0 即可 ON 状态，使外接 KM1 接触器线圈得电，KM1 的主触点闭合，电动机得电旋转，拖动小车正向运行。松开 SB1 也不影响 Q0.0 的 ON 状态，因它的常开触点已闭合，可使 Q0.0 保持 ON 状态。正向运行到终点撞上 SQ1 时，它的常开触点会使 I0.3 处于 ON 状态，程序行中 I0.3 的常闭触点（也就是取反状态点）就会断开变成 OFF 状态，从而使 Q0.0 变成 OFF 状态，停止正向运行。如果按下正向起动按钮 SB1 时，小车正处于反向运行，Q0.1 是 ON 状态，这时第 4 程序行的 M0.0 线圈将变成 ON 状态，它的常开触点会使第 5 程序行的定时器 T37 开始计时，第 9 程序行中的 M0.0 的常闭触点断开，使 Q0.1 变成 OFF 状态，小车停止反向运行。10s 后 T37 的常开触点闭合使 M0.1 线圈变成 ON 状态并保持，因为用的是置位指令。第 3 程序行中的 M0.1 的常开触点使 Q0.0 线圈变成 ON 状态，小车开始正向运行，同时，第 8 程序行 Q0.0 的常开触点闭合使 M0.1 线圈复位变成 OFF 状态，不影响小车继续正向运行，因在第 2 程序行有 Q0.0 的自保触点。反向起动及运行过程就不用注释了，与正向是相同的，反向起动按钮是 SB2，终点限位开关是 SQ2，所用接触器是 KM2。

★ 三、实验报告中应回答的问题

1. 本程序只有 I0.2 引领的一条支线与总母线连接，分析这样做的优缺点。

2. 程序注释中提到的线圈、常开（常闭）触点在 PLC 内部是否物理存在？

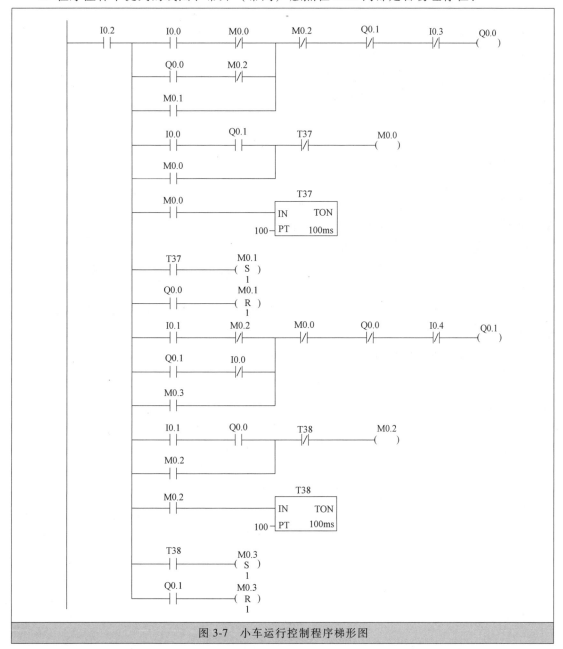

图 3-7　小车运行控制程序梯形图

实验三　电动机星形-三角形减压起动控制

★ 一、实验目的

1. 了解 PLC 处理用户程序的特点。

2. 了解控制程序的不唯一性。

★二、实验内容

1. 控制要求

图 3-8 所示为单台电动机星形（丫）-三角形（△）减压起动控制线路图，将其用 PLC 改造，要求画出 PLC 对外 I/O 接线图，并编写出 PLC 梯形图程序。

2. 程序设计

电动机丫-△减压起动是大家最熟悉的一种减压起动方式了，体现为方法简单、安装维护方便、经济实惠。控制线路也有很多种，不管是哪种，控制结果是一样的，其本质就是 3 个接触器先是第一个与第二个得电动作，形成电动机的丫起动，隔 3s 变成第一个与第三个得电动作，形成电动机的△运行。

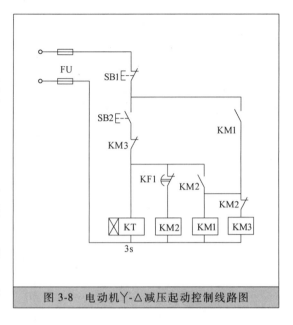

图 3-8　电动机丫-△减压起动控制线路图

用 PLC 程序来实现这一控制过程，关键在于最好不要在一个周期内形成 3 个接触器都能得电动作的程序。

1）根据控制要求，PLC 的 I/O 接线图如图 3-9 所示。

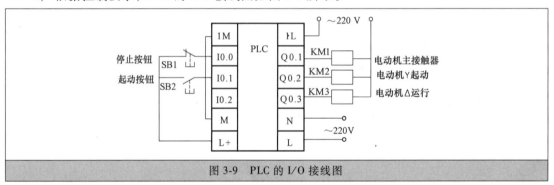

图 3-9　PLC 的 I/O 接线图

2）第 1 方案控制程序梯形图如图 3-10 所示。

3）第 2 方案控制程序梯形图如图 3-11 所示。

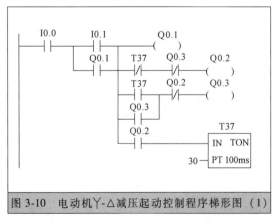

图 3-10　电动机丫-△减压起动控制程序梯形图（1）

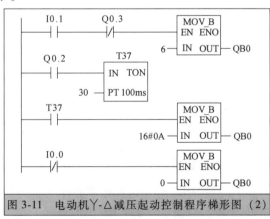

图 3-11　电动机丫-△减压起动控制程序梯形图（2）

3. 编程体会

由方案 1 得知：①为了使所编的程序都放在一个网络里，便于查找监视，程序的整体结构就会出现头轻脚重，按要求是最不允许的一种结构形式，如图 3-10 所示。在一个网络中，将停止按钮放在最前面刚好能形成只有一个程序行与总母线相连的要求，这样给编者带来方便，但给 PLC 操作系统带来了负担，增加了扫描时间，所以如程序较长就尽量不要这样做。②利用 PLC 周期性逐行扫描的特点，使程序既简捷又能实现控制要求。

由方案 2 得知，传送指令的输入信号使能端（EN）所要求的信号类型是脉冲型的，即使所加信号是连续型的，如后面又有传送指令形成，仍然对其进行覆盖。

★ 三、实验报告中应回答的问题

1. 分析方案 1 程序的执行过程。
2. 分析方案 2 程序的执行过程，并说明把 6 送到 QB0 后 Q0.2 是什么状态。

实验四　带式运输机可重复顺序起动、逆序停止控制

★ 一、实验目的

1. 了解上升沿脉冲指令的使用方法及作用。
2. 了解定时器当前值的使用方法。

★ 二、实验内容

1. 控制要求

设计一种控制系统，能够实现多级带式运输机的可重复延时顺序起动、停止控制，所有带式运输机均由三相交流异步电动机驱动。当按下起动按钮 SB1 时，1 号带式运输机立即起动运行；延时 5s 后，2 号带式运输机起动运行；延时 10s 后，3 号带式运输机起动运行；延时 15s 后，4 号带式运输机起动运行。任何时候按下停止按钮 SB2，带式运输机逆起动顺序停止，相隔延时均为 8s，直至所有带式运输机均停止运行。在电动机逆序停止过程中，如果按下起动按钮 SB1，则停止过程立即中断，带式运输机按照上述起动规则又可顺序延时起动，延时时间从起动按钮按下时刻算起。

2. 程序设计

1）根据控制要求，首先要确定 I/O 个数，进行 I/O 分配，运输机可重复顺序起动、逆序停止。

2）第 1 方案控制程序梯形图如图 3-12 所示。

3）第 2 方案控制程序梯形图如图 3-13 所示。

4）PLC 控制接线图如图 3-14 所示。

3. 编程体会

编程难点在于可重复起、停，也就是说在起动过程中，按下停止按钮就会立即进入逆序停止；在停止过程中，按下起动按钮又会继续顺序起动，所有间隔时间是不能乱的。例如，

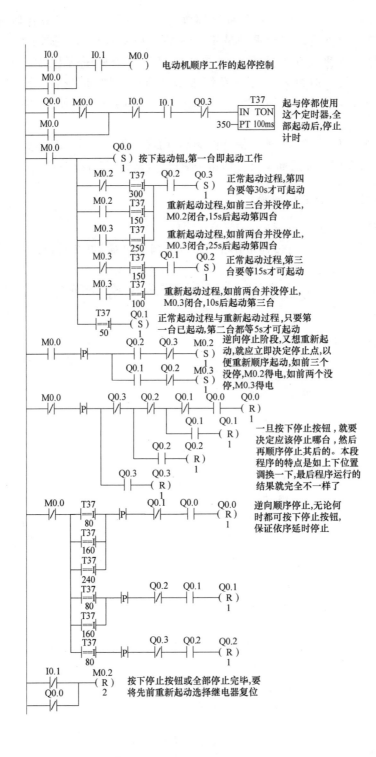

图 3-12 可重复顺起、逆停控制程序梯形图（1）

图 3-13　可重复顺起、逆停控制程序梯形图（2）

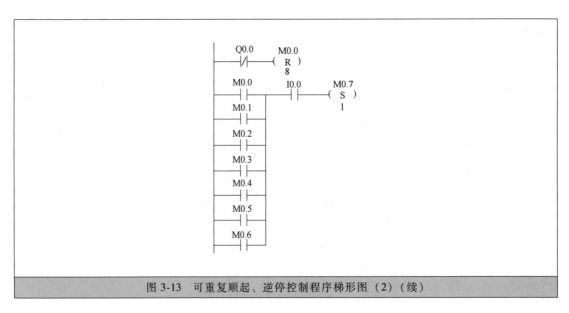

图 3-13 可重复顺起、逆停控制程序梯形图（2）（续）

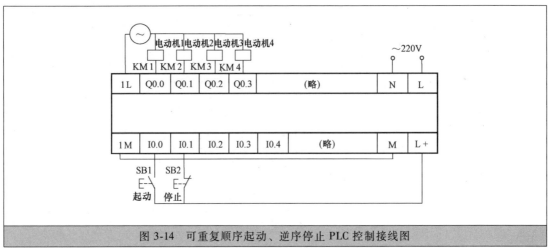

图 3-14 可重复顺序起动、逆序停止 PLC 控制接线图

逆序停止已将电动机 4、电动机 3 停止，再停就该是电动机 2 了，就在此时又按下起动按钮 SB1，控制过程立即由停止转为起动，所以接下来的动作就是延时 10s，起动电动机 3，先后顺序、时刻、间隔都是不能乱的。

方案 1 中只用了一个时间继电器，所有的延时都由它负责，具体时刻用了比较指令，所以程序中比较指令较多。程序中使用了上升沿脉冲指令，利用它为其前面的触点信号只 ON 一个周期的特点来抓转换点。另外，这个例子还适合用顺控指令来编写，自己可编写程序上机验证，然后写在实验报告中。

★ 三、实验报告中应回答的问题

1. 顺序起动、逆序停止是指什么？

2. 方案 1 中比较指令后面的上升沿脉冲指令的作用是什么？

实验五　水塔水位自动控制

★ 一、实验目的

1. 掌握边沿脉冲指令的应用。

2. 熟悉常用特殊继电器的应用。

3. 进一步掌握编程软件的使用方法和调试程序的方法。

★ 二、实验内容

1. 系统组成

该系统由储水池、水塔、进水电磁阀、出水电磁阀、水泵及 4 个液位传感器 S1、S2、S3、S4 所组成。液位传感器用于检测储水池和水塔的临界液位，其结构示意图如图 3-15 所示。

2. 控制要求

1）按下起动按钮，进水电磁阀 Y 打开，水位开始上升。

2）当储水池的水位达到其上限值时，其上水位检测传感器 S3 输出信号，进水电磁阀 Y 关闭，水位停止上升。

3）当水位到达 S3 后，水泵 M 开始动作，将储水池的水传送到水塔中去。

4）当水塔的水位达到其上限值时，其上水位检测传感器 S1 输出信号，水泵 M 停止抽水。

5）水塔的出水电磁阀根据用户用水量的大小可通过旋钮进行调节，当水塔的水位下降到其下水位时，其下水位检测传感器 S2

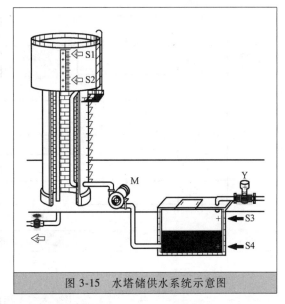

图 3-15　水塔储供水系统示意图

停止输出信号，水泵会再次打开。为了保证水塔的水量，储水池会在其水位处于下限值（液位传感器 S4 没有信号）时，自动打开进水电磁阀 Y。

3. 系统接线示意图

PLC 对外接线图如图 3-16 所示。

4. 实验参考程序

实验参考程序如图 3-17 所示。

★ 三、实验报告要求

1. 给程序加上注释，说明每一个点位的作用。

2. 思考并回答控制用户用水量的旋钮是什么原理。

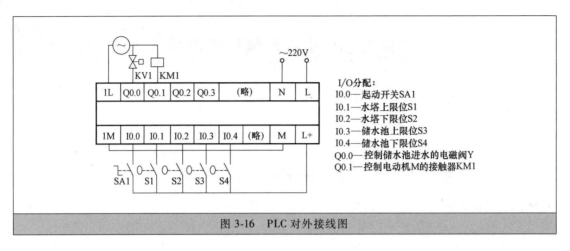

图 3-16 PLC 对外接线图

I/O分配：
I0.0—起动开关SA1
I0.1—水塔上限位S1
I0.2—水塔下限位S2
I0.3—储水池上限位S3
I0.4—储水池下限位S4
Q0.0—控制储水池进水的电磁阀Y
Q0.1—控制电动机M的接触器KM1

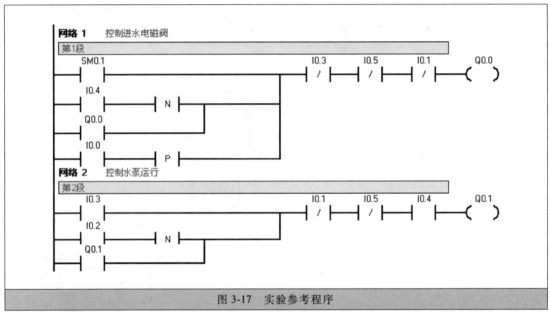

图 3-17 实验参考程序

实验六 四组抢答器

★ 一、实验目的

1. 熟悉 RS 触发器的使用方法。
2. 熟悉七段显示码指令 SEG 的使用方法。
3. 熟悉抢答器的 PLC 对外接线的特点。

★ 二、实验内容

1. 控制要求

设有四组抢答器，有 4 位选手，一位主持人，主持人有一个开始按钮和一个复位按钮。

如果主持人按下开始按钮后，4 位选手开始抢答，抢先按下按钮的选手的正常抢答指示灯亮，同时选手序号在数码管上显示，其他选手按钮不起作用。如果主持人未按下开始按钮，就有选手抢答，则认为犯规，犯规指示灯亮并闪烁，同时选手序号在数码管上显示，其他选手按钮不起作用。当主持人按下开始按钮，时间开始倒计时，在 10s 内仍无选手抢答，则系统超时指示灯亮，此后不能再有选手抢答。所有各种情况，只要主持人按下复位按钮后，系统回到初始状态。

此实验接线时一定要注意将选手抢答按钮的常闭触点串入其他选手的常开触点中，也就是说，每个按钮应具备 1 组常开触点 3 组常闭触点，这样就更加保证了抢答的合理性。

2. 程序设计

1）根据控制要求，首先要确定 I/O 个数，进行 I/O 分配。抢答器示意图如图 3-18 所示，抢答器 PLC 控制接线图如图 3-19 所示。

其中，主持人开始按钮（SB1）；主持人复位按钮（SB2）；I0.2 ~ I0.5 对应 4 位选手抢答按钮（SB3 ~ SB6）；Q0.0 ~ Q0.3 对应 4 位选手指示灯（HL1 ~ HL4）；Q0.4 对应没人抢答灯（HL5）；Q0.5 对应犯规指示灯（HL6）。

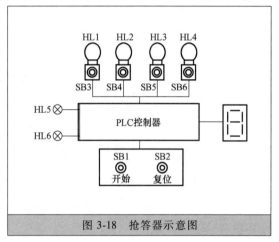

图 3-18　抢答器示意图

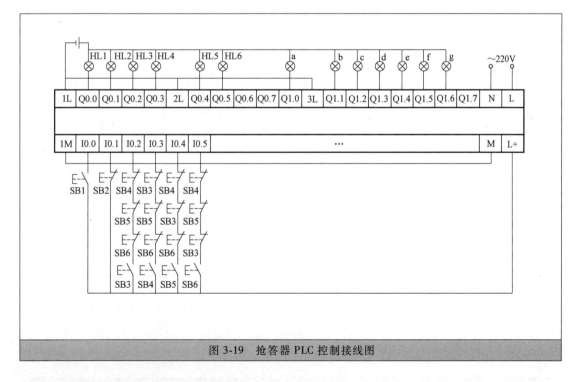

图 3-19　抢答器 PLC 控制接线图

2）控制程序梯形图如图 3-20 所示。

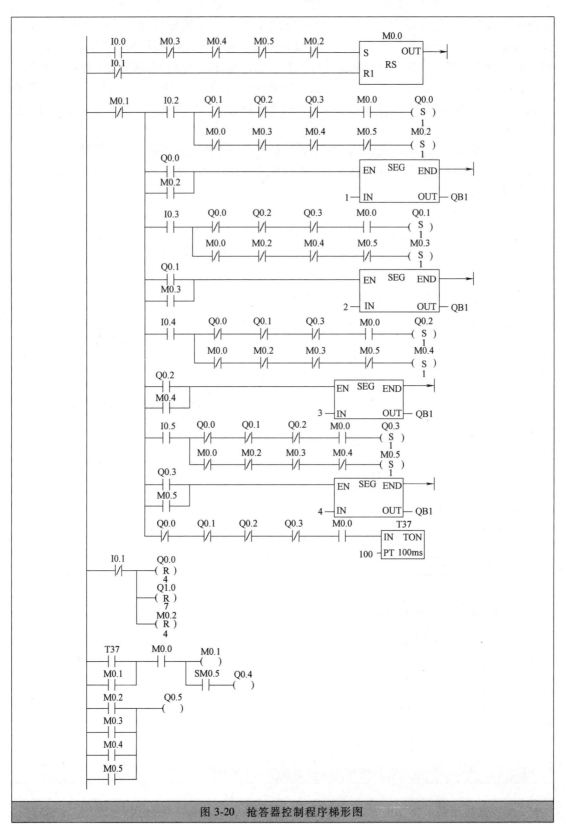

图 3-20　抢答器控制程序梯形图

★ 三、实验报告中应回答的问题

1. 给梯形图程序加上注释。

2. SEG 指令需占用 1 个字节，但只用了 7 位，第 8 位可否留作他用？

实验七 单按钮控制彩灯循环

★ 一、实验目的

1. 进一步熟悉 RS 触发器及上升沿脉冲指令的使用方法。

2. 熟悉功能块指令的使用方法。

★ 二、实验内容

1. 控制要求

用 1 个按钮控制彩灯循环，第 1 次按下起动循环移位，第 2 次按下停止循环移位。用另一个按钮控制循环移位方向，第 1 次按下左向移位，第 2 次按下右向移位，由此交替，假设初始状态为 00000101，移位周期为 1s。

2. 程序设计

1）根据控制要求，首先要确定 I/O 个数，进行 I/O 分配。彩灯循环移位 PLC 对外接线图如图 3-21 所示。

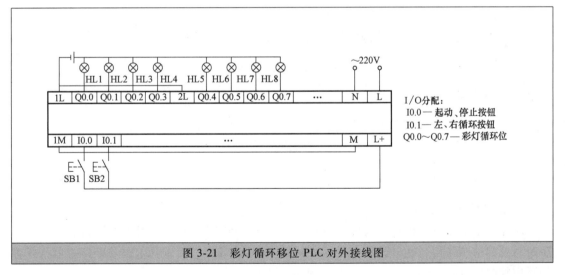

图 3-21 彩灯循环移位 PLC 对外接线图

2）控制彩灯循环移位的梯形图程序如图 3-22 所示。

★ 三、实验报告中应回答的问题

1. 梯形图中的 SM0.1 是什么编程元件？它的作用及特点是什么？

2. 上升沿脉冲指令 | P | 在程序中的作用是什么？

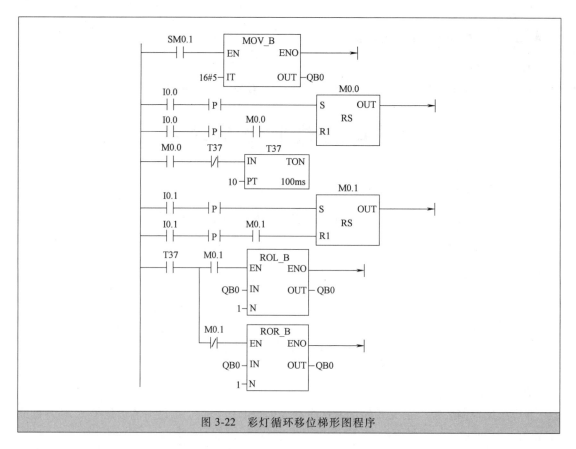

图 3-22　彩灯循环移位梯形图程序

实验八　洗衣机自动控制

★ 一、实验目的

1. 熟悉顺序控制指令的使用方法。
2. 了解并掌握另一种编程语言——语句表助记符。

★ 二、实验内容

1. 顺序控制指令简介

顺序控制指令属于程序控制指令的一种，在 S7-200 PLC 中，使用顺序控制指令编写程序时就要利用顺序控制继电器 S，从 S0.0 到 S31.7 共有 256 位，所以有时将顺序控制指令称为顺序控制继电器指令。

在控制系统中常常会出现控制过程具有"步"的特点，当一个转移信号发生时，当前的工作状态会有变化，还会发生两个以上的动作或动作顺序选择，这时使用顺序控制指令编程就显得简单而又容易很多。因具有"步"的特点，所以在程序执行过程中，某一时刻激活哪一步，哪一步就成为活动步，其他步都处于封闭（不活动）状态，例如，所编的程序是第 1 步驱动 Q0.0；第 2 步驱动 Q0.1；第 3 步驱动 Q0.1 与 Q0.2；当程序激活第 2 步时只执行第 2 步，也就是只驱动 Q0.1，其他步的程序都不执行，更谈不上驱动输出了。

在编写程序时如何搭建"步"，就要使用顺序控制指令了。每一步都要使用 3 条指令，这 3 条指令前后呼应，顺序不能颠倒，缺一不可，组成一个固定的程序段，这 3 条指令是段开始（SCR）；段转移（SCRT）；段结束（SCRE）。

在每一步开始时用段开始指令，接下来是在这一段要完成的控制任务，再接下来编段转移程序，也就是一旦某个转移信号出现，就要激活段转移指令，从当前步转移到段转移指令所指向的步，最后是段结束指令，它的功能是结束本步（工作段）程序的运行。表 3-1 列出了这 3 条指令的形式及功能。

表 3-1 顺序控制指令的形式及功能

STL	LAD	功能	操作对象
SCR S_bit	S_bit —[SCR]	顺序状态开始	S（位）
SCRT S_bit	S_bit ——(SCRT)	顺序状态转移	S（位）
SCRE	——(SCRE)	顺序状态结束	无

从表 3-1 中可以看出，顺序控制指令的操作对象为顺控继电器 S，它是唯一专用于顺控指令的继电器。一个 S 位可表示一步（段）。

（1）段开始指令 SCR

段开始指令的功能是标记一个 SCR 段的开始，其操作数是状态继电器 Sx.y，Sx.y 是当前 SCR 段的标志位，当 Sx.y 为 1 时，允许该 SCR 段工作。

（2）段转移指令 SCRT

段转移指令的功能是将当前的 SCR 段切换到下一个 SCR，其操作数是下一个 SCR 段的标志位 Sx.y。当允许输入有效时，进行切换，即停止当前 SCR 段工作，启动下一个 SCR 段工作。

（3）段结束指令 SCRE

段结束指令的功能是标记一个 SCR 段的结束。每个 SCR 段必须使用段结束指令来表示该段的结束。在梯形图中，段开始指令以功能框的形式编程，指令名称为 SCR，段转移和段结束以线圈形式编程。

2. 顺序控制指令特点

1）SCR 指令的操作数只能是顺控继电器 Sx.y；反之，S 还可当作一般继电器来使用。

2）一个顺控继电器 Sx.y 作为 SCR 段标志位，可以用于主程序、子程序或中断程序中，但是只能使用一次，不能重复使用。

3）在一个 SCR 段中，禁止使用循环 FOR/NEXT、跳转 JMP/LBL 和条件结束 END 等指令。

4）转移源自动复位功能：状态发生转移后，置位下一个状态的同时，自动复位原状态。

5）SCR 段程序能否执行取决于负责该段的 S 是否被置位，SCRE 与下一个 SCR 之间的指令逻辑不影响下一个 SCR 段程序的执行。

6）在状态发生转移后，所有的 SCR 段的元器件一般也要复位，如果希望继续输出，可使用置位/复位指令。

7）每一个 SCR 段都有一个 S 位编号，段与段之间编号可以不按顺序安排。

3. 控制要求

初始状态：没有任何输出信号，洗衣机处于静止状态。

合上洗衣机启动开关 SA1。①开始往洗衣机里注水，进水电磁阀 KV1 工作，待水位到达水位满位置时，水位开关 SL2 闭合，此时低水位位置上的水位开关 SL1 肯定也是闭合的，停止进水，KV1 断电，洗衣机开始正转，正转 10s 后，停止 5s，洗衣机反转，反转 10s 后，停止 5s。如此正反转再重复 2 次，共 3 次，停止转动。②开始排水，排水电磁阀 KV2 工作，待水位下降到 SL1 开关以下时，停止排水，KV2 断电。洗衣机又重新进水，重复步骤①的工作过程，然后再排水，再重复步骤①，总计重复 2 次步骤①的过程，相当于步骤①的工作过程 3 次，排水 3 次。③第 3 次排水后，待水位下降到 SL1 开关以下时，停止排水，KV2 断电。洗衣机进入脱水工作段，脱水共需 5s，然后全部工作过程结束。④无论何时合上洗衣机停止开关 SA2，停止当前操作，回到初始状态。

4. 程序设计

1）根据控制要求，首先要确定 I/O 个数，进行 I/O 分配。图 3-23 所示为洗衣机工作示意图，洗衣机自动洗衣 PLC 控制接线图如图 3-24 所示。

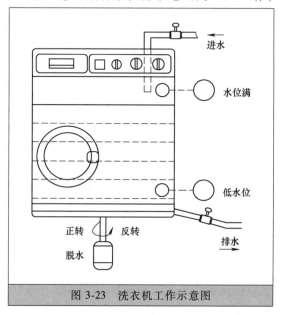

图 3-23　洗衣机工作示意图

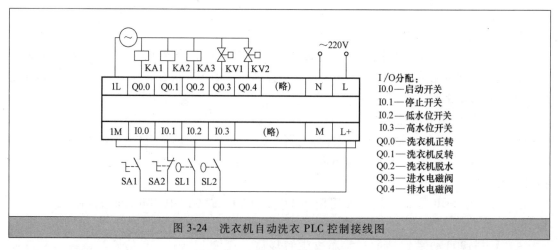

图 3-24　洗衣机自动洗衣 PLC 控制接线图

2）控制程序梯形图如图 3-25 所示。

3）程序的语句表及注释如下：

图 3-25　洗衣机自动洗衣控制程序梯形图

Network 1   //程序注释
LD   I0. 0   //开启工作按钮
EU
S   S0. 0，1   //启动顺序控制程序的第1步
Network 2
LSCR   S0. 0
Network 3
LD   I0. 0
=   Q0. 3   //启动进水电磁阀
Network 4
LD   I0. 0
A   I0. 2
A   I0. 3
SCRT   S0. 1   //当水位已超最高水位点，出现步转移
Network 5
SCRE
Network 6
LSCR   S0. 1
Network 7
LD   I0. 0
=   Q0. 0   //新的一步是洗衣机开始正转
TON   T37，+100   //正转 10s
Network 8
LD   T37
SCRT   S0. 2   //10s 后出现步转移
Network 9
SCRE
Network 10
LSCR   S0. 2
Network 11
LD   I0. 0
TON   T38，+50   //新的一步是洗衣机静止 5s
Network 12
LD   T38
SCRT   S0. 3   //5s 后出现步转移
Network 13
SCRE
Network 14
LSCR   S0. 3

Network 15

LD   I0.0

=   Q0.1   //新的一步是洗衣机开始反转

TON   T39，+100   //反转10s

Network 16

LD   T39

SCRT   S0.4   //10s后出现步转移

Network 17

SCRE

Network 18

LSCR   S0.4

Network 19

LD   I0.0

TON   T40，+50   //新的一步是洗衣机静止5s

Network 20

LD   T40

LD   C1

CTU   C1，3   //5s后给计数器计数一次共计3次

Network 21

LD   T40

AN   C1

SCRT   S0.1   //3次没到,就往回返

Network 22

LD   T40

A   C1

SCRT   S0.5   //3次到了,就转移到新的一步

Network 23

SCRE

Network 24

LSCR   S0.5

Network 25

LD   I0.0

=   Q0.4   //新的一步是排水

Network 26

LD   I0.0

AN   I0.2

AN   I0.3

LD   C2

CTU   C2，3   //排水过程计数,总共应排3次

Network 27

LDN C2

AN   I0. 2

AN   I0. 3

SCRT S0. 0   // 如没到 3 次,就回到最初步,重新加水继续洗

Network 28

LD   C2

AN   I0. 2

AN   I0. 3

SCRT S0. 6   // 如已到 3 次,就出现步转移

Network 29

SCRE

Network 30

LSCR S0. 6

Network 31

LD   I0. 0

=   Q0. 2   // 新的一步是脱水

TON T41, +50   // 脱水共用 5s

Network 32

LD   T41

SCRT S0. 7   // 5s 后全部洗衣过程结束

Network 33

SCRE

Network 34

LDN I0. 1   // 在洗衣过程中什么时候按下停止按钮,都回到初始状态

R   S0. 0, 8

R   Q0. 0, 8

★ 三、实验报告中应回答的问题

1. 第 4 段中有输出线圈 Q0.1,在其他段中输出线圈 Q0.1 还需出现,可以吗? 能否出现双线圈现象? 如不可以,但控制要求这个点位还要出现,怎么办?

2. 第 2 段中的定时器 T37 的状态位及当前值能否在其他段中使用?

实验九　人行道交通信号灯控制

★ 一、实验目的

1. 进一步熟悉 PLC 的指令系统,重点是功能图的编程、定时器和计数器的应用。

2. 熟悉时序控制程序的设计和调试方法。

★ 二、实验内容

1. 控制要求

初始状态东西、南北两路交通灯及人行道交通灯都处于失电状态，路面交通灯数码显示区显示 00。

当按下"开始"按钮，交通灯开始工作，东西向绿灯亮 4s→闪烁 2s→黄灯亮 3s→红灯亮 9s，同时在数码显示区用倒计时方式显示当前指示灯的剩余时间。与东西向交通灯对应的是南北向红灯亮 9s→绿灯亮 4s→闪烁 2s→黄灯亮 3s。此路交通灯无对应的数码显示输出。在此运行过程中人行道指示灯 L1 红灯亮表示禁止行人通过。

当按下按钮 SB1，此时东西向、南北向交通灯都显示出红灯亮，表示十字路口的车辆都禁止通过。与此同时人行道红灯 L1 灭，绿灯 L2 亮表示行人可以通过此路口，时间为 10s。同时数码显示区显示当前剩余时间，当时间到达后立即返回到原来的路口状况，交通灯接着正常运行。

当按下"停止"按钮交通灯都停止运行。数码显示牌显示 00。

2. 输入/输出分配

1）输入：SB1—I0.0（人行道路灯通行按钮）；开始—I0.1；停止—I0.2。

2）输出：A0—Q0.0；B0—Q0.1；C0—Q0.2；D0—Q0.3；A1—Q0.4；B1—Q0.5；C1—Q0.6；D1—Q0.7；东西绿—Q1.0；东西黄—Q1.1；东西红—Q1.2；南北绿—Q1.3；南北黄—Q1.4；南北红—Q1.5；L1—Q1.6；L2—Q1.7。

3. PLC 对外接线图

人行道交通信号灯控制系统倒计时的显示装置采用 BCD 码的接线方式，也就是 7 段数码管的对外接线只有 4 个端口，分别为 A、B、C、D，当 4 个端口都有信号时，即为 1111，这 4 个 1 所表示的十六进制数是 15，数码管显示 F，接下来的 14 就是 1110，数码管显示 E，13 就是 1101，数码管显示 D。人行道交通信号灯控制系统的实验模块如图 3-26 所示，PLC 对外接线图如图 3-27 所示。

图 3-26 实验模块图

4. 程序设计

控制过程有时序顺序控制的特点，比较适合用顺序控制指令编写，但考虑篇幅问题本实验的程序还是使用一般指令编写。梯形图程序中定时器、计数器以及功能性指令用得比较多，难点在于倒计时程序的编写。梯形图程序如图 3-28 所示。

★ 三、实验报告中应回答的问题

1. 熟悉并读懂现有梯形图程序，根据控制要求编写出自己的控制程序。

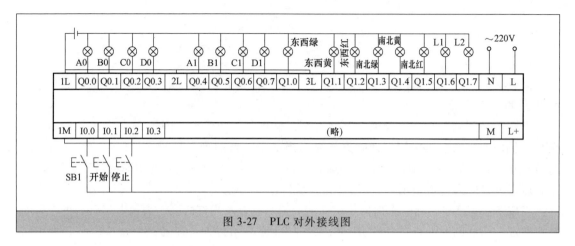

图 3-27　PLC 对外接线图

2. 指令盒 I_ BCD 的功能是什么？

3. 指令盒 FILL_ N 的功能是什么？

4. 指令盒 I_ BCD 的输出数据到 QW2，为什么不直接输出到 QW0，然后又由 QB3 传给 QB0？QW2 与 QB3 是什么关系？

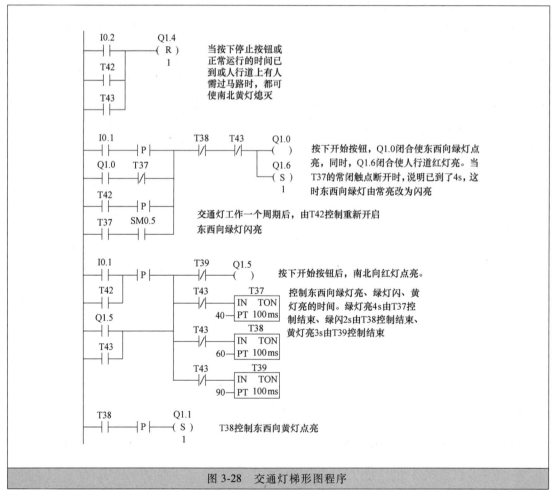

图 3-28　交通灯梯形图程序

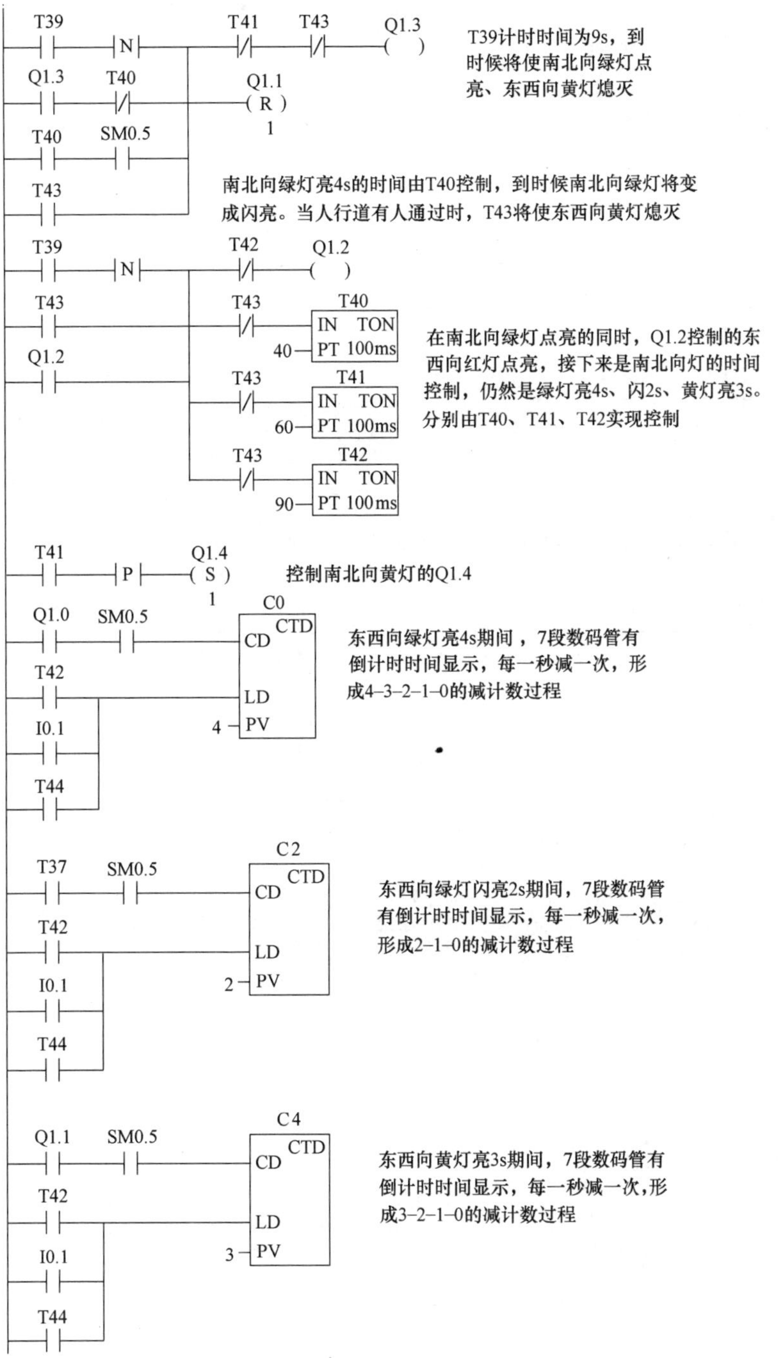

T39 ─┤N├─ T41 T43 Q1.3 ( )

T39计时时间为9s，到时候将使南北向绿灯点亮、东西向黄灯熄灭

Q1.3 T40
T40 SM0.5
Q1.1 (R) 1

T43

南北向绿灯亮4s的时间由T40控制，到时候南北向绿灯将变成闪亮。当人行道有人通过时，T43将使东西向黄灯熄灭

T39 ─┤N├─ T42 Q1.2 ( )

T43 T43 | IN TON |
Q1.2 | 40 ─ PT 100ms | T40

在南北向绿灯点亮的同时，Q1.2控制的东西向红灯点亮，接下来是南北向灯的时间控制，仍然是绿灯亮4s、闪2s、黄灯亮3s。分别由T40、T41、T42实现控制

T43 | IN TON |
| 60 ─ PT 100ms | T41

T43 | IN TON |
| 90 ─ PT 100ms | T42

T41 ─┤P├─ Q1.4 (S) 1

控制南北向黄灯的Q1.4

Q1.0 SM0.5
T42
I0.1
T44

| CD CTD |
| LD |
| 4 ─ PV | C0

东西向绿灯亮4s期间，7段数码管有倒计时时间显示，每一秒减一次，形成4-3-2-1-0的减计数过程

T37 SM0.5
T42
I0.1
T44

| CD CTD |
| LD |
| 2 ─ PV | C2

东西向绿灯闪亮2s期间，7段数码管有倒计时时间显示，每一秒减一次，形成2-1-0的减计数过程

Q1.1 SM0.5
T42
I0.1
T44

| CD CTD |
| LD |
| 3 ─ PV | C4

东西向黄灯亮3s期间，7段数码管有倒计时时间显示，每一秒减一次，形成3-2-1-0的减计数过程

图 3-28 交通灯梯形图程序（续）

```
   Q1.2   SM0.5              C6
   ─┤├─────┤├──────────CD  CTD
                                          东西向红灯亮9s期间,7段数码管有
   T42                                    倒计时时间显示,每一秒减一次,形
   ─┤├──────────────────LD                成9-8-7-6-5-4-3-2-1-0的减计数过
   I0.1                                   程
   ─┤├──────────────9  ── PV
   T44
   ─┤├──

   Q1.7   SM0.5              C8
   ─┤├─────┤├──────────CD  CTD
                                          人行道绿灯亮10s期间,7段数码管有
   Q1.6                                   倒计时时间显示,每一秒减一次,形
   ─┤├──────────────────LD                成10-9-8-7-6-5-4-3-2-1-0的减计数
   I0.1                                   过程
   ─┤├─────────────10 ── PV
   T44
   ─┤├──

   Q1.0  T37   Q1.1  Q1.2  Q1.7      MOV_W
   ─┤├───┤/├───┤/├───┤/├───┤/├─────EN ENO──      将东西向绿灯亮4s的倒计时经
                                  C0 ─IN OUT─ VW0  过值送到数码显示寄存器VW0

   T37   Q1.1  Q1.2  Q1.7          MOV_W
   ─┤├───┤/├───┤/├───┤/├─────────EN ENO──         将东西向绿灯闪亮2s的倒计时经
                                  C2 ─IN OUT─ VW0  过值送到数码显示寄存器VW0

   Q1.1  Q1.2  Q1.7            MOV_W
   ─┤├───┤/├───┤/├───────────EN ENO──             将东西向黄灯亮3s的倒计时经
                              C4 ─IN OUT─ VW0      过值送到数码显示寄存器VW0

   Q1.2  Q1.7            MOV_W
   ─┤├───┤/├───────────EN ENO──                   将东西向红灯亮9s的倒计时经
                        C6 ─IN OUT─ VW0            过值送到数码显示寄存器VW0

   Q1.7           MOV_W
   ─┤├──────────EN ENO──                          将人行道绿灯亮10s的倒计时经
                 C8 ─IN OUT─ VW0                  过值送到数码显示寄存器VW0

   T37            I_BCD
   ─┤├──────────EN ENO──                          将每个时段存在数据寄存器里的数据变成
   Q1.0     VW0 ─IN OUT─ QW2                      BCD码送到QW2处,然后再送到QB0处,
   ─┤├──                                          通过外接的数码管显示出来
   Q1.1           MOV_B
   ─┤├──────────EN ENO──
   Q1.2     QB3 ─IN OUT─ QB0
   ─┤├──
   Q1.7
   ─┤├──

   I0.2           MOV_W
   ─┤├──────────EN ENO──                          按下停止按钮,应将16个输出点位、16个数
              0 ─IN OUT─ QW0                      据寄存器点位以及中间变量点位全部清零
                MOV_W
              EN ENO──
              0 ─IN OUT─ VW0
                FILL_N
              EN ENO──
              0 ─IN OUT─ MW0
             20 ─N
```

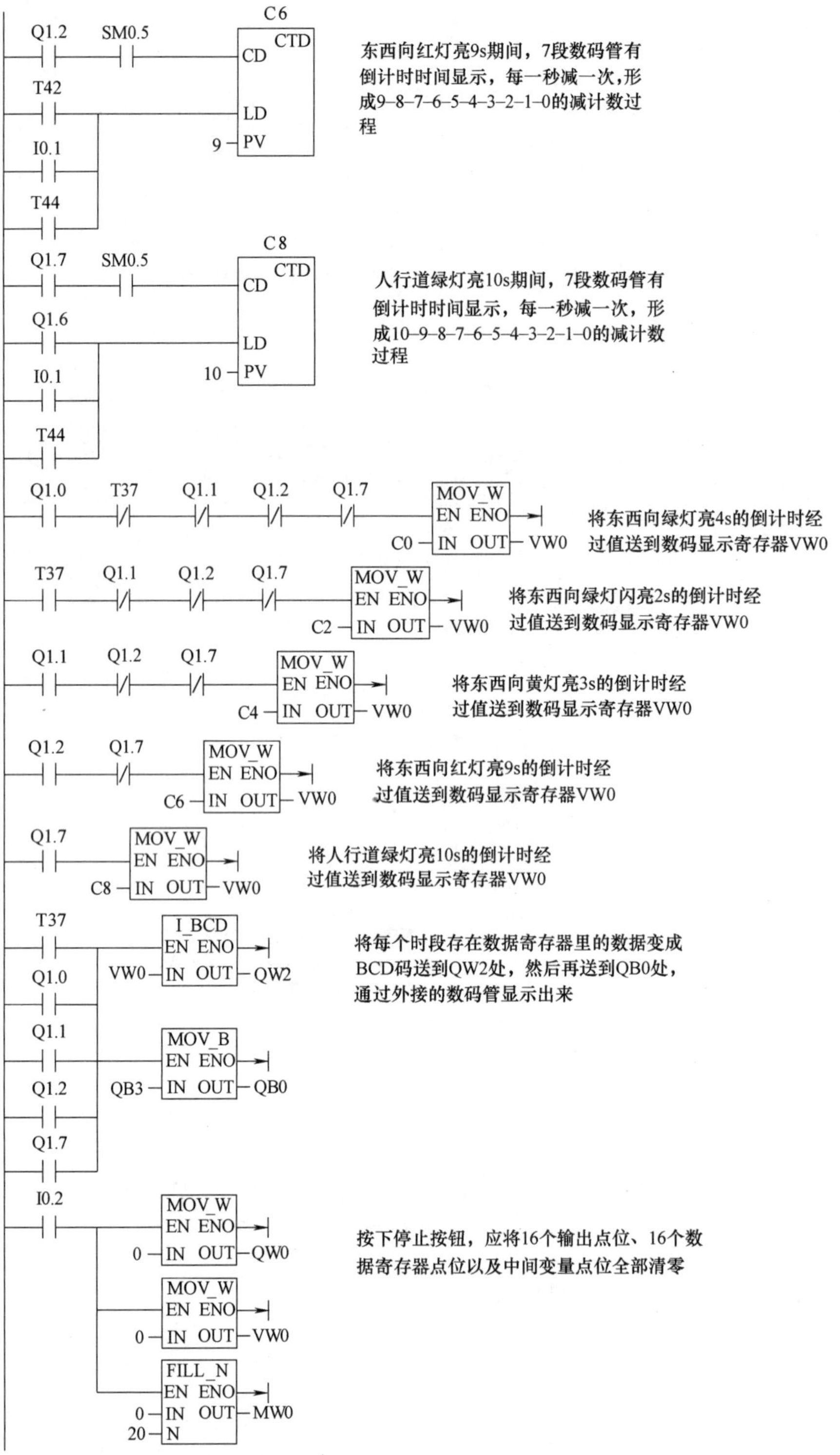

图 3-28 交通灯

```
    I0.0              MOV_W
    ─┤├──┤P├─         EN ENO ─
                   C0─IN OUT─MW2

                      MOV_W
                      EN ENO ─
                   C2─IN OUT─MW4

                      MOV_W
                      EN ENO ─
                   C4─IN OUT─MW6

                      MOV_W
                      EN ENO ─
                   C6─IN OUT─MW8

                      MOV_W
                      EN ENO ─
                  T37─IN OUT─MW10

                      MOV_W
                      EN ENO ─
                  T38─IN OUT─MW12

                      MOV_W
                      EN ENO ─
                  T39─IN OUT─MW14

                      MOV_W
                      EN ENO ─
                  T40─IN OUT─MW16

                      MOV_W
                      EN ENO ─
                  T41─IN OUT─MW18

                      MOV_W
                      EN ENO ─
                  T42─IN OUT─MW20
```

当有人需过马路时就要按下I0.0
按钮,这时要把当前的所有数据
分别存放到数据寄存器里面

```
    I0.0    T44    V4.0
    ─┤├───┤/├──( )──
    V4.0          T43
    ─┤├──       IN TON
             5─PT 100ms
                  T44
              IN TON
           100─PT 100ms
```

当人行道上有人过马路时会按下按
钮,使I0.0闭合,等待0.5s后T43动
作,它的触点会把正在正常工作的信
号灯的通路全部断开,只留下十字路
口的红色灯亮,车辆都停下,人就可
安全地过马路了。10s后T44动作就结
束了行人过马路这一过程

```
    I0.0              MOV_B
    ─┤├──┤P├─         EN ENO ─
                  QB1─IN OUT─MB0
```

行人过马路时,暂先把正在正常工作的
信号灯的状态存放到中间继电器中

```
    T43     Q1.6
    ─┤├──   ( R )
             1
            Q1.7
            ( S )
             1
```

行人过马路时,红色信号灯
熄灭,绿色信号灯点亮

```
    T44               MOV_B
    ─┤├──             EN ENO ─
                  MB0─IN OUT─QB1

                      MOV_W
                      EN ENO ─
                  MW2─IN OUT─C0

                      MOV_W
                      EN ENO ─
                  MW4─IN OUT─C2
```

当行人过马路这一过程结束后,T44
动作,将暂存在各寄存器中的数据
送回原处。人行道信号灯又恢复成红
色亮、绿色灭

梯形图程序

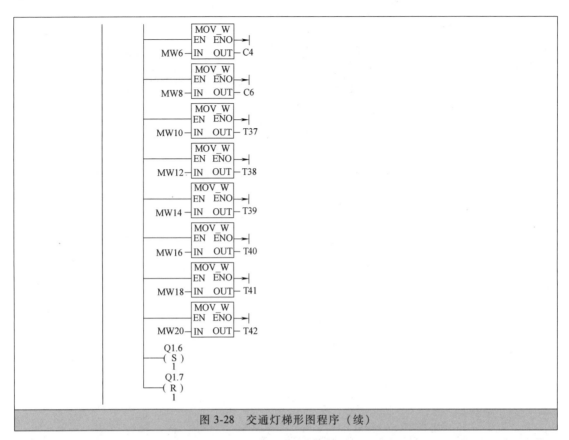

图 3-28　交通灯梯形图程序（续）

实验十　天塔之光

★ 一、实验目的

1. 掌握定时指令的基本应用。

2. 进一步掌握 S7-200 PLC 的逻辑指令。

3. 进一步掌握编程软件的使用方法和调试程序的方法。

★ 二、实验内容

1. 系统组成

该系统是模拟天津电视塔夜灯控制系统而设计的，主要由 9 个环形设计的彩灯组成，通过进行彩灯亮、灭先后的顺序控制，来实现五彩灯光的点缀效果。其面板结构示意图如图 3-29 所示。

2. 控制要求

按下起动按钮，灯 L1 亮 2s 后熄灭；改为灯 L2、L3、L4、L5 一起亮，2s 后又熄灭，改为灯 L6、L7、

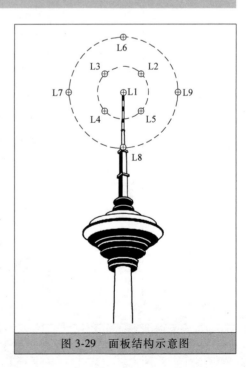

图 3-29　面板结构示意图

L8、L9一起亮，2s后又熄灭，灯L1又重新亮，依此循环下去。按下停止按钮，所有灯灭。

3. 输入/输出分配

1）输入：起动按钮—I0.0；停止按钮—I0.1。

2）输出：L1—Q0.0；L2—Q0.1；L3—Q0.2；L4—Q0.3；L5—Q0.4；L6—Q0.5；L7—Q0.6；L8—Q0.7；L9—Q1.0，共9盏灯。

4. PLC对外接线图

输出口用了9个，都是直流24V供电，如图3-30所示。

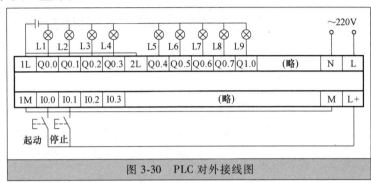

图3-30 PLC对外接线图

5. 实验参考程序

因控制要求并不复杂，程序易编易懂，2个方案供参考。方案1更多地用置位复位指令，如图3-31所示；方案2使用比较指令以及送数指令，如图3-32所示。

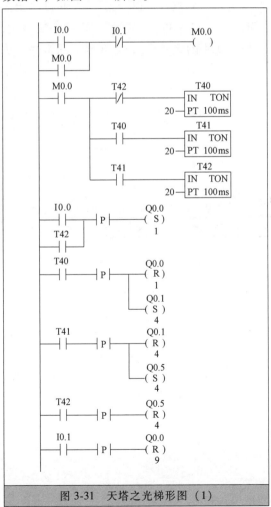

图3-31 天塔之光梯形图（1）

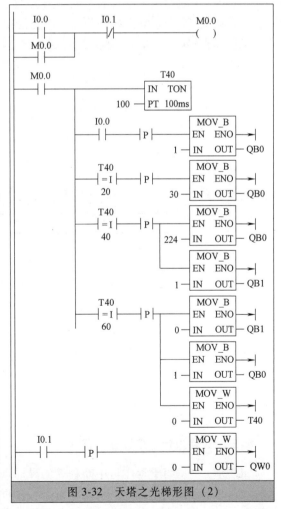

图3-32 天塔之光梯形图（2）

★ 三、实验报告中应回答的问题

1. 给程序加上文字注释,进一步说明控制过程。

2. 自己试用移位寄存器指令编写此程序。

实验十一　使用定时中断的彩灯控制

★ 一、实验目的

1. 熟悉 STEP 7 编程软件中断程序的编写环境。

2. 熟悉主程序与中断程序的关系及调用方法。

★ 二、实验内容

1. 控制要求

利用"定时中断"给 8 位彩灯循环左移。先设定 8 位彩灯在 QB0 处显示,并设初始值 9,然后每隔 1s 彩灯循环左移一位。控制按钮(SB1)选 I0.1 按一次开始,再按一次停止,停止后彩灯全灭。本实验的特点是利用特殊继电器 SMB34 的定时产生第 10 号中断事件去执行 0 号中断程序。

2. 程序设计

1)根据控制要求,首先要确定 I/O 个数,进行 I/O 分配。对应信号关系的 PLC 接线图如图 3-33 所示。

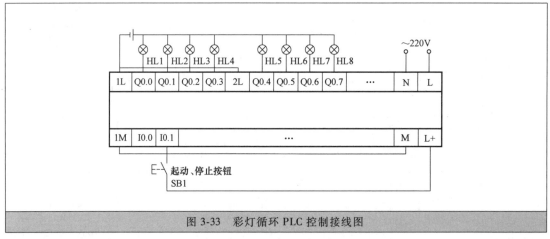

图 3-33　彩灯循环 PLC 控制接线图

2)梯形图程序如图 3-34 所示。在 STEP 7 编程软件中主程序与中断程序要分别编写,各自都有自己的窗口,操作方法参见第二章。

★ 三、实验报告中应回答的问题

1. 进一步说明子程序与中断程序的异同点。

2. 程序中共使用了几个功能盒指令?各自的作用是什么?

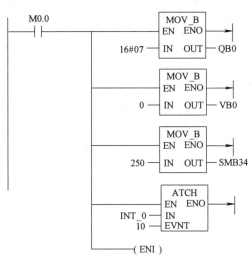

第1程序行：用I0.1作为起、停按钮，即按单数次是起动，按双数次是停止。用了RS触发器指令，利用S与R同为1时，R信号状态优先的特点，实现M0.0的ON与OFF的转换。在这里上升沿触发指令的作用至关重要，利用它只给处在自己前面的信号ON一个扫描周期的特点，实现单按钮控制起、停

第2程序行：这是调用子程序指令，SBR_0指的是调用0号子程序。在I0.1的后面也加了上升沿触发指令，说明这个子程序只需调用一次，对子程序中的程序起到初始化或者说是激活的作用

第3程序行：程序停止时将QB0清零，也就是说彩灯全灭

a) 主程序OB1

第1条指令：在M0.0闭合的前提下，将16#07（00000111）数据送入QB0字节中用于彩灯显示，准备循环

第2条指令：将变量存储器VB0整个字节清零，作为计数用

第3条指令：这是一条能产生定时中断的指令，SMB34是专用于0号中断程序的定时中断，最长时间为255ms，在这里用250是因为本实验的彩灯循环间隔是1s，与250ms有整倍数关系，或者还可以是50ms、100ms、125ms。这条指令能达到的目的是计时到250ms，就产生一次中断

第4条指令：这是一条中断连接指令，它的功能是用0号中断程序执行第10中断事件。查表可知第10号中断事件即是SMB34产生的定时中断

第5条指令：允许或者说是开通此中断事件，如没有这条指令将无法进入中断程序

b) 子程序SBR_0

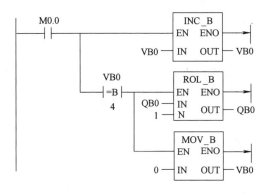

第1条指令：在M0.0闭合的前提下，当子程序当中的SMB34计到250ms时，即刻进入中断程序。INC_B指令是字节自动加1指令，这时VB0就会自动加1

第2条指令：首先是一条字节比较指令，当VB0中的数据为4时，才可执行后面的程序指令，而VB0为4就说明已执行了4次中断程序，间隔间隔是250ms，这样4次就是1s。这时就可以通过左循环指令让QB0左移一位，也就是彩灯左移一位了

第3条指令：给VB0清零，继续累加计数到下一个1s

c) 中断程序 INT_0

图3-34 彩灯循环的梯形图程序

实验十二　高速计数器应用程序

★一、实验目的

1. 熟悉 PLC 如何处理高于自身扫描速度的输入信号。
2. 熟悉高速计数器指令的编程方法及应用。

★二、实验内容

1. 控制要求

包装箱用传送带输送，当箱体到达检测传感器 A 时，开始计数。计数到 2000 个脉冲时，箱体刚好到达封箱机下，传送带停下来进行封箱，假设封箱用时 3s，3s 过后箱体继续前行。当计数到 1800 个脉冲时，箱体到达喷码机下，传送带又停下来进行喷码，假设喷码用时 2s，2s 过后箱体继续前行。直到箱体离开传送带，等待下一个箱体的到来。

2. 程序设计

1）根据控制要求，首先要确定 I/O 个数，进行 I/O 分配。通过本实验应了解和掌握高速计数器的编程大致需哪些初始化指令，定好模式后，按照所开通的高速计数器的号数，把旋转编码器与 PLC 输入端之间的导线接好。本实验的模式是 9，开通的是 0 号高速计数器，所以将旋转编码器的 A、B 相分别接到 I0.0 及 I0.1 即可。箱体输送过程示意图如图 3-35 所示，输送过程 PLC 接线图如图 3-36 所示。

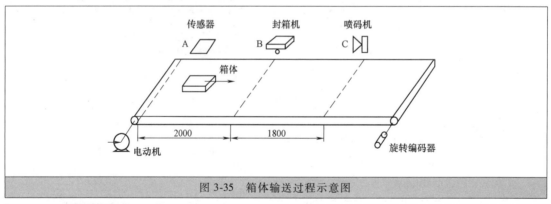

图 3-35　箱体输送过程示意图

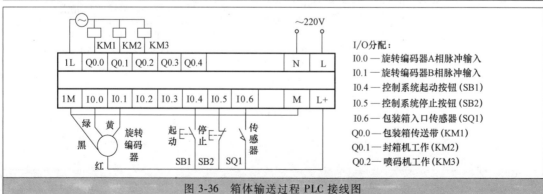

图 3-36　箱体输送过程 PLC 接线图

2）控制程序梯形图如图 3-37 所示。

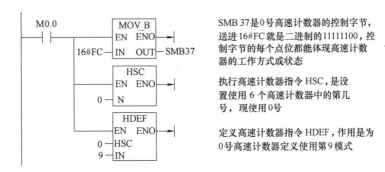

| I0.4 | I0.5 | M0.0 | 按下起动按钮后辅助继电器 M0.0 "得电自保"，信号状态 为后面的调用子程序使用 |

主程序部分：

I0.4　I0.5　M0.0（ ）
M0.0

I0.6　M0.0　SBR_0 EN
按下起动按钮后辅助继电器 M0.0"得电自保"，信号状态 为后面的调用子程序使用

当箱体经过入口传感器 A 时，调用子程序，开 启高速计数器功能

I0.4　Q0.0（S）1
T40
T41
传送带工作条件：① 起动按钮；②封箱机 工作后的再起动；③ 喷码机工作后的再起动

HC0 =D 2000　Q0.1（S）1　Q0.0（R）1
当高速计数器计数 到 2000 码时，使传 送带停止，进入封 箱工序

Q0.1　T40 IN TON 30 PT 100ms
封箱机工作期间， 时间是 3s

T40　Q0.1（R）1
封箱机工作时间结束， 使封箱机停止工作

HC0 =D 3800　Q0.2（S）1　Q0.0（R）1
封箱过程结束后，传 送带继续工作，高速 计数器继续送码

Q0.2　T41 IN TON 20 PT 100ms
喷码机工作期间， 时间是 2s

T41　Q0.2（R）1
喷码机工作时间结束， 使喷码机停止工作

I0.5　Q0.0（R）3
当按下停止按钮时，所 有的工作过程都停止

a) 主程序

M0.0　MOV_B EN ENO 16#FC IN OUT SMB37
SMB 37 是 0 号高速计数器的控制字节， 送进 16#FC 就是二进制的 11111100，控 制字节的每个点位都能体现高速计数 器的工作方式或状态

HSC EN ENO 0 N
执行高速计数器指令 HSC，是设 置使用 6 个高速计数器中的第几 号，现使用 0 号

HDEF EN ENO 0 HSC 9 IN
定义高速计数器指令 HDEF，作用是为 0 号高速计数器定义使用第 9 模式

b) 子程序

图 3-37　箱体输送过程控制程序梯形图

101

★ 三、实验报告中应回答的问题

1. 写出 SMB37 里面的数据 11111100 每个位都代表什么？

2. 0 号高速计数器共占用几个输入点位？已经编为高速计数器的输入点位，还能否当作普通点位使用？

3. 本实验梯形图程序中的高速计数器如何进行清零？

实验十三　两台 PLC 主从式通信

★ 一、实验目的

1. 熟悉 2 台及以上 PLC 之间如何进行信号往来。

2. 熟悉通信指令及其使用方法。

★ 二、实验内容

1. 控制要求

这是两台 PLC 主从式通信的例子，通过这个例子可以了解两台 PLC 间通信都应建立哪些初始化程序，主站怎样读取从站的数据又怎样将自己的数据写到从站中去，数据的通信是以变量寄存器为通道来实现的，这些寄存器不是唯一的，但只要建立了第一个，后面的就要紧随其后连续使用（也就是说成组使用）。这个例子想达到的控制目的是在主站中用 I0.1 作为输入信号建立一个字节加 1 指令，送给从站的输出口显示出来，同时在主站中也累计数据变化过程，当数累加到 6 时，主站再给从站一个信号，从站接到这个信号后用从站（自己的）输入信号 I0.0 发给主站输出口一个点动信号。整个过程能说明只要建立好初始化关系，主站输入信号的逻辑关系能够控制从站的输出，反过来从站的输入信号也能控制主站的输出。像这个例子当中有个限制条件，就是只有当主站给从站的数累加到 6 以后，从站发给主站的信号才有效，在这之前主站是接不到从站信号的。

2. 程序设计

这种通信方式的主角就是主站，它让从站干什么，从站就干什么，同时它还可受控于从站，实质上就是数据的读写。读写的区域范围由主站来定，哪些数据可以写给从站，又有哪些数据找从站要，都是编程时需定好的，如本实验中写给从站的数据是主站中 MB0 与 MB1 这两个字节，找从站要的数据是从站中 MB1 这一个字节。STEP 7-Micro/WIN 编程软件默认的单台 PLC 的地址是 2，现在是两台 PLC，如地址相同是不能通信的，怎么办？只好通过编程软件先把地址区分开，然后再分别给 PLC 下载各自的程序。按规定 PLC 的地址只能从 2 开始往后排，在本实验中看到主站地址是 2，从站地址是 3，地址 2 好办，编程软件可以自己找到，地址 3 就要经过设置才能改变。下面介绍设置过程：打开编程软件，如图 3-38 所示，单击"查看"下面的系统块，显示界面如图 3-39 所示，在此看到端口 0 和端口 1 处的 PLC 地址都是 2，单击此口右侧的上箭头，把 2 都变成 3，如图 3-40 所示，然后单击"确认"按钮，这时界面又回到图 3-38，单击"▼"下载键把端口的设置下载给 PLC，然后单击"查看"下面的通信，通信结束后的界面如图 3-41 所示，发现这台 PLC 的地址已变成 3，单击"确认"按钮,至此给 PLC 改地址的任务已完成,把相对应的程序送进去,再将两台 PLC 的模式开关都拨到 RUN 位置,就可以工作运行了。

图 3-38 编程软件初始界面

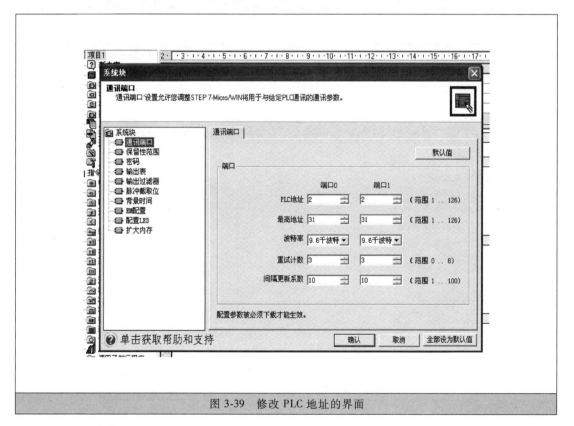

图 3-39 修改 PLC 地址的界面

1)根据控制要求,首先要确定 I/O 个数,进行 I/O 分配,确定主站与从站,配好两台 PLC 之间的通信电缆。主从式通信简单实惠,容易实现,难点与重点是主站的编程,读写区域与数据长度不能搞乱。控制系统 PLC 接线图如图 3-42 所示。

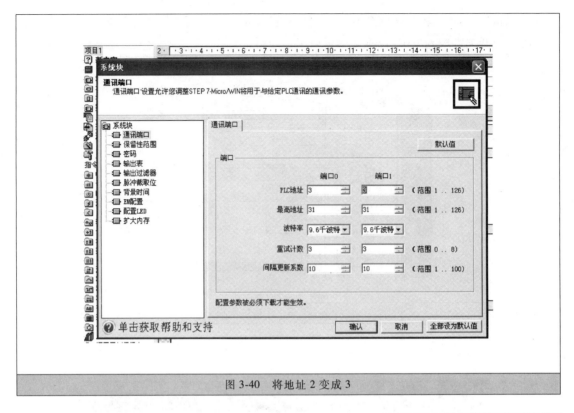

图 3-40　将地址 2 变成 3

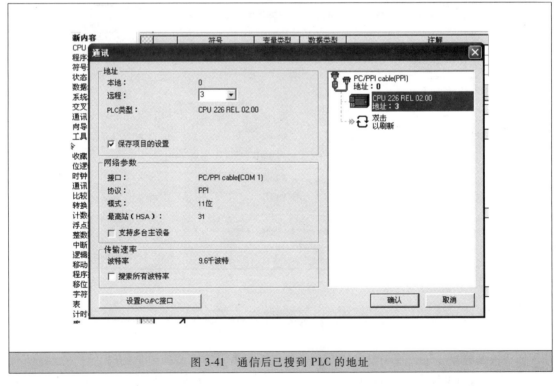

图 3-41　通信后已搜到 PLC 的地址

2）控制程序梯形图如图 3-43 所示。

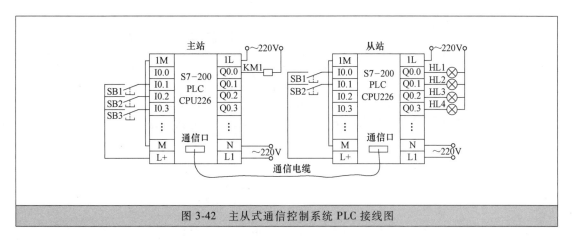

图 3-42　主从式通信控制系统 PLC 接线图

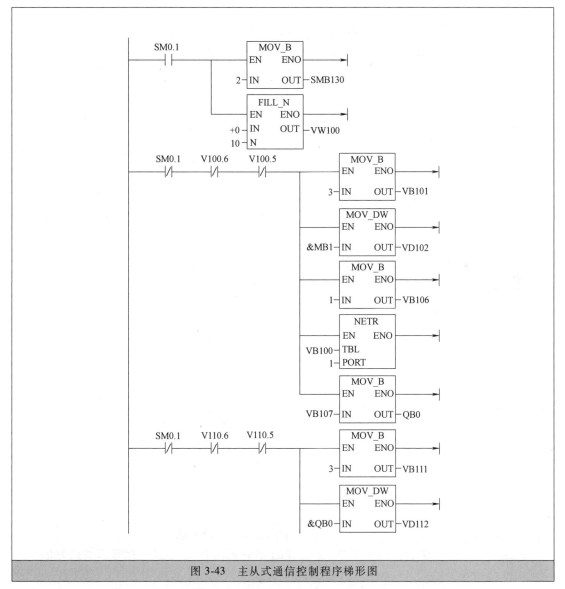

图 3-43　主从式通信控制程序梯形图

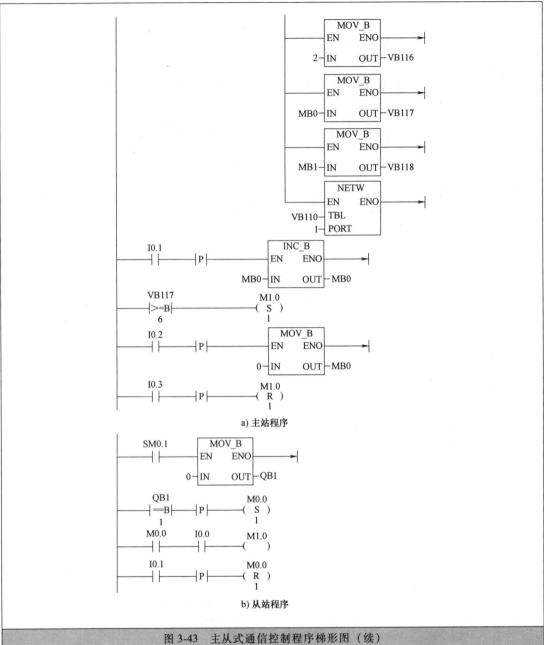

图 3-43　主从式通信控制程序梯形图（续）

3）程序的语句表及注释如下：

① 主站程序

Network 1　　　　　　　　　　　　//程序注释

LD　　SM0.1

MOVB　2,SMB130　　　　　　　　//用通信端口 1 进行主从式通信

FILL　+0,VW100,10　　　　　　　//将 VB100 开始的 20 个变量寄存器都填充为 0

Network 2

```
LDN     SM0.1
AN      V100.6
AN      V100.5
MOVB    3,VB101          //指定从站地址为 3
MOVD    &MB1,VD102       //指向读取从站数据的位置
MOVB    1,VB106          //读取数据的字节长度
NETR    VB100,1          //通过 1 号通信口由 VB100 开始的一列表完成读取
MOVB    VB107,QB0        //读取进来的数据送到 QB0 处显示出来
Network 3
LDN     SM0.1
AN      V110.6
AN      V110.5
MOVB    3,VB111          //指定从站地址为 3
MOVD    &QB0,VD112       //指向送入从站数据的位置
MOVB    2,VB116          //送出数据的字节长度
MOVB    MB0,VB117        //将主站的 MB0 送给 VB117
MOVB    MB1,VB118        //将主站的 MB1 送给 VB118
NETW    VB110,1          //通过 1 号通信口由 VB110 开始的一列表完成送出
Network 4
LD      I0.1             //主站的字节加 1 输入信号
EU
INCB    MB0              //字节 MB0 接到输入信号就自动加 1
Network 5
LDB>=   VB117,6          //当 VB117 中的数据大于等于 6 时
S       M1.0,1           //给 MB1 中的第 1 位置 1
Network 6
LD      I0.2             //给 MB0 清 0 的输入信号
EU
MOVB    0,MB0            //给 MB0 清 0
Network 7
LD      I0.3             //给 M1.0 复位的输入信号
EU
R       M1.0,1           //给 M1.0 复位
② 从站程序
Network 1
LD      SM0.1
MOVB    0,QB1            //给从站 QB1 清 0
Network 2
LDB=    QB1,1            //当 QB1 等于 1 时
```

```
EU
S        M0.0,1                          // 给 M0.0 置位
Network 3
LD       M0.0
A        I0.0
=        M1.0                            // 当 M0.0 置位后再按 I0.0 按钮 M1.0 就会得电
Network 4
LD       I0.1                            // 使 M0.0 复位的按钮
EU
R        M0.0,1                          // M0.0 复位
```

★ 三、实验报告中应回答的问题

1. 主站写入从站的数据长度是多少？由哪一条指令体现出来？

2. 程序中出现了间接寻址，找一找在哪里？执行该指令的结果是什么？

3. 从站写入主站的数据长度是多少？由哪一条指令体现出来？

实验十四　自动车库门控制

★ 一、实验目的

1. 熟悉 V4.0 STEP 7 编程软件中符号表的使用方法。

2. 熟悉功能性指令盒 OUT 点的使用方法。

★ 二、实验内容

1. 控制要求

自动车库门控制示意图如图 3-44 所示，初始状态：Y1、Y2、Y3 均为 OFF；X1、X2、X3、X4 均为 OFF。

1) 当车感信号 X1 接收到汽车车灯的闪光信号后，车库门上卷（Y1 为 ON），且车库门上卷过程中动作指示 Y3 保持 ON 状态，到达上限位 X4 时，车库门停止上卷（Y1 为 OFF），同时 Y3 灯灭。

2) 当车开进车库，到达车位信号 X2 时，X2 为 ON（灯亮），15s 后车库门下卷关闭（Y2 为 ON），同时车库门下卷过程中动作指示 Y3 保持 ON 状态，到达下限位 X3 时，车库门停止下卷（Y2 为 OFF），同时 Y3 灯灭。

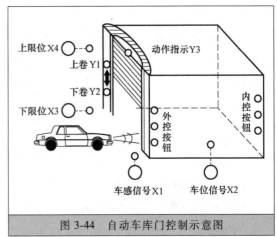

图 3-44　自动车库门控制示意图

3）车库门内外设有内控按钮 SB4、SB5、SB6 和外控按钮 SB1、SB2、SB3，可以分别在车库内外以手动的方式开启和关闭车库门，并可随时停止。手动控制时的效果和自动控制时相同。

2. I/O 分配

1）输入：

SB1—外控手动上卷门，I0.0；

SB2—外控手动下卷门，I0.1；

SB3—外控手动停止，I0.2；

SB4—内控手动上卷门，I0.3；

SB5—内控手动下卷门，I0.4；

SB6—内控手动停止，I0.5；

X1—车感信号，I0.6；

X2—车位信号，I0.7；

X3—下限位，I1.0；

X4—上限位，I1.1。

2）输出：

Y1—车库门上卷，Q0.0；

Y2—车库门下卷，Q0.1；

Y3—动作指示，Q0.2。

3. 实验步骤

1）接通电源。启动 PC，在桌面上找到 V4.0 STEP 7 对应的图标，双击该图标，则进入 S7-200 PLC 编程环境，选择"项目"→"类型"→CPU226。在梯形图状态下，即可进行程序录入或编制。

2）输入给定的程序，进行程序下载、运行调试等，直到软件运行正确。

3）按照实验要求，用导线连接 PLC 与实验装置操作面板上的电源、输入/输出的对应端子。

4）观察并记录实验装置面板上各按钮、指示灯与 PLC 输入及输出端子的对应关系。熟悉常开/常闭触点、按钮、继电器线圈等在梯形图中的对应关系。

5）PLC 对外接线图如图 3-45 所示。

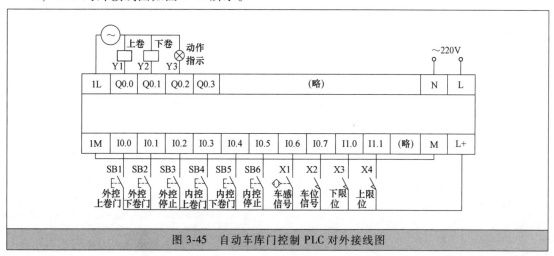

图 3-45　自动车库门控制 PLC 对外接线图

6）在编写控制程序梯形图之前先调出符号表，方法是，打开 V4.0 STEP 7 软件后，单击最左端“查看”下面的符号表，在弹出表格的符号栏逐个填上各信号名称，本实验输入与输出加起来共 13 个，然后在地址栏填上相应的地址，如图 3-46 所示。接下来单击程序块继续编写梯形图程序。在编写梯形图时就会发现程序中的输入或输出元件尽管输入的是地址，但在显示时就会连同符号一起显示出来，并且在梯形图程序的下面会自动生成相关的符号表。梯形图程序如图 3-47 所示。

查看
程序块
符号表
状态表
数据块
车库 (C:\D
新特性
CPU 22
程序块
符号表
状态表
数据块
系统块
交叉引
通信
向导
工具
指令
收藏夹
位逻辑
时钟
通信
符号
地址
注释
1 外控上卷门 I0.0
2 外控下卷门 I0.1
3 外控停止 I0.2
4 内控上卷门 I0.3
5 内控下卷门 I0.4
6 内控停止 I0.5
7 车感信号 I0.6
8 车位信号 I0.7
9 下限位 I1.0
10 上限位 I1.1
11 车库门上卷 Q0.0
12 车库门下卷 Q0.1
13 动作指示 Q0.2

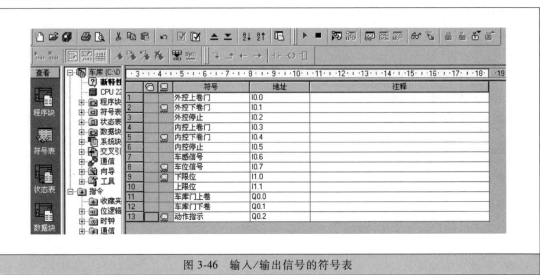

图 3-46　输入/输出信号的符号表

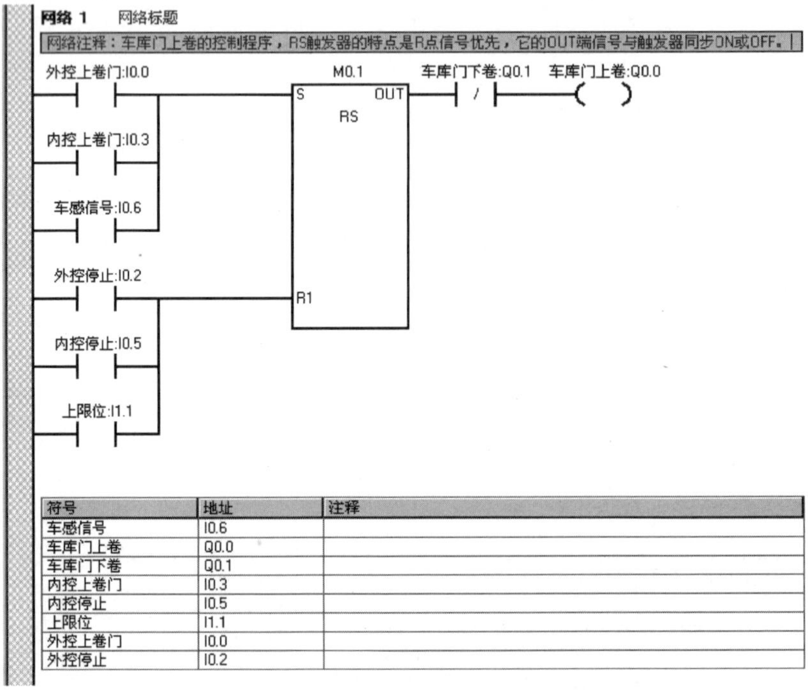

网络 1　网络标题
网络注释：车库门上卷的控制程序，RS触发器的特点是R点信号优先，它的OUT端信号与触发器同步ON或OFF。
外控上卷门:I0.0
内控上卷门:I0.3
车感信号:I0.6
外控停止:I0.2
内控停止:I0.5
上限位:I1.1
M0.1
S
OUT
RS
R1
车库门下卷:Q0.1
车库门上卷:Q0.0
符号 地址 注释
车感信号 I0.6
车库门上卷 Q0.0
车库门下卷 Q0.1
内控上卷门 I0.3
内控停止 I0.5
上限位 I1.1
外控上卷门 I0.0
外控停止 I0.2

a)

图 3-47　自动车库门控制梯形图程序

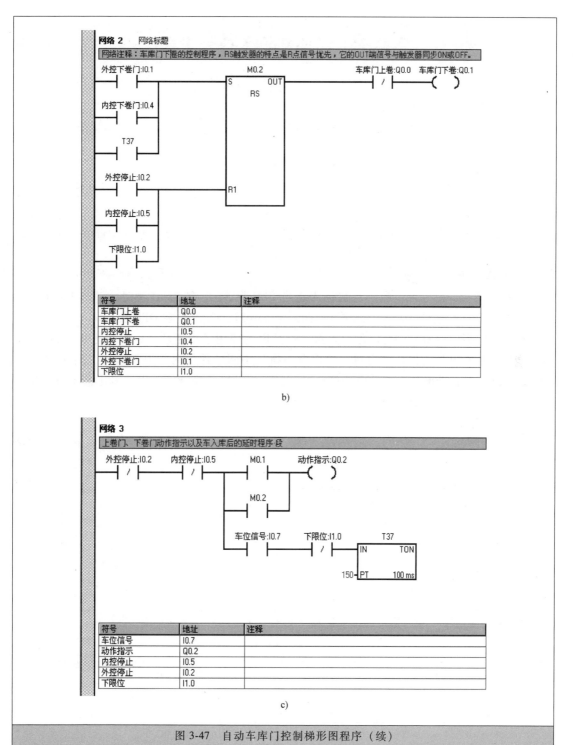

图 3-47 自动车库门控制梯形图程序（续）

★三、实验报告中应回答的问题

1. RS 触发器与 SR 触发器的区别是什么？

2. 当下载程序时，符号表中的汉字是否也一起下载到 PLC 里？

实验十五 外部输入信号中断

★ 一、实验目的

1. 进一步熟悉中断连接指令的编程方法。
2. 进一步熟悉中断程序的编程环境。

★ 二、实验内容

1. 控制要求

在 I0.1 的上升沿通过中断使 Q0.2 立即置位，在 I0.2 的下降沿通过中断使 Q0.2 立即复位。

2. 程序分析

SM0.1 是一个特殊继电器，它的作用是当 PLC 由 STOP 转为 RUN 时，SM0.1 只在第 1 个扫描周期为 ON 状态，从第 2 个扫描周期开始 SM0.1 就始终处在 OFF 状态。

在下面的程序中看不到对应的输入点，这是因为使用了中断功能，只要把程序设计好，当符合某个中断事件的信号出现时，程序就会执行中断事件指向的中断程序。图 3-48 中的 SB1 闭合时的上升沿可产生 2 号中断事件，SB2 断开时的下降沿可产生 5 号中断事件，KM1 将对应这两个输入信号有一个吸合过程。

3. 程序设计

1）根据控制要求，首先要确定 I/O 个数，进行 I/O 分配。对应信号关系的 PLC 接线图如图 3-48 所示。

2）控制系统梯形图程序如图 3-49 所示。

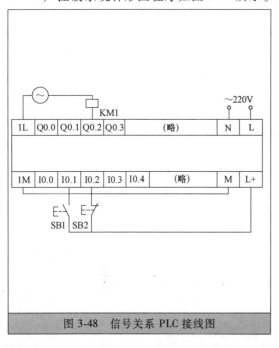

图 3-48 信号关系 PLC 接线图

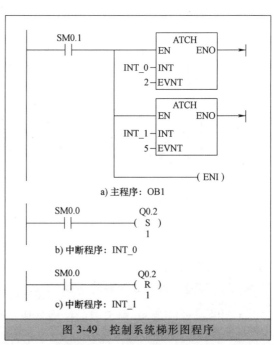

图 3-49 控制系统梯形图程序

3）程序的语句表及注释如下：

主程序：OB1

Network 1　　　　　　　//程序注释

LD　　SM0.1　　　　　//主程序初始化

ATCH　INT0,2　　　　　//当发生 2 号中断事件时执行 0 号中断程序

ATCH　INT1,5　　　　　//当发生 5 号中断事件时执行 1 号中断程序

ENI　　　　　　　　　//开通中断

中断程序：INT_0

Network 1

LD　　SM0.0

S　　　Q0.2,1　　　　//执行 0 号中断程序时,使 Q0.2 置位

中断程序：INT_1

Network 1

LD　　SM0.0

R　　　Q0.2,1　　　　//执行 1 号中断程序时,使 Q0.2 复位

★三、实验报告中应回答的问题

1. 中断事件 2 与中断事件 5 的优先权处在什么等级？
2. 中断事件 5 与 I0.2 是什么关系？为什么 I0.2 要接按钮的常闭触点？

实验十六　邮件分拣

★一、实验目的

1. 进一步熟悉高速计数器指令的编程方法。
2. 进一步熟悉子程序的调用方法。
3. 了解数据转换指令的使用方法。

★二、实验内容

1. 控制要求

实验模块图如图 3-50 所示。初始状态 L1 红灯亮，L2 绿灯灭；其他均为 OFF。按起动按钮 SB1，起动邮件分拣机后，L1 红灯灭，L2 绿灯亮，表示可以进行邮件分拣。拨动 SQ1 开关，表示检测到有邮件，开始进行邮件分拣；设置拨码器上对应的数据 1~5 为有效邮件，1 代表北京、2 代表上海、3 代表天津、4 代表武汉、5 代表广州，其余为无效邮件；如果检测到有效邮件则把邮件送入对应的分拣箱，然后可以继续分拣邮件；如果检

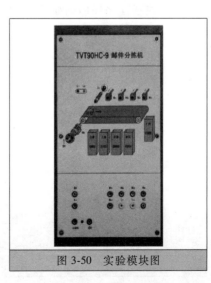

图 3-50　实验模块图

测到无效邮件，则 L1 红灯闪烁。按停止按钮 SB2 可恢复初始状态，重新起动可以继续进行邮件分拣。

2. 注意事项

1）旋转编码器发 1000 个脉冲，邮件到北京舱位；2000 个脉冲，邮件到上海舱位；3000 个脉冲，邮件到天津舱位；4000 个脉冲，邮件到武汉舱位；5000 个脉冲，邮件到广州舱位。

2）假设拨码器是一个读码装置，每次邮件从入口进来后都应使 I0.4 有信号，也就是 SQ1 都要闭合一次，紧接着就是读码过程，这两个过程后 PLC 就知道当前这个邮件应该分拣到何处。

3）假设有液压推拉机构，当邮件需进入某个站点时，PLC 给液压推拉机构信号，推拉机构动作，把邮件送入站点。

3. 程序设计

1）PLC 的对外接线图如图 3-51 所示。

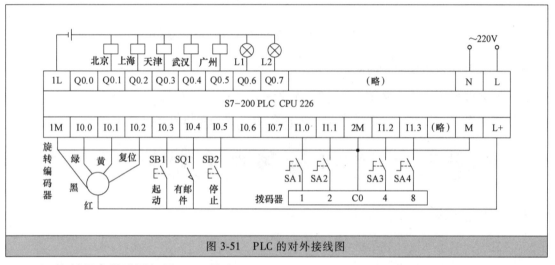

图 3-51　PLC 的对外接线图

2）控制程序梯形图如图 3-52 所示。

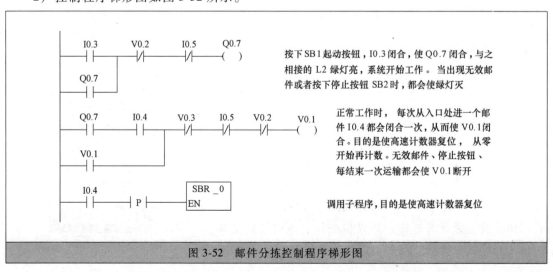

图 3-52　邮件分拣控制程序梯形图

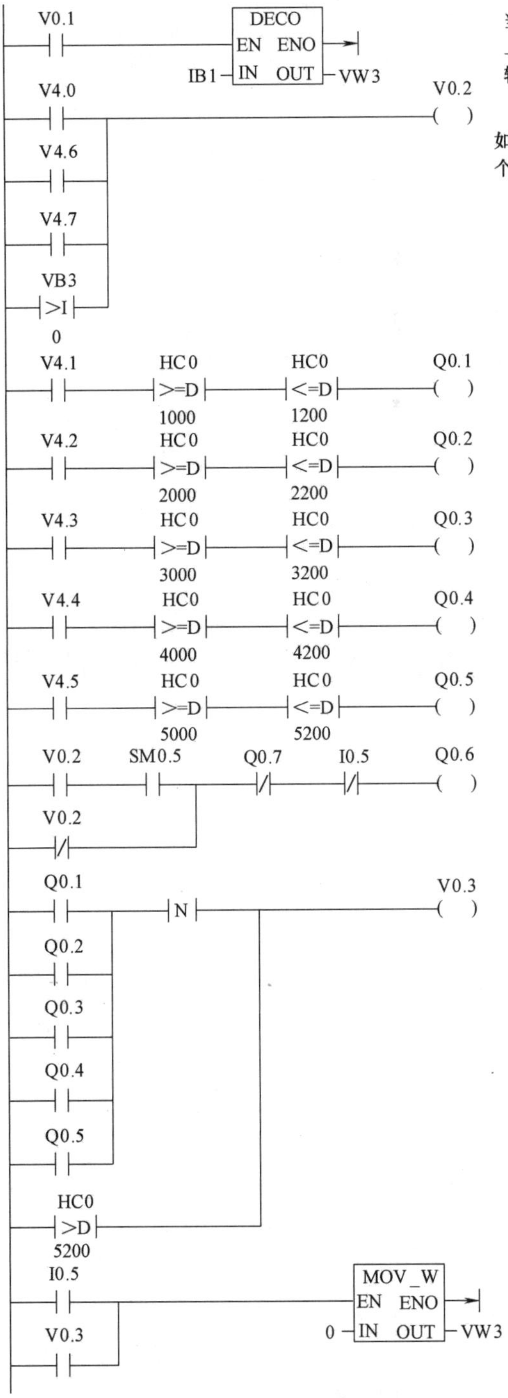

当邮件从入口处传送过来后接下来就拨动拨码器上的开关，模拟读码器。拨码器的开关状态由IB1输入后经DECO指令译码后在VW3中反映出来

如果拨码器出现了错误码，不是1、2、3、4、5这几个数字，就会使V0.2闭合，也即出现了无效邮件

读码器读出的数字是1，V4.1闭合，再等高速计数器的脉冲数到达1000后，Q0.1闭合，此时的邮件站点是北京，液压推拉机构将使邮件送入北京箱体内。假设整个动作过程用了200个脉冲，当脉冲计到1200个时动作结束。数字是2，上海，Q0.2动作；数字是3，天津，Q0.3动作；数字是4，武汉，Q0.4动作；数字是5，广州，Q0.5动作

当出现无效邮件时，应使L1红色灯闪烁，由Q0.6控制

每一次将邮件送到对应站点后或者高速计数器的数据大于5200都应使V0.3动作一次。目的是给VW3清0，为读码器读取下一个邮件应去的站点做准备；另外按下停止按钮时也能给读码器清0

图 3-52 邮件分拣控制程序梯形图（续）

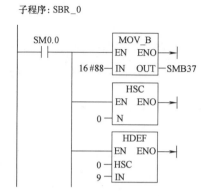

子程序：SBR_0

只是激活一次决定使用哪个高速计数器、为选定的高速计数器建立工作模式、为高速计数器确定控制字节，激活后此高速计数器就会按照定好的方式工作

SMB37是专为0号高速计数器确定控制字节的，为其送入88，其二进制数是10001000。此程序选定0号高速计数器，指令是HSC，定义以9号模式工作，指令是HDEF

图 3-52　邮件分拣控制程序梯形图（续）

★ 三、实验报告中应回答的问题

1. 高速计数器在什么时刻清 0？
2. 如果给 QW0 中送入十进制数 5，输出端中哪些点位变成 ON 状态？
3. 子程序是否可有可无？设子程序的目的是什么？

实验十七　移位寄存器指令在波浪式喷泉程序中的应用

★ 一、实验目的

1. 熟悉移位寄存器指令 SHRB 的使用方法。
2. 熟悉定时器当前值的使用方法。

★ 二、实验内容

1. 控制要求

在一些休闲、娱乐、旅游景点，经常会修建喷泉供人们观赏。这些喷泉按一定的规律改变喷水式样，有的像花朵，有的可形成水幕放电影，有的可随着音符跳跃，形式多样。本实验所控制的喷泉是波浪式的，可用在湖面上，从远处看，给人的感觉像是湖面上掀起了波浪，示意图如图 3-53 所示。按下起动按钮后，喷泉开始运作，共有 3 个波峰，1 个波峰为 1 组，1 组有 5 个喷头，这样总共有 15 个喷头，某一时刻只有 1 组在工作，按1、2、3 顺序排队，形成移动的波浪。而每组在运作时也要按一定的规律有先有后。在本组内的 5 个喷头的工作方式是每隔 3s 开启 1 个，轮到第 4 个开启时同时关闭第 1 个，轮到第 5 个开启时同时关闭第 2 个，3s 后下一组开始工作，前面一组全部关闭。如此，3 个组按顺序循环工作，直到按下停止按钮，全部喷头都停止工作。从按下起动按钮，到一个工作周期结束，各喷头工作状态时序图如图 3-54 所示。

2. 程序设计

1）根据控制要求，首先决定 PLC 的 I/O 分配，如图 3-55 所示。

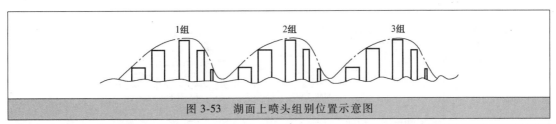

图 3-53 湖面上喷头组别位置示意图

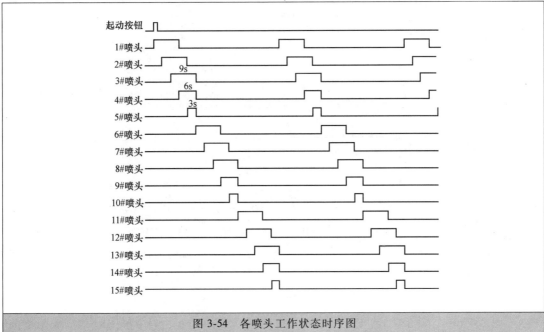

图 3-54 各喷头工作状态时序图

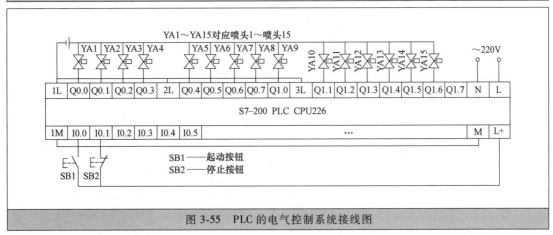

图 3-55 PLC 的电气控制系统接线图

2）本实验 15 个喷头分成 3 组，每组 5 个按顺序起停，3 个组的工作过程都是一样的，如图 3-54 所示。按起动按钮后，喷头就会按要求动作，整个过程是自动循环的，只有按下停止按钮，才会全部停止。程序设计上以移位寄存器指令 SHRB 为主，程序中还多次出现比较指令用定时器的当前值与整数比较，这也是以往未被重用的一个功能。SHRB 指令的使用方法参见第一章第二节。

3）控制程序梯形图及注释如图 3-56 所示。

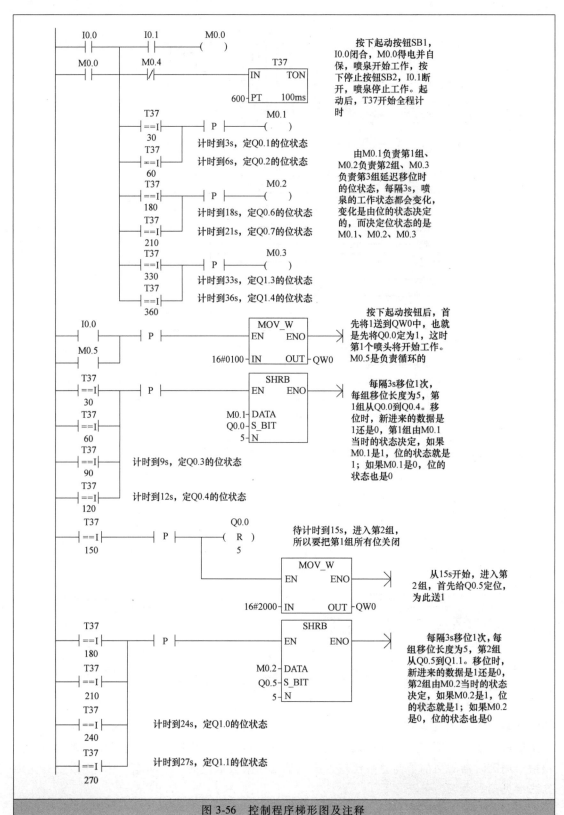

图 3-56　控制程序梯形图及注释

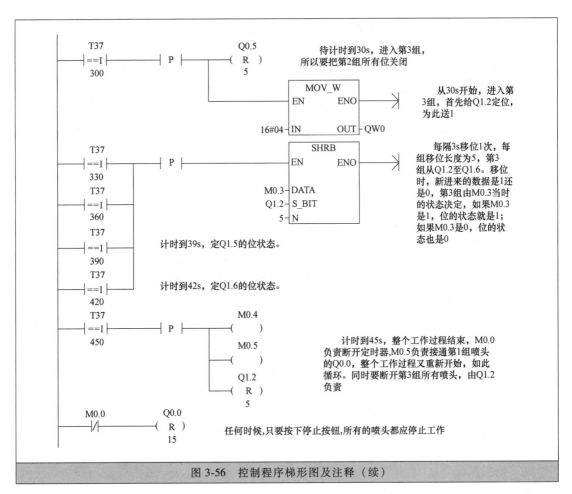

图 3-56 控制程序梯形图及注释（续）

★ 三、实验报告中应回答的问题

1. SHRB 指令的数据移位长度 N 是多少？是否有数据类型之分？
2. 本实验的程序能控制喷泉水柱的高度吗？

实验十八　用 TD200 文本显示器监控密码锁开启

★ 一、实验目的

1. 熟悉 TD200 文本显示器的使用方法。
2. 熟悉如何为 TD200 文本显示器编写程序。

★ 二、实验内容

1. TD200 文本显示器简介

TD200（Text Display 200）是专用于 S7-200 PLC 的文本显示和操作员界面，它支持中文操作和中文显示，相当于扩展了 PLC 的功能。

文本显示是指 TD200 上的显示窗口可以显示文本，为什么称为文本不称为文字？是因为它既显示中文还显示外文字母与数据，具体显示什么由用户设置，而且数据是可变的，也就是说能反映即时值，例如可以让它告诉我们小车往返几周了、高速计数器记录多少数码了、桥式起重机哪个环节正在工作及接切电阻数目等。文本显示每次可显示两行，每行 20 个字符。这两行每次可显示一条信息也可显示两条信息，具体怎么显示由用户设置。

操作员界面是指 TD200 除了在窗口显示信息外还有 9 个按键可以操作，其中的▲、▼、ESC、ENTER 这四个键是决定 TD200 本身设置的，通过它们可以设定 TD200 地址、通信波特率、CPU 地址、参数块地址等。这些功能本实验都不用设置，在这里就不做介绍了。另外 5 个键是 F1~F4 及 SHIFT 键，因本实验要利用这 5 个键，所以下面介绍一下，通过设置可将这 5 个键形成 8 个按钮，也就是 F1~F4 可当作 4 个按钮，SHIFT 键与 F1~F4 其中之一组合又可以形成 4 个按钮，这样就是 8 个按钮了。本实验并没有将 8 个按钮都用上，这些按钮相当于是 S7-200 输入信号的扩展，通过设置就可当作 S7-200 PLC 的输入信号使用了。

TD200 包装盒中提供了专用电缆（TD/CPU 电缆），用此电缆将 TD200 与 S7-200 CPU 连接起来。电缆能从 CPU 通信口上取得 TD200 所需的 24V 直流电源。1 个 S7-200 CPU 的通信口最多可以连接 3 个 TD200，这 3 个 TD200 所访问的参数块可以相同也可以不同，而 1 个 TD200 只能与 1 个 S7-200 CPU 建立连接。TD200 包装盒中的器件如图 3-57 所示。各种器件的作用见表 3-2。

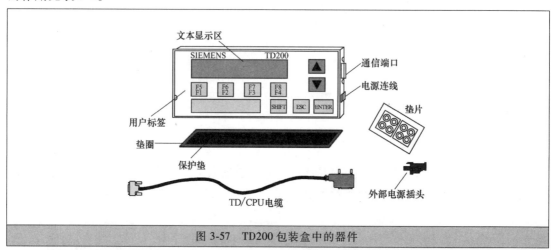

图 3-57　TD200 包装盒中的器件

表 3-2　包装盒内各种器件作用说明

部件	说　　明
文本显示区	文本显示区为一个背光液晶显示（LCD），可显示两行信息，每行 20 个字符，可以显示从 S7-200 接收来的信息
垫圈	TD200 随机提供一个垫圈，用于在恶劣环境安装时使用
通信端口	通信端口是一个 9 针 D 形连接器，它使你可以用 TD/CPU 电缆把 DT200 连接到 S7-200 CPU
电源连线	可以通过 TD200 右边的电源接入口把外部电源连接到 TD200，当使用 TD/CPU 电缆时，则不需要外部电源
TD/CPU 电缆	通过 TD/CPU 电缆可以与 TD200 通信并向其提供电源，它是 9 针直通的电缆，与 TD200 随机提供
用户标签	用户标签是一个插入式标签，可以根据你的应用制制功能键标签
键	TD200 有 9 个键，其中 5 个键提供预定义、上下文有关的功能，其余 4 个键用户可以提供其功能
垫片	包括有自粘的垫片，用于把 TD200 安装在安装面上

STEP 7-Micro/WIN 编程软件提供了集成的 TD200 组态工具，TD200 的组态信息全部保存在 S7-200 CPU 中，可以方便地更换 TD200 而不必重新组态。

2. 控制要求

有一个密码锁，它有 6 个按键 SB1~SB6，其控制要求为

1）SB1 为起动键，按下 SB1 键，才可进行开锁作业。

2）SB2、SB5 为可按压键。开锁条件为：SB2 按压 3 次，SB5 按压 4 次。如果按上述规定按压，则 5s 后，密码锁自动打开。（SB2 与 SB5 没有先后顺序，先按谁都可以）

3）SB3、SB4 为不可按压键，一旦按压，报警器就警报。

4）SB6 为停止键，按下 SB6 键，停止开锁作业。

3. 连接与设置

在 S7-200 PLC 通电前就应把 TD200 与 S7-200 PLC 连接好，可以用 TD/CPU 电缆方便地将两者通过通信端口连接起来，然后给 S7-200 通上电源，两者就都有电了。TD200 的显示窗口点亮并显示本 TD200 的型号与版本，接下来又显示 CPU 的状态，这时可以通过计算机（已经通过通信口与 S7-200 PLC 建立好通信关系）上的 STEP 7-Micro/WIN 编程软件进行设置（组态）。

设置（组态）是通过指令树中的向导来完成的，打开向导会出现如图 3-58 所示的画面，这是第一个画面，只是将向导的功能简介一下，直接单击"下一步"按钮即可。

图 3-58　TD200 向导简介

下一步的画面如图 3-59 所示，可以选择 TD200 的版本，而 TD200 的版本也是非常容易查到的，一是给 TD200 上电在初始化画面上会显示出 TD 的型号和版本；另一种方法是在 TD 的背面找到其型号和版本号。本实验使用的是 3.0 版，所以选中"TD 200 3.0 版"单选按钮，然后再单击"下一步"按钮。

下一步的画面如图 3-60 所示。这一步与本实验设置无关，什么也不用动，直接单击"下一步"按钮即可。

下一步的画面如图 3-61 所示。这一步是选择语言，选择中文并选择简体中文，然后单击

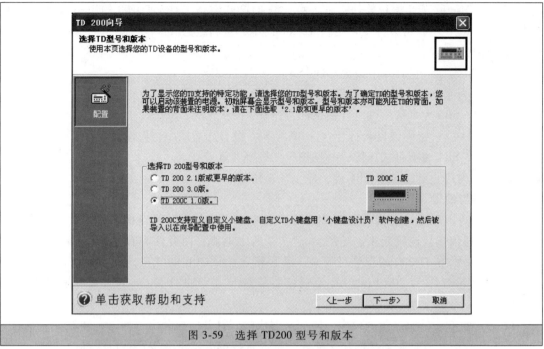

图 3-59　选择 TD200 型号和版本

图 3-60　定义 TD 功能及数据更新速率

"下一步"按钮即可。

　　下一步的画面如图 3-62 所示。这一步是选择按钮的功能，在画面中的"按钮动作"栏下的白色框内单击一下会出现▼按钮，单击此按钮会出现两个可选项，一是"设置位"，另一个是"瞬时接触"，因本实验需要此键当按钮使用所以就选瞬时接触，本实验使用 6 个按钮，就把前 6 个都选为瞬时接触，然后单击"下一步"按钮进入下一个画面。

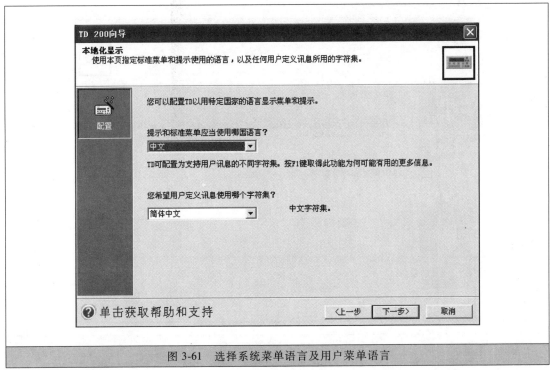

图 3-61 选择系统菜单语言及用户菜单语言

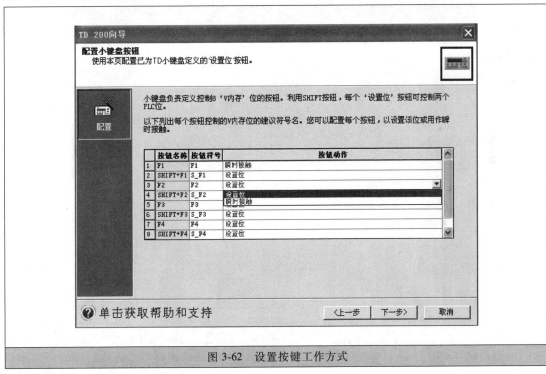

图 3-62 设置按键工作方式

　　下一步的画面如图 3-63 所示。这一步显示 TD 配置已完成，实际上设置远没有结束，只是将 TD 上的那几个按键设置完成，需要 TD 显示的各项内容还没设置。

　　这时单击画面中的"警报"，然后再单击"下一步"按钮，画面会变成如图 3-64 所示。

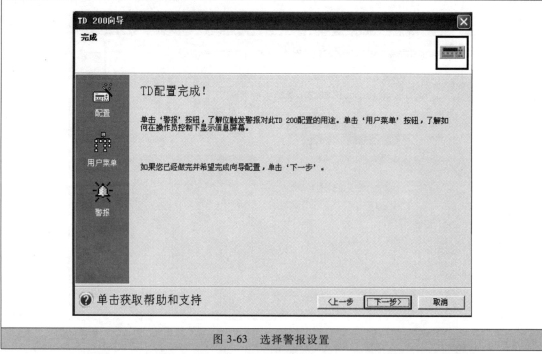

图 3-63　选择警报设置

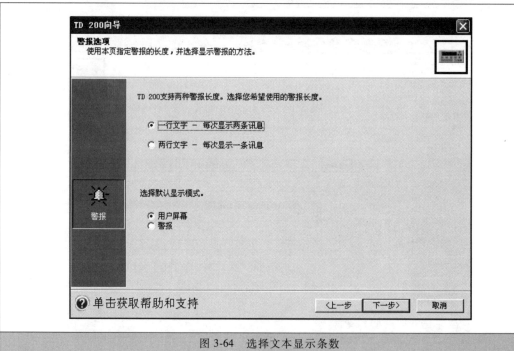

图 3-64　选择文本显示条数

这时的画面问需要显示的信息是每次一行还是两行，如选择每次一行的每次可以显示两条信息，而本实验某个环节需要同一时刻显示两条信息，所以就选择"一行文字-每次显示两条讯息"单选按钮，在圆形空白处单击一下即可，在选择显示模式处单击"警报"，然后单击"下一步"按钮，弹出一个对话框问"您希望为此配置增加一则警报吗?"，单击"是"按钮，然后画面出现了如图3-65所示的内容，这里的设置是本实验的重要环节。

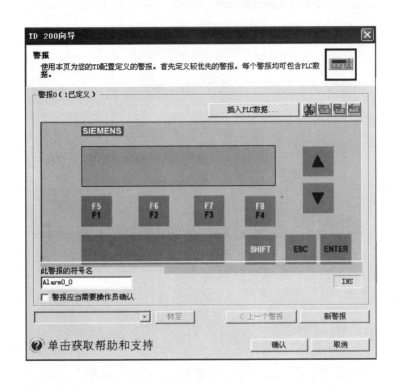

图 3-65　编辑显示文本信息

将图 3-65 中的有关功能介绍如下：

在左上角处有"警报 0（1 已定义）"几个字，这是说在这个画面中你输入的文本信息是由 0 号警报负责显示，假设这时在 SIEMENS 标示下面的矩形方框内输入"开锁工作开始"，那么一定要记住这条信息是由 0 号警报负责显示的，因为在后面还要为 0 号警报找到相对应的变量寄存器（也就是 V 寄存器），在编程时让这个 V 寄存器什么时候得电，这个显示窗口就什么时候显示这条信息，以此类推，后面的设置也是这样的。接下来往下看，在左下角一框内写有 Alarm0_ 0，这是此信息的符号名，它与 V 存储器也是一一对应的。这时如想输入第二条信息，那就单击"新警报"按钮，出现的画面与图 3-65 是一样的，还是在显示窗口输入信息即可。后面还有第三条、第四条等依此类推，方法都是与第一条相同。需要显示的信息都输入完之后单击"确认"按钮，所有的信息都会自动找到相对应的 V 存储器，后面还要介绍到哪里去找它们之间的对应关系表。接下来还有一个重点，就是如何使显示窗显示数据变量（即时值），这时输入如图 3-66 所示的文本，然后单击"插入 PLC 数据"按钮，弹出的画面如图 3-67 所示，问需显示的数据变量准备放到哪个 V 寄存器中，它给出的是 VW0，如不想改就记住此地址，如想改可在此处输入新的地址，后面的格式、小数点后位数等根据自己的需要设定。这个地址一定要记住，在编程时把需显示的可变数据送到相应的 V 寄存器里，显示时就会看见此变量。决定后单击"确认"按钮进入后面的设置。确认后出现的画面如图 3-68 所示，与图 3-66 相比会发现在冒号的后面多了两个方框，等到运行起来需显示时，那个地方就会显示可变的数据了。

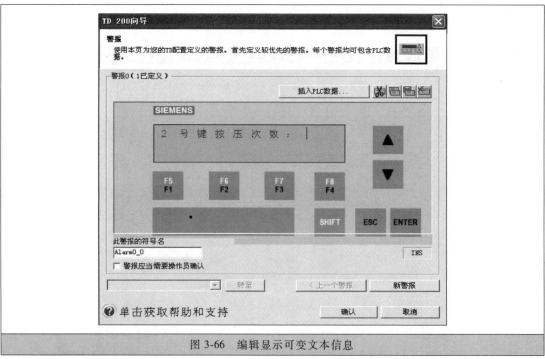

图 3-66　编辑显示可变文本信息

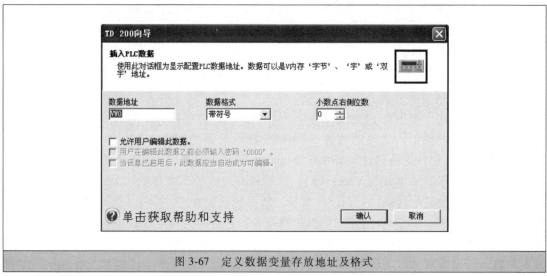

图 3-67　定义数据变量存放地址及格式

　　当需显示的内容全部设置完成后，单击图 3-68 中的"确认"按钮，会弹出如图 3-69 所示的画面，单击"下一步"按钮会出现如图 3-70 所示的画面，这一画面是让我们定 TD 上的所有显示内容及按钮所对应的变量寄存器地址，此时应找未被占用的区域，定好后单击"下一步"按钮，所有的设置就全部完成了。

　　接下来是从哪里找到与 TD 相对应的变量寄存器？找到后把它们的一一对应关系记下来，剩下的工作就是编程了。在 STEP 7-Micro/WIN V4.0 版编程软件的指令树中单击符号表，这时会出来 3 个选项，单击"向导"后又出现 TD_ SYM _ 100，继续单击它会出现如图 3-71 所示的画面。在这里能找到所设置的按钮及显示信息对应的变量寄存器的地址，对照着它进行编程所设置的功能就会准确无误地都能实现。再接下来就要编写本实验的控制程序了，在那里能够体现所设置的功能。还有一点需说明，本实验的 TD 与变量寄存器的对应地址首地址选择的是 VB100，这样选择后的对应关系如图 3-71 所示。

图 3-68　可显示数据变量的显示模式

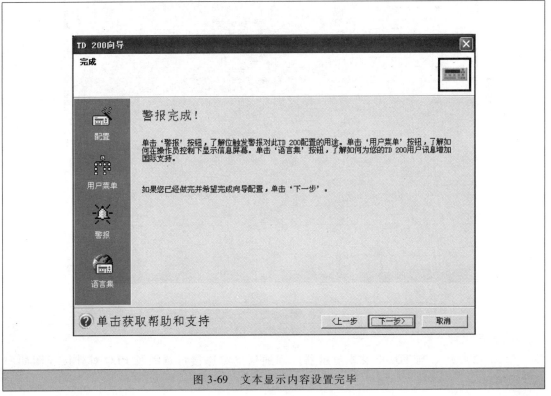

图 3-69　文本显示内容设置完毕

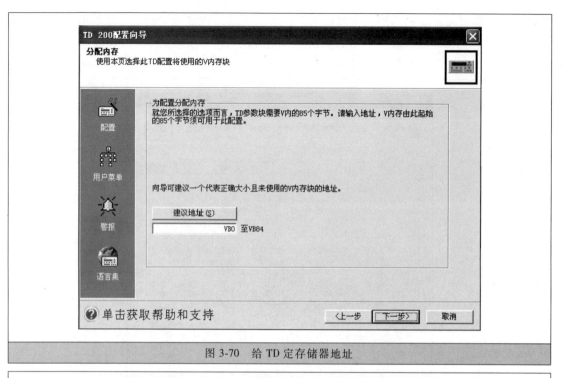

图 3-70　给 TD 定存储器地址

图 3-71　与 TD 相对应的变量寄存器的地址

4. 程序设计

1）S7-200 PLC 与 TD200 文本显示器之间通信电缆连接示意图及 PLC 对外接线图如图 3-72 所示。

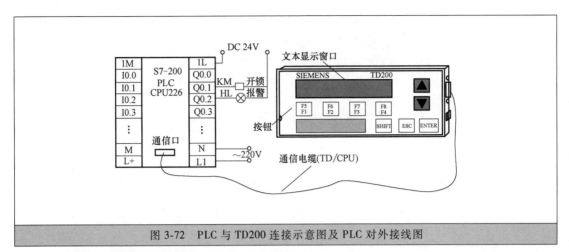

图 3-72　PLC 与 TD200 连接示意图及 PLC 对外接线图

2）密码锁开启梯形图及注释如图 3-73 所示。

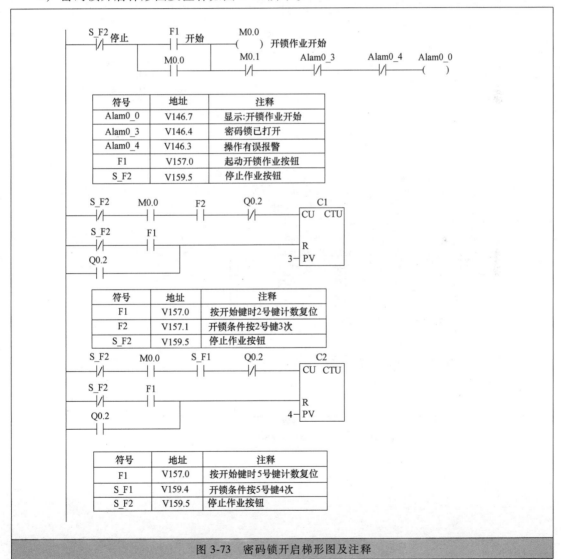

图 3-73　密码锁开启梯形图及注释

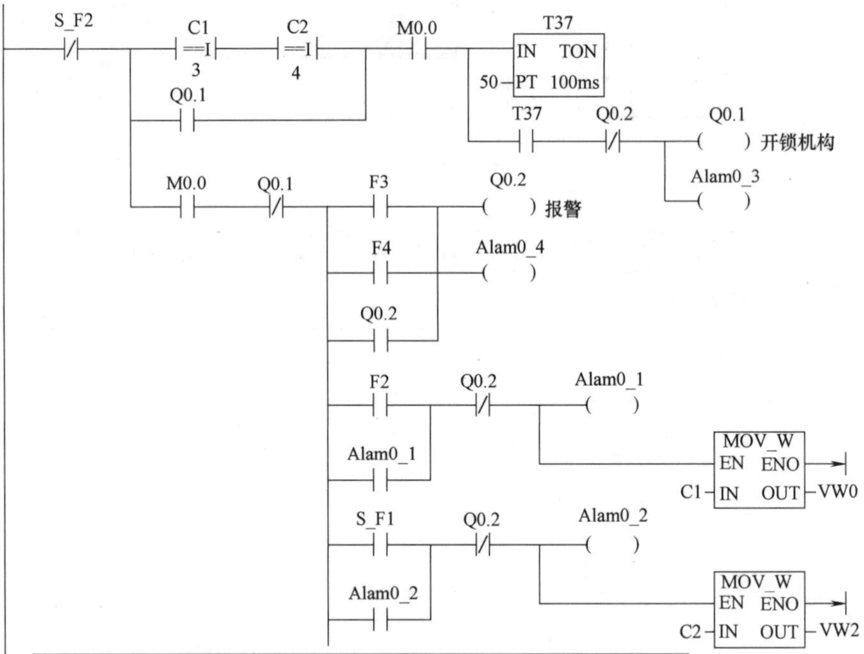

符号	地址	注释	数据变量地址
Alam0_1	V146.6	显示：2号键按压次数：□□	VW0→□□
Alam0_2	V146.5	显示：5号键按压次数：□□	VW2→□□
Alam0_3	V146.4	显示：密码锁已打开	
Alam0_4	V146.3	显示：操作有误报警	
F2	V157.1	2号键，有效操作按钮	
F3	V157.2	3号键，无效操作按钮	
F4	V157.3	4号键，无效操作按钮	
S_F1	V159.4	5号键，有效操作按钮	

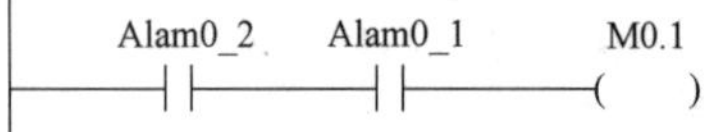

注释 2号键与5号键按压次数可同时显示各占一行

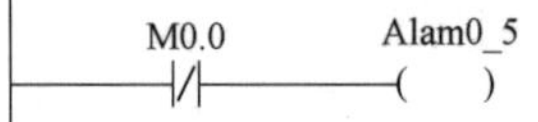

符号	地址	注释
Alam0_5	V146.2	显示：等待开锁作业

图 3-73 密码锁开启梯形图及注释（续）

★ 三、实验报告中应回答的问题

1. TD200 文本显示器可同时显示几条信息？可以为 PLC 提供输入信号吗？
2. TD200 文本显示器的数据变量是如何形成的？文字显示是如何形成的？

—— 实验十九 变频器控制电动机实现 15 段速运转控制 ——

★ 一、实验目的

1. 熟悉 MM440 变频器的使用方法。
2. 熟悉如何实现 PLC 对变频器的控制。

★ 二、实验内容

PLC 与变频器在当今控制系统中都是主控器件，一个作为控制部分的核心，一个作为拖动部分的核心，很多生产设备都是两者配合组成控制系统。应用 PLC 重在编程，应用变频器重在参数设定。本实验使用西门子 MM440 型变频器，实现电动机的多段速控制。

1. 控制要求

按下起动按钮，电动机从零速开始起动运行到 5Hz；在此频率运行 10s 后，频率改为 8Hz；在 8Hz 运行 10s 后，频率改为 11Hz；就这样每隔 10s 电动机运行频率提高 3Hz，形成 5→8→11→14→17→20→23→26→29→32→35→38→41→44→47（Hz），共计 15 个速度段。什么时候电动机需停止，按下停止按钮即可。

2. MM440 变频器简介

变频器的输入电源可接交流三相或单相，输出接三相交流电动机，电动机功率从 100 多瓦到 200kW 以上，依据电动机选变频器。除了主线路还有控制线路，控制线路也分输入信号与输出信号，为了让变频器工作就要给它输入信号，输入信号分并行口和串行口，并行口又分数字量和模拟量。因本实验只涉及数字量输入信号，所以对变频器简介到此。

3. MM440 变频器的数字量输入端口

有 8 个端口可作为数字量输入，本实验使用它的 5、6、7、8、16 共 5 个端口，数字量即开关量，PLC 的输出信号刚好作为变频器的输入信号，触点闭合即为有信号，有信号为逻辑 1，无信号为逻辑 0。本实验变频器要有 15 个频率输出，用 5、6、7、8 四个端口的状态组合，刚好能形成 15 个信号，16 号端口用作起/停信号。某个端口是否可参与状态组合，这就要进行参数设置了，负责端口 5 的参数是 P0701；端口 6 是 P0702；端口 7 是 P0703；端口 8 是 P0704；端口 16 是 P0705。每个参数都有几个可选项，选择一个符合要求的就可以了。该口的功能设置好后还要找到与端口或端口组合相对应的频率放在哪里了，这组参数就是 P1001~P1015，端口与参数及其频率值的对应关系见表 3-3。

表 3-3 数字量输入端口与参数及其频率值的对应关系

参数号	频率/Hz	端口 5	端口 6	端口 7	端口 8	端口 16
P1001	5	1	0	0	0	1
P1002	8	0	1	0	0	1

（续）

参数号	频率/Hz	端口 5	端口 6	端口 7	端口 8	端口 16
P1003	11	1	1	0	0	1
P1004	14	0	0	1	0	1
P1005	17	1	0	1	0	1
P1006	20	0	1	1	0	1
P1007	23	1	1	1	0	1
P1008	26	0	0	0	1	1
P1009	29	1	0	0	1	1
P1010	32	0	1	0	1	1
P1011	35	1	1	0	1	1
P1012	38	0	0	1	1	1
P1013	41	1	0	1	1	1
P1014	44	0	1	1	1	1
P1015	47	1	1	1	1	1

4．PLC 与变频器之间的线路连接

首先要进行 PLC 的 I/O 分配：起动按钮 SB1 的常开触点接 I0.0；停止按钮 SB2 的常闭触点接 I0.1；Q0.0 接变频器的端口 5；Q0.1 接端口 6；Q0.2 接端口 7；Q0.3 接端口 8；Q0.4 接端口 16。控制电路图如图 3-74 所示。

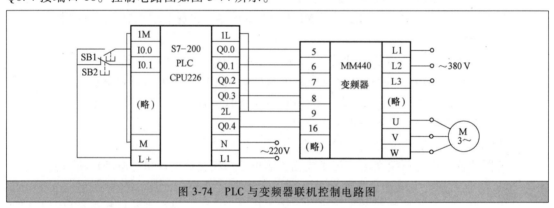

图 3-74　PLC 与变频器联机控制电路图

5．变频器参数设置

使用变频器首先要把对外端口的线路接好，特别是输出接电动机的线与输入电源线一定不能接混。然后就是参数设置了，表 3-4 列出了与本实验有关的参数设置，在此不包括与电动机有关的参数设置以及参数的出厂值恢复过程。

表 3-4　实现 15 段速控制变频器参数设置

参数号	设置值	说明	参数号	设置值	说明
P0003	3	用户访问为专家级	P1003	11	设置固定频率 3
P0004	7	命令和数字量 I/O	P1004	14	设置固定频率 4
P0010	1(0)	运行为 0；设参数时为 1	P1005	17	设置固定频率 5
P0700	2	由端口信号控制运行	P1006	20	设置固定频率 6
P0701	17	端口 5 为二进制组合	P1007	23	设置固定频率 7
P0702	17	端口 6 为二进制组合	P1008	26	设置固定频率 8
P0703	17	端口 7 为二进制组合	P1009	29	设置固定频率 9
P0704	17	端口 8 为二进制组合	P1010	32	设置固定频率 10
P0705	1	端口 16 为控制起/停	P1011	35	设置固定频率 11
P0100	0	供电线路频率为 50Hz	P1012	38	设置固定频率 12
P1000	3	数字量输入的固定频率	P1013	41	设置固定频率 13
P1001	5	设置固定频率 1	P1014	44	设置固定频率 14
P1002	8	设置固定频率 2	P1015	47	设置固定频率 15

6. 程序设计

两种设计方案，方案 1 的梯形图程序如图 3-75 所示，方案 2 的梯形图程序如图 3-76 所示。

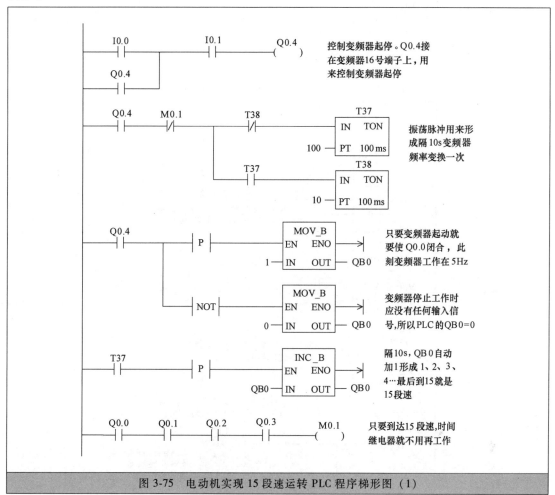

图 3-75 电动机实现 15 段速运转 PLC 程序梯形图 (1)

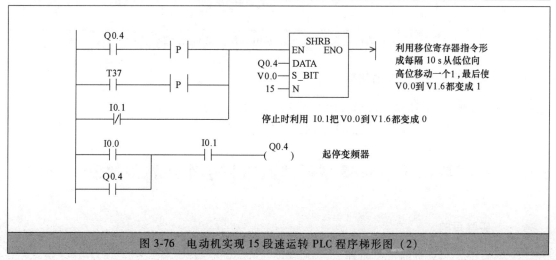

图 3-76 电动机实现 15 段速运转 PLC 程序梯形图 (2)

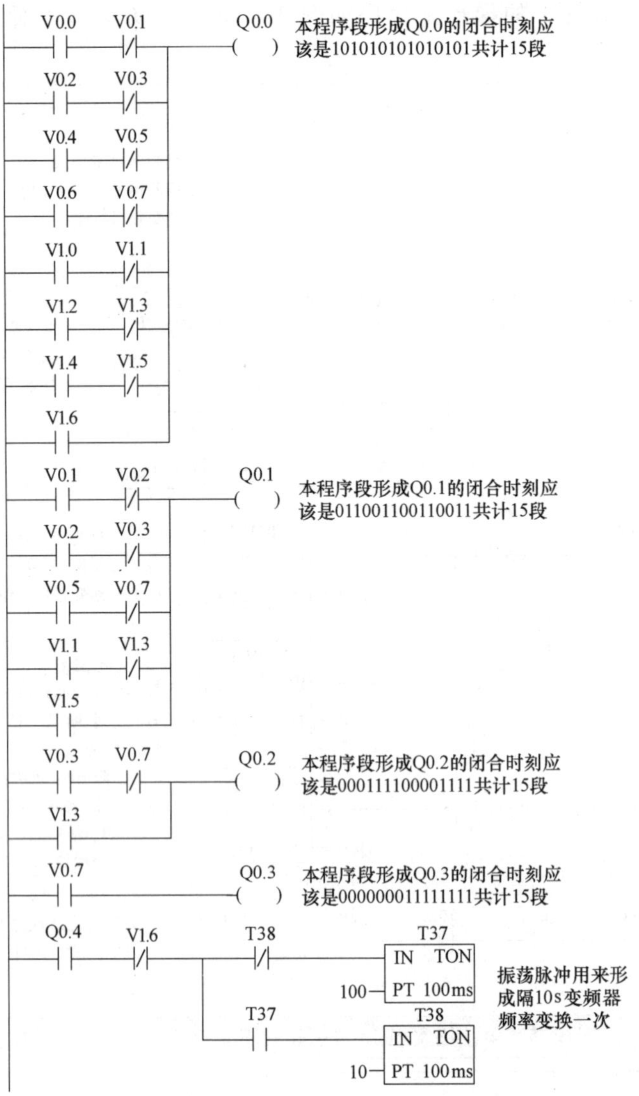

图 3-76 电动机实现 15 段速运转 PLC 程序梯形图（2）（续）

★ 三、实验报告中应回答的问题

1. 变频器的 15 段速是如何形成的？输出频率如何设置？

2. 方案 2 中移位寄存器指令的 3 个输入端各起什么作用？

实验二十　　30/5 型桥式起重机小车运行的控制

★ 一、实验目的

1. 熟悉桥式起重机的工作原理。

2. 熟悉自动加 1 和自动减 1 指令。

3. 了解新技术改造带来的便捷。

★ 二、实验内容

30/5 型桥式起重机原控制系统以凸轮控制器实现大车、小车及副钩的运行控制，都属于不对称分挡切除绕线转子电动机转子上串接的电阻，且都分为 5 挡，现以小车为例编写控制过程的程序。本实验将以一个主令开关加两个按钮替代原有的凸轮控制器。

1. 控制要求

小车可实现正反向运行，都设有终端限位开关，每个方向上都可分为 5 挡切除电阻，从而实现调速。只要小车运行，制动器都同时打开。运行到位后，应逐段接入所有电阻，使运行速度降下来以减小制动器摩擦及接触器触点电流。

2. 程序设计

1）根据控制要求，首先要确定 I/O 个数，进行 I/O 分配，确定运行方向，主令开关是一个 3 点位开关，利用它可以定小车的零位、正向运行及反向运行。2 个按钮，1 个用来增加电阻，1 个用来切除电阻。主令开关及按钮的示意图如图 3-77 所示，控制小车运行的 PLC 接线图如图 3-78 所示。

2）控制程序梯形图如图 3-79 所示。

3）当主令开关处在零位时，或 PLC 从 STOP 转为 RUN 时都会使存储电阻增减次数的 VB200 清 0。串入绕线式转子绕组的电阻最好是逐级切投，这样绕组中的电流不会有冲击现象，速度的改变略显平滑。接触器的常

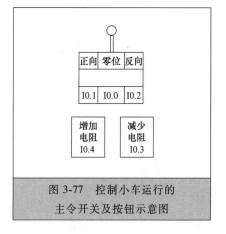

图 3-77 控制小车运行的
主令开关及按钮示意图

开触点与电阻并联，触点闭合电阻就被切掉。程序中使用了字节自动加 1 指令 INC_ B 以及自动减 1 指令 DEC_ B，每激活一次其字节里的数据与原有数据的差额为 1。

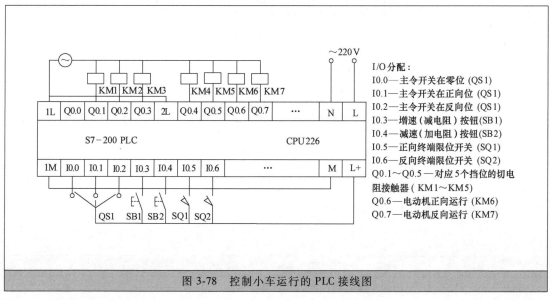

I/O 分配：
I0.0—主令开关在零位 (QS1)
I0.1—主令开关在正向位 (QS1)
I0.2—主令开关在反向位 (QS1)
I0.3—增速（减电阻）按钮 (SB1)
I0.4—减速（加电阻）按钮 (SB2)
I0.5—正向终端限位开关 (SQ1)
I0.6—反向终端限位开关 (SQ2)
Q0.1～Q0.5—对应 5 个挡位的切电阻接触器 (KM1～KM5)
Q0.6—电动机正向运行 (KM6)
Q0.7—电动机反向运行 (KM7)

图 3-78 控制小车运行的 PLC 接线图

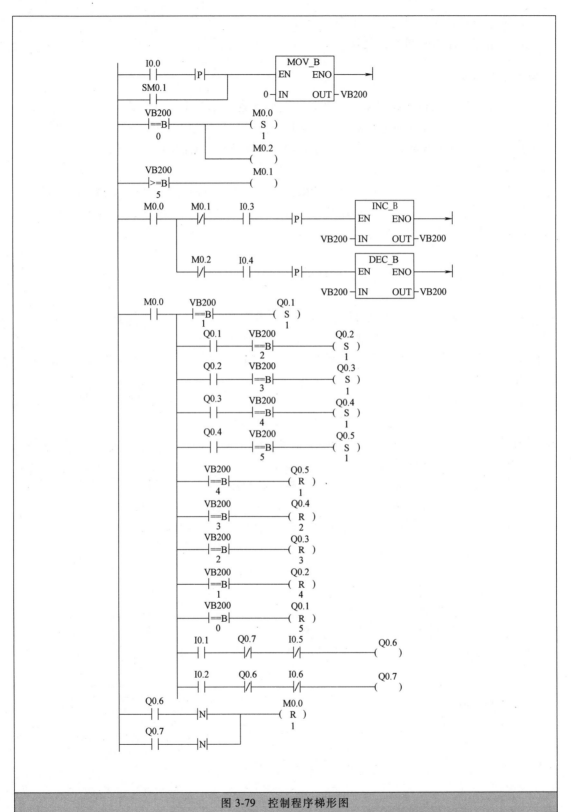

图 3-79　控制程序梯形图

★三、实验报告中应回答的问题

1. 起重机为什么一般都使用绕线转子电动机？

2. 接线图中从 KM1 到 KM7 均为接触器，接在 PLC 输出端的用电设备的最高电压与最大电流各为多少？

3. 接触器与串入转子绕组中的电阻是什么关系？

第四章

工程实例

实例一　基于高速计数器功能的电梯控制程序

1. 控制要求

1）电梯共有三层，设三个站点，电梯每运行到一层设置一个桥板。轿顶处装有 U 形接近开关，桥板穿过接近开关所形成的信号即为门区开关信号。

2）在某站停靠后，电梯门打开乘客出入，6s 后关门。如没有其他层站呼叫，电梯轿厢就停靠在本站，如已有登记过的呼叫信号，关门后将继续运行。

3）电梯在停靠等待过程中随时响应呼梯信号，信号登记后立即运行电梯。

4）停靠中有本层呼梯信号，门会打开，重复正常运行后的开关门过程。

5）呼梯信号的响应原则是，优先响应最远信号，顺向截车，反向保号（记忆），如在停靠等待过程中（6s 内）有呼梯信号，响应原则是轿内优先。也就是说，停靠期间没有定向，这时如果外呼与内选同时出现就要内选优先。

6）层标显示用 7 段数码管，外呼信号的登记结果由指示灯显示。

7）电梯运行与否由钥匙开关控制，开关门终端都应设限位开关。

8）电梯运行位移量与旋转编码器的脉冲个数相对应，编码器的脉冲信号接到 PLC 输入端，并使用高速计数器指令进行接收与处理，从而决定停靠减速点。

9）拖动电动机的信号由变频器提供。

2. 程序设计

根据控制要求，首先要确定 I/O 个数，进行 I/O 分配，数一数输入点共有多少：4 个外呼按钮、3 个内选按钮、2 个轿内开关门按钮、1 个开门终端限位开关、1 个关门终端限位开关、1 个门口安全触板开关、1 个钥匙开关、1 个门区开关、1 个变频器故障信号、1 个变频器运行速度信号、2 个旋转编码器高速脉冲信号、2 个电梯运行上下限位开关，共需 20 个点位。再数一数输出点：7 段数码管显示需 7 个点，但所用指令是以字节为单位整体使用的，尽管富余 1 个点也不能使用了。CPU226 型机输出点只有 16 个（2 个字节），现只剩 8 个点（1 个字节），外呼登记指示灯共 4 个、内选登记指示灯 3 个、给变频器运行信号 3 个、轿厢开关门信号 2 个。这几个信号需 12 个输出点。差了 4 个，只能增加 1 个扩展块，选用 1 块 EM222 扩展模块，它可提供 8 个输出点。这样本例的 I/O 个数就已确定，I 点 20 个，O 点 20 个，PLC 控制接线图如图 4-1 所示。

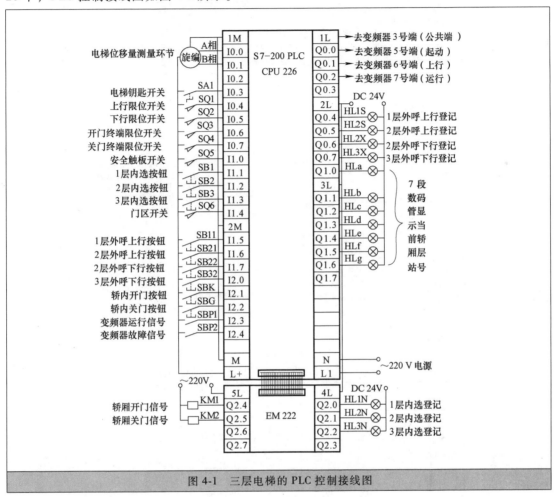

图 4-1　三层电梯的 PLC 控制接线图

3. 梯形图程序

主程序如图 4-2 所示。

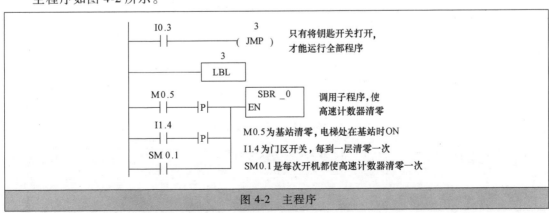

图 4-2　主程序

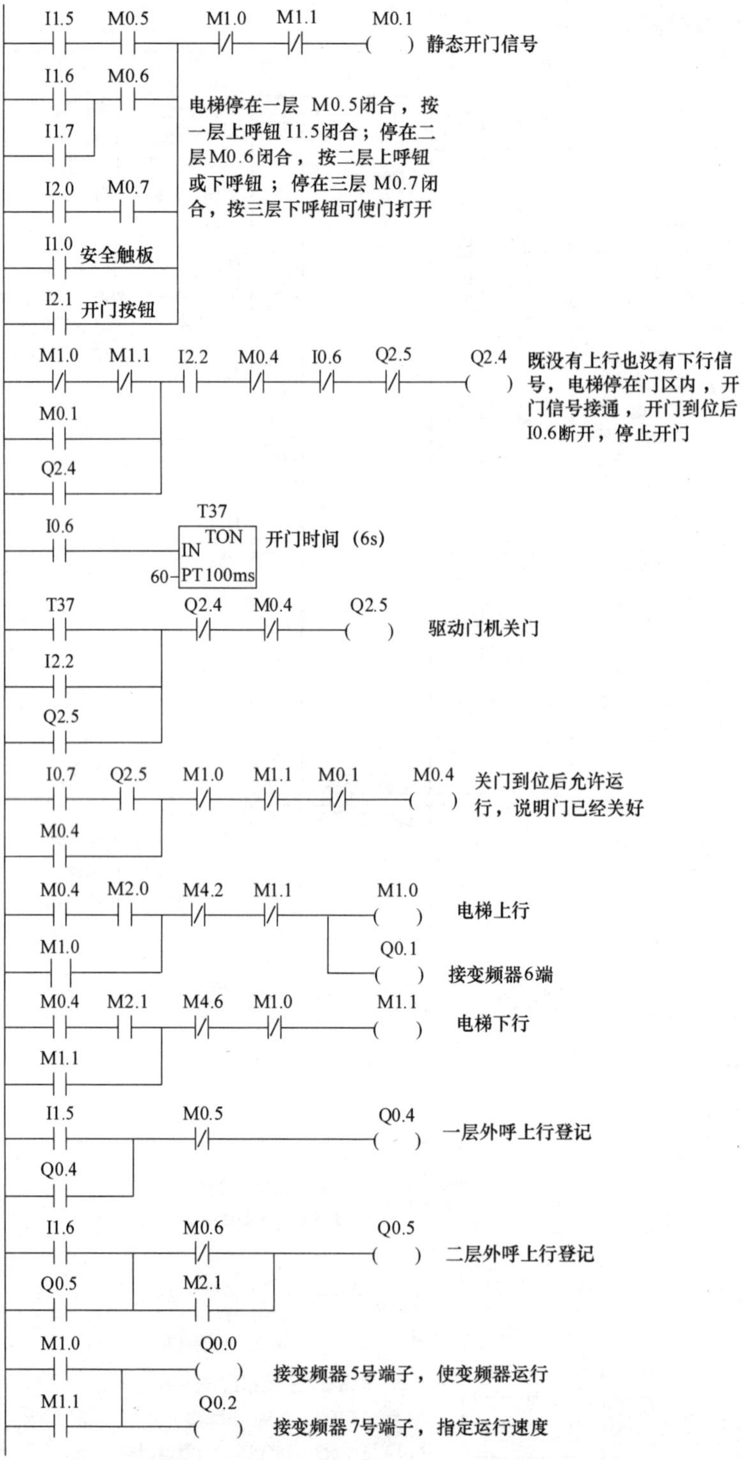

```
 I1.5   M0.5        M1.0   M1.1       M0.1
─┤├──┤├────────┤/├──┤/├───( )  静态开门信号

 I1.6   M0.6                              电梯停在一层 M0.5闭合，按
─┤├──┤├─                               一层上呼钮 I1.5闭合；停在二
                                          层 M0.6闭合，按二层上呼钮
 I1.7                                     或下呼钮 ；停在三层 M0.7闭
─┤├─                                    合，按三层下呼钮可使门打开
 I2.0   M0.7
─┤├──┤├─

 I1.0   安全触板
─┤├─

 I2.1   开门按钮
─┤├─

 M1.0   M1.1   I2.2   M0.4   I0.6   Q2.5       Q2.4   既没有上行也没有下行信
─┤/├──┤/├──┤├──┤/├──┤├──┤/├───( )          号，电梯停在门区内，开
                                                          门信号接通，开门到位后
 M0.1                                                     I0.6断开，停止开门
─┤├─

 Q2.4
─┤├─

 I0.6            T37
─┤├──────IN  TON    开门时间（6s）
              60─PT 100ms

 T37        Q2.4   M0.4        Q2.5
─┤├──────┤/├──┤├────( )  驱动门机关门

 I2.2
─┤├─

 Q2.5
─┤├─

 I0.7   Q2.5   M1.0   M1.1   M0.1       M0.4   关门到位后允许运
─┤├──┤├──┤/├──┤/├──┤/├───( )  行，说明门已经关好

 M0.4
─┤├─

 M0.4   M2.0   M4.2   M1.1         M1.0
─┤├──┤├──┤/├──┤/├─────( )  电梯上行

 M1.0                                Q0.1
─┤├─────────────────( )  接变频器6端

 M0.4   M2.1   M4.6   M1.0         M1.1
─┤├──┤├──┤/├──┤/├─────( )  电梯下行

 M1.1
─┤├─

 I1.5        M0.5              Q0.4
─┤├──────┤/├─────────( )  一层外呼上行登记

 Q0.4
─┤├─

 I1.6        M0.6              Q0.5
─┤├──────┤/├─────────( )  二层外呼上行登记

 Q0.5        M2.1
─┤├──────┤├─

 M1.0        Q0.0
─┤├─────────( )  接变频器5号端子，使变频器运行

 M1.1        Q0.2
─┤├─────────( )  接变频器7号端子，指定运行速度
```

图 4-2　主

```
  I1.7         M0.6              Q0.6
──┤ ├──┬──────┤/├──────────────( )    二层外呼下行登记
  Q0.6 │  M2.0                  
──┤ ├──┴──┤/├──

  I2.0         M0.7              Q0.7
──┤ ├──┬──────┤/├──────────────( )    三层外呼下行登记
  Q0.7 │
──┤ ├──┘

  I1.1         M0.5              Q2.0
──┤ ├──┬──────┤/├──────────────( )    一层内选登记
  Q2.0 │
──┤ ├──┘

  I1.2         M0.6              Q2.1
──┤ ├──┬──────┤/├──────────────( )    二层内选登记
  Q2.1 │
──┤ ├──┘

  I1.3         M0.7              Q2.2
──┤ ├──┬──────┤/├──────────────( )    三层内选登记
  Q2.2 │
──┤ ├──┘

  Q0.5         M0.6        M0.7   M0.4   M1.2
──┤ ├──┬──────┤/├──────┬──┤/├──┤ ├──( )
  Q0.6 │                │
──┤ ├──┤                │    电梯停在一层时，二层的外呼信号及
  Q0.7 │                │    三层的外呼信号都能将电梯呼叫上来
──┤ ├──┘

  Q2.1         M0.6        M0.7         M1.3    内选在关门以前的
──┤ ├──┬──────┤/├──────────┤/├────────( )       选择是有优先权的
  Q2.2 │                              电梯停在一层时，二层的内选信号及
──┤ ├──┘                              三层的内选信号都能将电梯呼叫上来

  M1.2         M2.1   M2.0
──┤ ├──┬──────┤/├────( )    呼梯信号上行定向，即只要有电梯所处位
  M1.3 │                    置以上的呼梯信号都能将电梯呼叫上来
──┤ ├──┘

  Q0.5         M0.6        M0.5   M0.4   M1.4
──┤ ├──┬──────┤/├──────┬──┤/├──┤ ├──( )
  Q0.6 │                │
──┤ ├──┤                │    电梯停在三层时，二层的外呼信号及
  Q0.4 │                │    一层的外呼信号都能将电梯呼叫下来
──┤ ├──┘

  Q2.1         M0.6        M0.5         M1.5    内选在关门以前的
──┤ ├──┬──────┤/├──────────┤/├────────( )       选择是有优先权的
  Q2.0 │                              电梯停在三层时，二层的内选信号及
──┤ ├──┘                              一层的内选信号都能将电梯呼叫下来

  M1.4         M2.0   M2.1
──┤ ├──┬──────┤/├────( )    呼梯信号下行定向，即只要有电梯所处位
  M1.5 │                    置以下的呼梯信号都能将电梯呼叫下来
──┤ ├──┘
```

程序

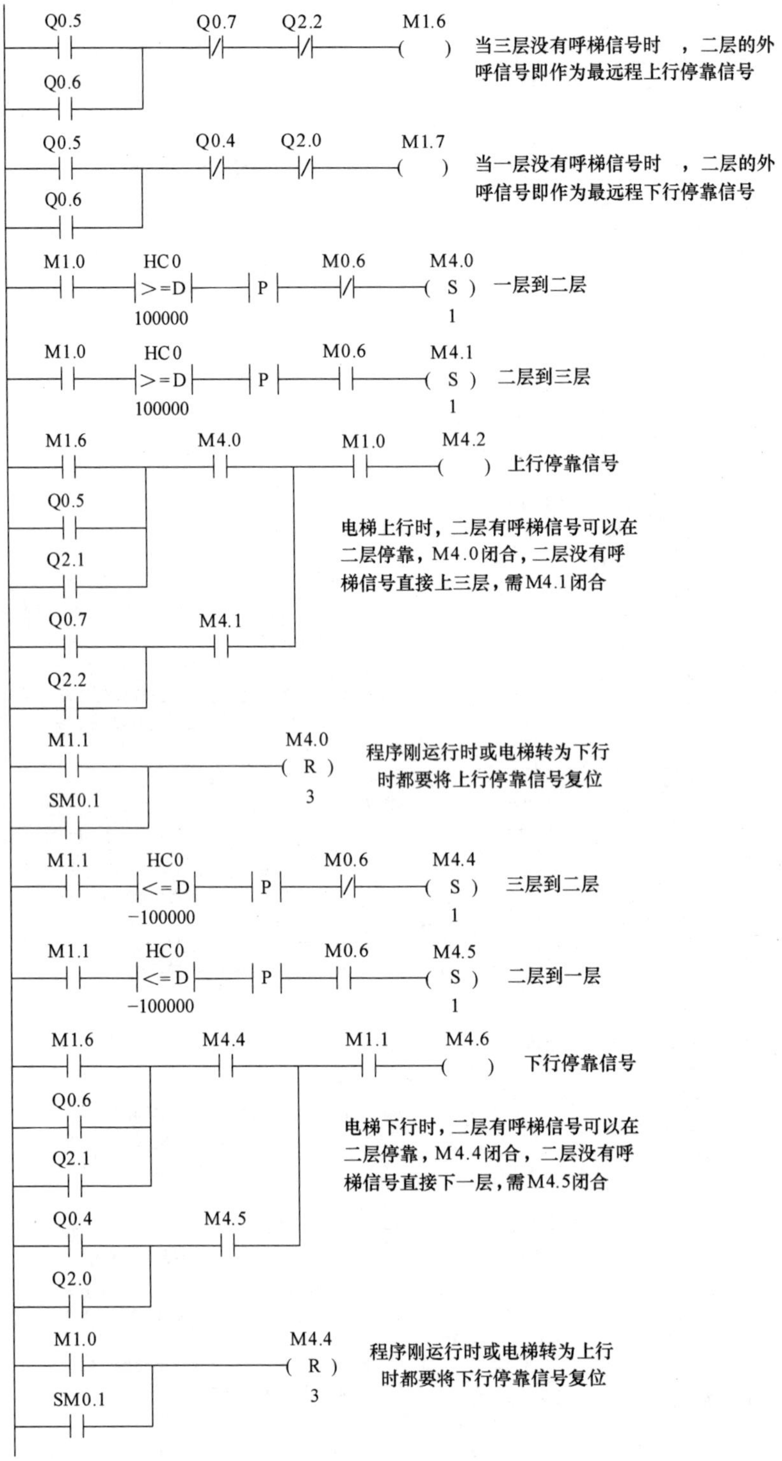

```
     Q0.5         Q0.7   Q2.2        M1.6
    ┤ ├──┬──────┤/├────┤/├────────( )      当三层没有呼梯信号时  ，二层的外
     Q0.6 │                                 呼信号即作为最远程上行停靠信号
    ┤ ├──┘

     Q0.5         Q0.4   Q2.0        M1.7
    ┤ ├──┬──────┤/├────┤/├────────( )      当一层没有呼梯信号时  ，二层的外
     Q0.6 │                                 呼信号即作为最远程下行停靠信号
    ┤ ├──┘

     M1.0   HC0          M0.6   M4.0
    ┤ ├───┤>=D├───┤P├───┤/├────( S )       一层到二层
          100000                  1

     M1.0   HC0          M0.6   M4.1
    ┤ ├───┤>=D├───┤P├───┤/├────( S )       二层到三层
          100000                  1

     M1.6         M4.0         M1.0   M4.2
    ┤ ├──┬──────┤ ├──────────┤ ├────( )     上行停靠信号
     Q0.5 │
    ┤ ├──┤                                  电梯上行时，二层有呼梯信号可以在
     Q2.1 │                                 二层停靠，M4.0闭合，二层没有呼
    ┤ ├──┤                                  梯信号直接上三层，需M4.1闭合
     Q0.7 │        M4.1
    ┤ ├──┼──────┤ ├
     Q2.2 │
    ┤ ├──┘

     M1.1                      M4.0
    ┤ ├──┬────────────────────( R )        程序刚运行时或电梯转为下行
     SM0.1│                      3          时都要将上行停靠信号复位
    ┤ ├──┘

     M1.1   HC0          M0.6   M4.4
    ┤ ├───┤<=D├───┤P├───┤/├────( S )       三层到二层
         -100000                  1

     M1.1   HC0          M0.6   M4.5
    ┤ ├───┤<=D├───┤P├───┤/├────( S )       二层到一层
         -100000                  1

     M1.6         M4.4         M1.1   M4.6
    ┤ ├──┬──────┤ ├──────────┤ ├────( )     下行停靠信号
     Q0.6 │
    ┤ ├──┤                                  电梯下行时，二层有呼梯信号可以在
     Q2.1 │                                 二层停靠，M4.4闭合，二层没有呼
    ┤ ├──┤                                  梯信号直接下一层，需M4.5闭合
     Q0.4 │        M4.5
    ┤ ├──┼──────┤ ├
     Q2.0 │
    ┤ ├──┘

     M1.0                      M4.4
    ┤ ├──┬────────────────────( R )        程序刚运行时或电梯转为上行
     SM0.1│                      3          时都要将下行停靠信号复位
    ┤ ├──┘
```

图4-2 主程序（续）

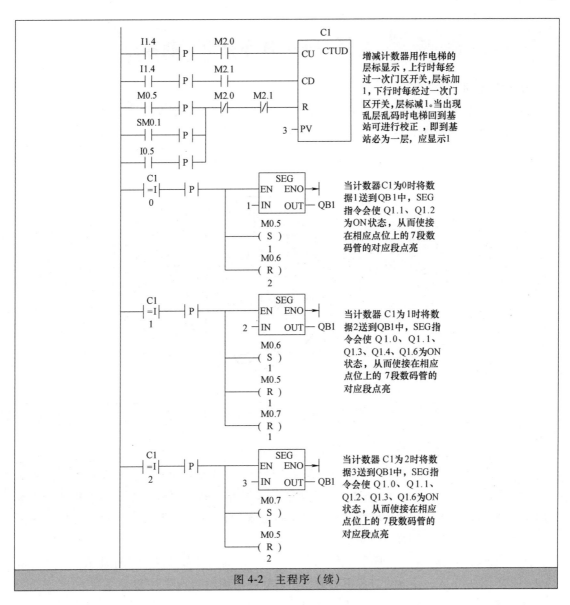

图 4-2 主程序（续）

子程序如图 4-3 所示。

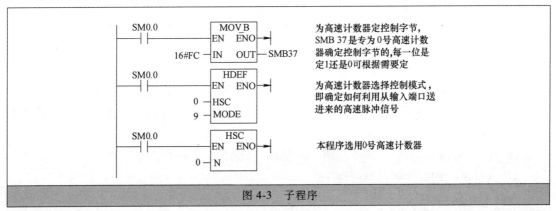

图 4-3 子程序

实例二　圆形停车库汽车存取控制程序

1. 控制要求

圆形停车库共有六个泊位，如图4-4所示。钥匙开关QS1~QS6分别为六个泊位的选择开关，SQ1~SQ6为汽车在位限位开关，车库只设一个进出口并设门区信号SQ7。

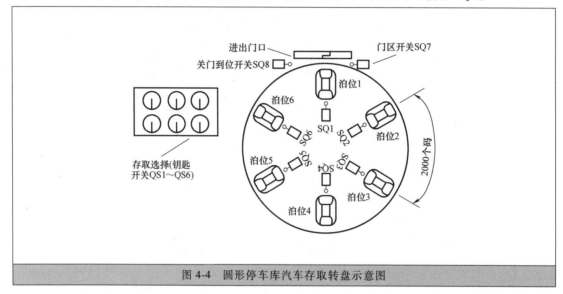

图4-4　圆形停车库汽车存取转盘示意图

1）当控制系统开始运行工作时，登记当前处在进出口位置的泊位号。

2）钥匙开关是一个两挡开关，当钥匙插进锁头往左拧是存车，往右拧是取车，不用时开关处在空挡。当有存取车信号时，PLC记录此位号并判断是存还是取，然后圆盘按照离请求泊位号最近的方向转动。转盘转动到进出口位置停止，转盘停止后打开出口门，10s后关门，结束一次存取，等待下一个信号。

3）转盘转动距离由旋转编码器计算，利用PLC的高速计数器功能处理此信号，按计算距离到达门口并进入门区才可以停靠，假设泊位间距的编码器码数为2000个。

4）在处理某个请求信号中，其他存取请求信号均无效，处理完当前信号并记录此信号，才可以接收下一个请求信号。用七段数码管显示处在门口的泊位号。

5）只给出开关门信号，不考虑门系统机械动作控制，接到关门到位信号后转盘才能转动。

2. 程序设计

1）根据控制要求，首先要确定I/O个数，进行I/O分配。通过本例应了解和掌握高速计数器在运动物体计算位移方面的应用，本例还应用到转换指令、比较指令、数学运算指令、传送指令等。

2）汽车存取PLC控制接线图如图4-5所示。手动调整系统在这里不考虑。

3）汽车存取PLC控制梯形图程序。

主程序如图4-6所示。

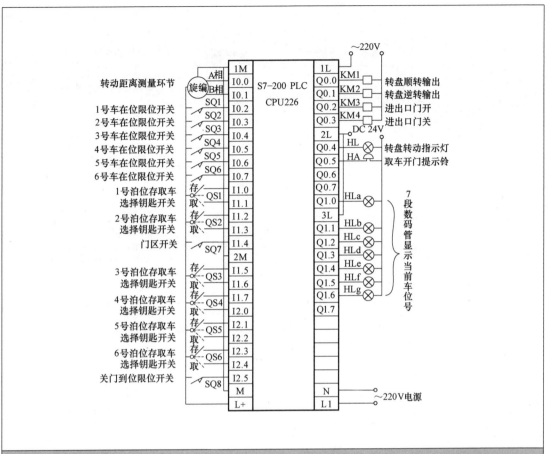

图 4-5　圆形停车库汽车存取 PLC 控制接线图

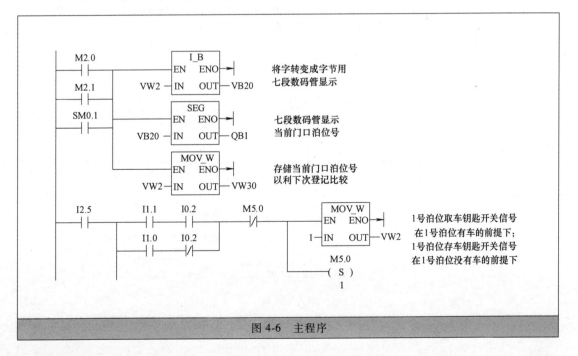

图 4-6　主程序

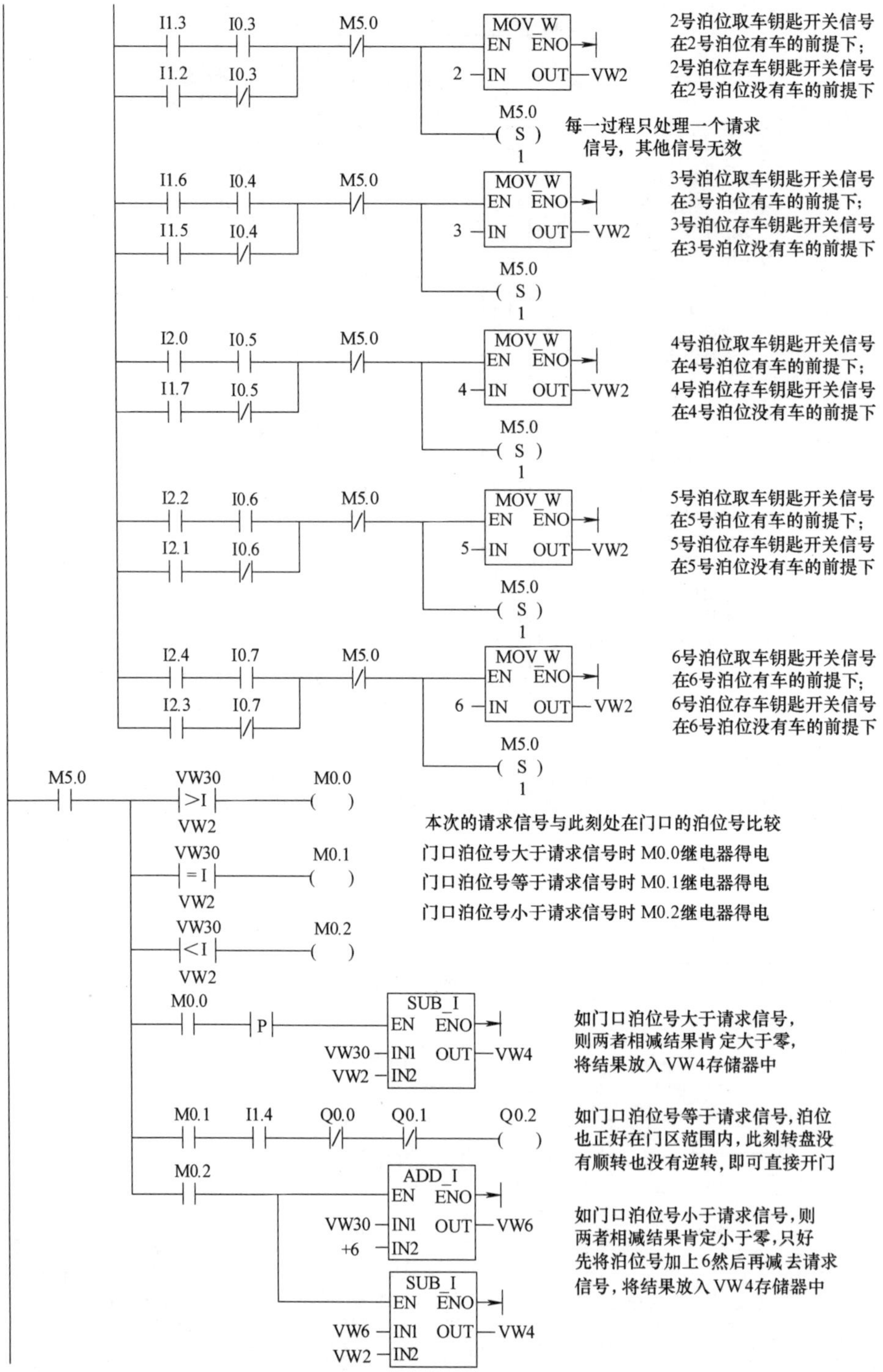
I1.3
I0.3
M5.0
MOV_W
EN ENO
2 IN OUT VW2
I1.2
I0.3
M5.0
S
1
2号泊位取车钥匙开关信号在2号泊位有车的前提下；2号泊位存车钥匙开关信号在2号泊位没有车的前提下
每一过程只处理一个请求信号，其他信号无效
I1.6
I0.4
I1.5
3 IN OUT VW2
3号泊位取车钥匙开关信号在3号泊位有车的前提下；3号泊位存车钥匙开关信号在3号泊位没有车的前提下
I2.0
I0.5
I1.7
4 IN OUT VW2
4号泊位取车钥匙开关信号在4号泊位有车的前提下；4号泊位存车钥匙开关信号在4号泊位没有车的前提下
I2.2
I0.6
I2.1
5 IN OUT VW2
5号泊位取车钥匙开关信号在5号泊位有车的前提下；5号泊位存车钥匙开关信号在5号泊位没有车的前提下
I2.4
I0.7
I2.3
6 IN OUT VW2
6号泊位取车钥匙开关信号在6号泊位有车的前提下；6号泊位存车钥匙开关信号在6号泊位没有车的前提下
VW30 >I VW2 M0.0
VW30 =I VW2 M0.1
VW30 <I VW2 M0.2
本次的请求信号与此刻处在门口的泊位号比较
门口泊位号大于请求信号时 M0.0继电器得电
门口泊位号等于请求信号时 M0.1继电器得电
门口泊位号小于请求信号时 M0.2继电器得电
M0.0
P
SUB_I
VW30 IN1 OUT VW4
VW2 IN2
如门口泊位号大于请求信号，则两者相减结果肯定大于零，将结果放入VW4存储器中
M0.1
I1.4
Q0.0
Q0.1
Q0.2
如门口泊位号等于请求信号，泊位也正好在门区范围内，此刻转盘没有顺转也没有逆转，即可直接开门
M0.2
ADD_I
VW30 IN1 OUT VW6
+6 IN2
SUB_I
VW6 IN1 OUT VW4
VW2 IN2
如门口泊位号小于请求信号，则两者相减结果肯定小于零，只好先将泊位号加上6然后再减去请求信号，将结果放入VW4存储器中

图 4-6 主

```
  M5.0        VW4          M1.0        当请求信号与门口泊位号之差大于等
──┤├────┬────┤>=I├────────( )          于3时此继电器闭合具备逆转条件
            │     3
决定顺        │              ┌─SUB_I─┐
转或逆        ├──────────────┤EN  ENO├──  用6减去门口泊位号与请求信号的差放入
转及转        │            6─┤IN1 OUT├─VW8  VW8存储器中，这就是需转动的站数
动站数        │         VW4─┤IN2    │
计算程        │
序段         │              VW10         M2.0    当高速计数器计算的站数与VW8中的相等时
            ├──────────────┤= I├────────( )      此继电器闭合使转盘停转
            │              VW8
            │
            │    VW4          M1.1        当请求信号与门口泊位号之差小于
            ├────┤< I├────────( )          3时此继电器闭合具备顺转条件
            │     3
            │              VW10         M2.1    当高速计数器计算的站数与VW4中
            │              ┤= I├────────( )      的相等时此继电器闭合使转盘停转
            │              VW4
            │
   Q0.2      M1.0  M1.1  Q0.0  M2.0       Q0.1    在没有开门的前提下,逆转条
 ──┤/├──────┤├──┤/├──┤/├──┤/├──────( )    件具备门口泊位号与请求信
            │                                    号有距离,转盘开始逆转
            │   M1.1  M1.0  Q0.1  M2.1       Q0.0    在没有开门的前提下,顺转条
            ├──┤├──┤/├──┤/├──┤/├──────( )    件具备门口泊位号与请求信
                                                    号有距离,转盘开始顺转
   Q0.2      Q0.3         M0.3
 ──┤├───────┤/├──────────( )
   M0.3      │                               停转等待开门,开门后要有一个10s延迟
 ──┤├───────┤
            │              ┌─T37──┐
            │              │IN  TON│
            │         100──┤PT 100ms│
            │
            │    T37          Q0.5
            ├────┤< I├────────( )          在开门过程的前2s有指示灯点亮
                  20

   T37       I2.5         Q0.3
 ──┤├───────┤/├──────────( )               10s后就开始关门,关门到位后I2.5断开
   Q0.3      │
 ──┤├───────┤

   Q0.0      SM0.5        Q0.4
 ──┤├───────┤├───────────( )               不管是顺转或逆转只要转动就有指示灯闪亮
   Q0.1      │
 ──┤├───────┤

   Q0.1      HC0                ┌─MOV_W─┐    当逆转时高速计数器将按
 ──┤├───┬────┤= D├──┤P├────────┤EN  ENO├─  下列数据计算停车,当数据
         │  −2000          1──┤IN  OUT├─VW10  相等时就逆转过1个泊位
         │
         │    HC0                ┌─MOV_W─┐    当高速计数器计数到此数时,
         ├────┤= D├──┤P├────────┤EN  ENO├─  就逆转过2个泊位,把2送到
         │  −4000          2──┤IN  OUT├─VW10  VW10中去与请求信号比较
         │
         │    HC0                ┌─MOV_W─┐    当高速计数器计数到此数时,
         ├────┤= D├──┤P├────────┤EN  ENO├─  就逆转过3个泊位,把3送到
              −6000          3──┤IN  OUT├─VW10  VW10中去与请求信号比较
   Q0.0
 ──┤├───┬────┤= D├──┤P├────────┤EN  ENO├─  当顺转时高速计数器将按下
         │  HC0 2000       1──┤IN  OUT├─VW10  列数据计算停车,当数据相
         │                                    等时就顺转过1个泊位
         │    HC0                ┌─MOV_W─┐    当顺转时高速计数器将按
         ├────┤= D├──┤P├────────┤EN  ENO├─  下列数据计算停车,当数据
              4000           2──┤IN  OUT├─VW10  相等时就顺转过2个泊位
```

程序

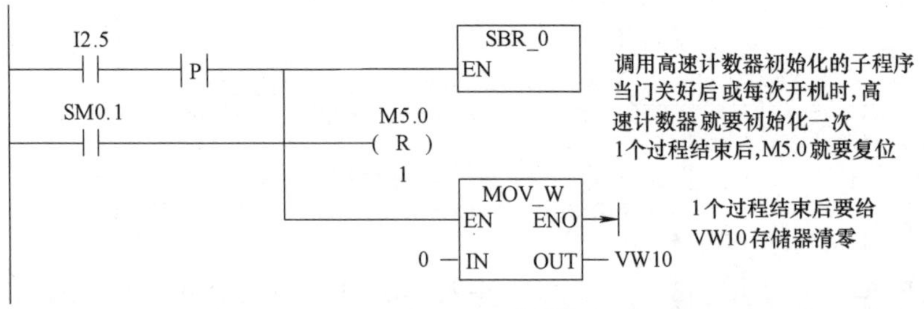

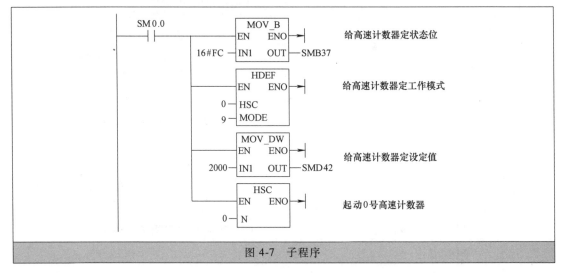

图 4-6   主程序（续）

子程序（高速计数器初始化程序段）如图 4-7 所示。

图 4-7   子程序

实例三　基于模拟量控制功能的罐头食品杀菌温度控制程序

1. 任务描述

肉类罐头食品的杀菌温度一般是 121℃，到达此温度后就开始恒温运行。温度低于此值达不到灭菌效果，而高于此值又会出现焦糊变色影响质量。采用电磁阀作为蒸汽进汽阀，因其不能控制开度，也就是说只要打开电磁阀，进气量的大小是不能调节的，待测温电阻感测到当前值时，罐内的整体温度也许已超过设定值，控制温度的曲线就会出现如图 4-8 所示的超标振荡现象。为了避免这种现象使曲线既快速平滑又不会超标，就要采取 PID 控制，把电磁阀换成开度可调的电动阀，这样通过设置就可形成当前值（过程变量）与设定值的温差越大电动阀的开度也越大，反之温差越小开度也越小，所形成的曲线如图 4-9 所示。现设定最高温度为 150℃，它的 80% 约是 121℃，待温度升到 80% 时即是给定值（SPn），这样电动阀的开度就会随着温差变小而逐步变小，较平滑地接近恒温温度。

采用 PID 控制功能完成本例的程序设计，在硬件上除了 S7-200 PLC 主机之外，还需增加一块 EM235 模拟量扩展模块、一个 3 线式热电阻。在软件上采用 PID 控制只是控制升温段及恒温段，恒温段后面的杀菌处理过程本例不考虑。

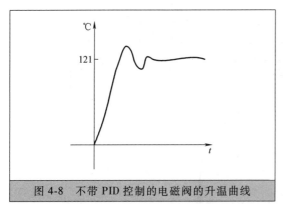

图4-8　不带PID控制的电磁阀的升温曲线

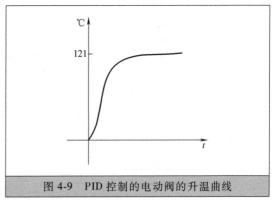

图4-9　PID控制的电动阀的升温曲线

具体控制过程是这样的，在121℃（150℃的80%）之前全量程开启电动阀，经过PID计算，过程变量当前值越是接近给定值，则电动阀的开度就越小，温度的变化范围是150℃的0%~100%，是一个单极性信号，控制参数为$K_c = 0.4$、$T_s = 2s$、$T_i = 10min$、$T_d = 5min$、

$M_n = 0.8$、输出信号的类型为0~10V电压输出型。食品罐头杀菌罐的示意图如图4-10所示，电动阀为本例主要控制对象。

2. 控制过程说明

参考图4-10，将罐头食品放进杀菌罐中按下起动按钮，这时水泵（KM1）应起动、给水阀（YV1）打开，向杀菌罐中注水，待水位到达设定值时水位计

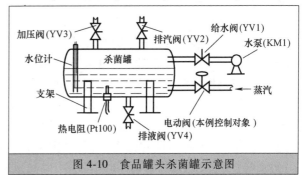

图4-10　食品罐头杀菌罐示意图

中的触点（SL1）将会闭合，断开给水阀及水泵，这时电动阀开始工作，向罐中放进蒸汽。按照控制参数的要求经过PID运算决定电动阀的开度，待加热到设定温度值时，关闭电动阀开始进入恒温段，在恒温过程中如温度又低于设定值则再打开电动阀，开度由PID运算决定，原则是温差越小开度就越小，如温度超过设定值则就将排汽阀（YV2）定时打开，使温度降到设定值，控温曲线达到如图4-9所示的走向。恒温需要30min，恒温结束后即进入冷却段，在此不考虑后面的控制。

3. PLC对外接线说明

PLC控制系统的对外接线如图4-11所示，使用S7-200 PLC实现模拟量控制必须加模拟量扩展模块，在此选用的是EM235型，它有四路模拟量输入口及一路模拟量输出口。输入侧的模拟量输入端口可直接接热电阻而省去变送器环节，空闲的输入端口一定要用导线短接以免干扰信号入侵。取12位分辨率，满量程的模拟量（DC10V）对应的转换后的数据为4000。输出侧的模拟量输出端口可输出电压信号，也可输出电流信号，负载需要什么就取什么。模拟量扩展模块的电源是DC24V，这个电源一定要外接而不可就近接PLC本身输出的DC24V电源，但两者一定要共地。

4. 模拟量输入/输出的处理

模拟量输入/输出信号的处理与编程要比用位变量进行一般的逻辑处理难得多，因为它不仅仅是逻辑关系处理，还涉及模拟量转换公式的推导与使用问题。

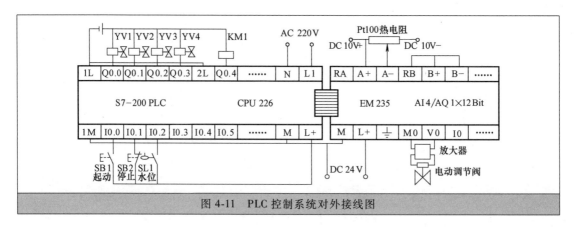

图 4-11　PLC 控制系统对外接线图

模拟量是什么？是指变量在一定范围连续变化的量。而 PLC 最擅长处理的是数字量，这就要求把采集进来的某一时刻的模拟量用数字量代替，因本例选用的是单极性 0~10V 的输入信号，并且没有使用变送器环节，所以处理起来比较简单。单极性的数据是 0~32000，EM235 模块使得 0~10V 正好对应着 0~32000，然后 0~150℃也通过 Pt100 对应 0~10V。它们的对应关系是线性的。在 PID 指令中给定设定值 SPn 时，杀菌温度为 121℃，这样 150℃的 80%约是 121℃，也是 32000 的 80%，PID 指令中给定值就是这样得来的。

按规定模拟量输入值的最大值对应 10V，10V 对应的数据是 4000，模拟量输入端口的数据长度是一个字，也就是 16 位，16 位二进制数的最大值为十进制的 65535，已远远超过 4000，而 12 位二进制数的最大值为十进制的 4095，为了计算方便，规定额定输入范围对应的输出值为 0~4000，0~4000 与 12 位二进制数可表示的范围 0~4095 基本上相同。32000 是怎么来的？本来 12 位即可与 4000 对应，但又规定左对齐，即在 16 位中要从高位开始，最高位作为符号位不作为数据，0 代表正数，1 代表负数，接下来就是 12 位数据，还剩下 3 位全部补零，除去最高位的符号位还剩 15 位，15 位能表示的最大十进制数是 32767，再取整就是 32000。

实际工程中，经常用到 4~20mA 的电流信号，这是经过变送器得来的。这时 0℃不再对应数字 0，而是对应 6400，32000 对应量程的最大值。

5. 程序设计

主程序如图 4-12 所示。

子程序如图 4-13 所示。

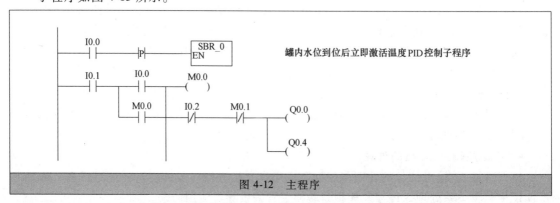

图 4-12　主程序

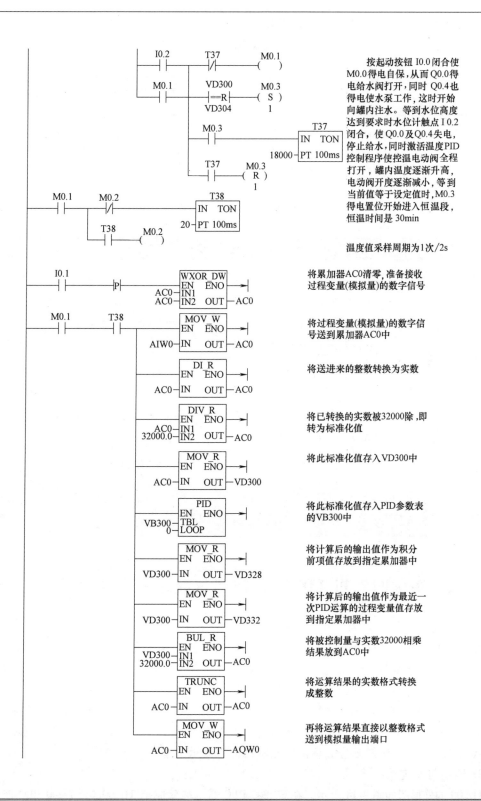

按起动按钮 I0.0 闭合使 M0.0 得电自保,从而 Q0.0 得电给水阀打开,同时 Q0.4 也得电使水泵工作,这时开始向罐内注水。等到水位高度达到要求时水位计触点 I0.2 闭合,使 Q0.0 及 Q0.4 失电,停止给水,同时激活温度PID控制程序使控温电动阀全程打开,罐内温度逐渐升高,电动阀开度逐渐减小,等到当前值等于设定值时,M0.3 得电置位开始进入恒温段,恒温时间是 30min

温度值采样周期为1次/2s

将累加器AC0清零,准备接收过程变量(模拟量)的数字信号

将过程变量(模拟量)的数字信号送到累加器AC0中

将送进来的整数转换为实数

将已转换的实数被32000除,即转为标准化值

将此标准化值存入VD300中

将此标准化值存入PID参数表的VB300中

将计算后的输出值作为积分前项值存放到指定累加器中

将计算后的输出值作为最近一次PID运算的过程变量值存放到指定累加器中

将被控制量与实数32000相乘结果放到AC0中

将运算结果的实数格式转换成整数

再将运算结果直接以整数格式送到模拟量输出端口

图 4-12 主程序(续)

151

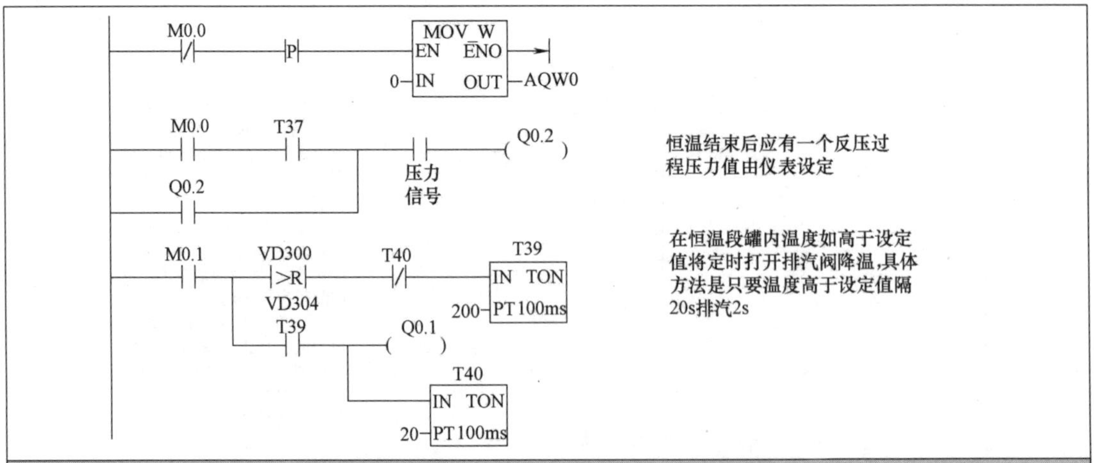

图 4-12　主程序（续）

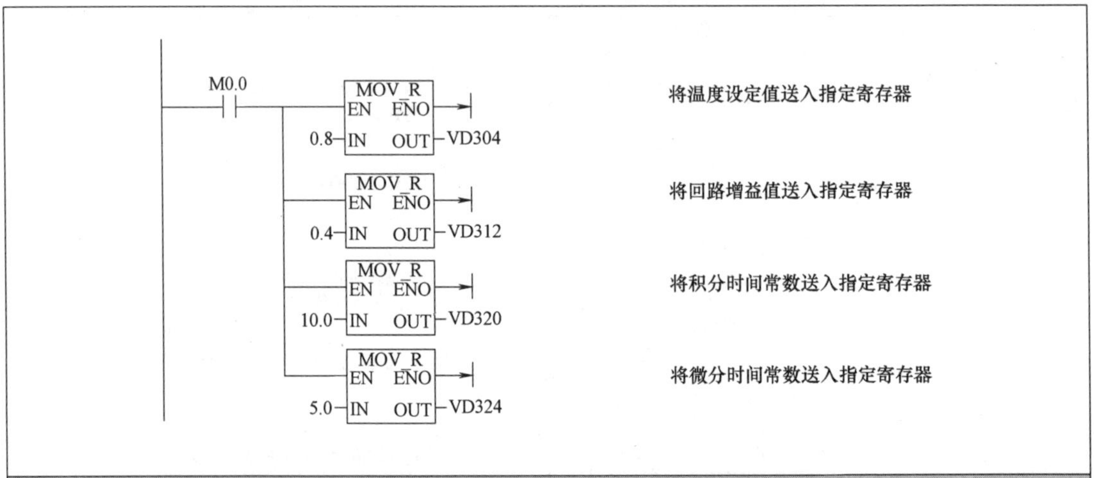

恒温结束后应有一个反压过程压力值由仪表设定

在恒温段罐内温度如高于设定值将定时打开排汽阀降温,具体方法是只要温度高于设定值隔20s排汽2s

图 4-13　子程序

将温度设定值送入指定寄存器

将回路增益值送入指定寄存器

将积分时间常数送入指定寄存器

将微分时间常数送入指定寄存器

————　实例四　用 TD200 监控邮包配送的程序设计　————

1. 控制要求

某邮包配送机构,有一个总站,两个分站。由总站向两个分站批送,每次从总站装 20 件邮包,送往两分站各 10 件,然后返回继续装车。第一个分站的邮包数到 40 件时就不要了,第二个分站到 60 件时也不要了,空车返回。

要求:用 TD200 文本显示器实现控制与监视。按要求需 3 个计数开关,3 个位置开关,起动按钮及停止按钮各 1 个,加在一起这 8 个开关全部由 TD200 上的 8 个按钮来模拟代替。运行状态、站位号、装卸邮包数量都由显示器窗口显示出来。

2. 连接与设置

TD200 的外形图如图 4-14 所示,在 S7-200 PLC 通电前就应把 TD200 与 S7-200 PLC 连接好,如图 4-15 所示,可以用 TD/CPU 电缆方便地将两者通过通信端口连接起来,然后给 S7-200 PLC

通上电源，两者就都通电了。TD200
的显示窗口点亮并显示本 TD200 的
型号与版本，接下来又显示 CPU 的
状态，这时可以通过计算机（已经
通过通信口与 S7-200 PLC 建立好通
信关系）上的 STEP 7-Micro/WIN 编
程软件进行设置（组态）。

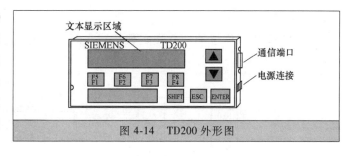

图 4-14　TD200 外形图

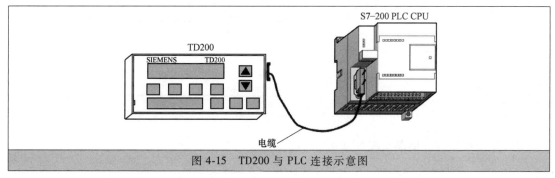

图 4-15　TD200 与 PLC 连接示意图

　　关于设置（组态），可参见第三章中的图 3-58～图 3-71，只有经过这些设置后，才可以
进行编程调试。本例需设置的内容如下：①将 8 个按钮设置成本例所需的起停按钮、计数开
关、位置开关，并为其找到相对应的变量寄存器（V）的位。②工作状态设置（TD200 为显
示的内容）：送出、返回、正在总站装包、正在第一分站卸包、正在第二分站卸包。③计数
设置（变量设置）：正在装第 n 件邮包（其中 n 为变量）、正在卸第 n 件邮包（其中 n 为变
量）。本例的 TD200 与变量寄存器的对应地址首地址选择的是 VB200，这样选择后的对应关
系如图 4-16 所示。图中指出画面打开的路径是指令树→符号表→向导→TD_ SYM_ 200，从
图 4-16 中可看出为 8 个按钮所配置的 S7-200 PLC 中的 V 寄存器的地址位以及需 TD200 显示
的 7 条工作状态（也就是上面的②与③）的 V 寄存器的地址位。编程时把这些地址位都对
应编进去就可以了。

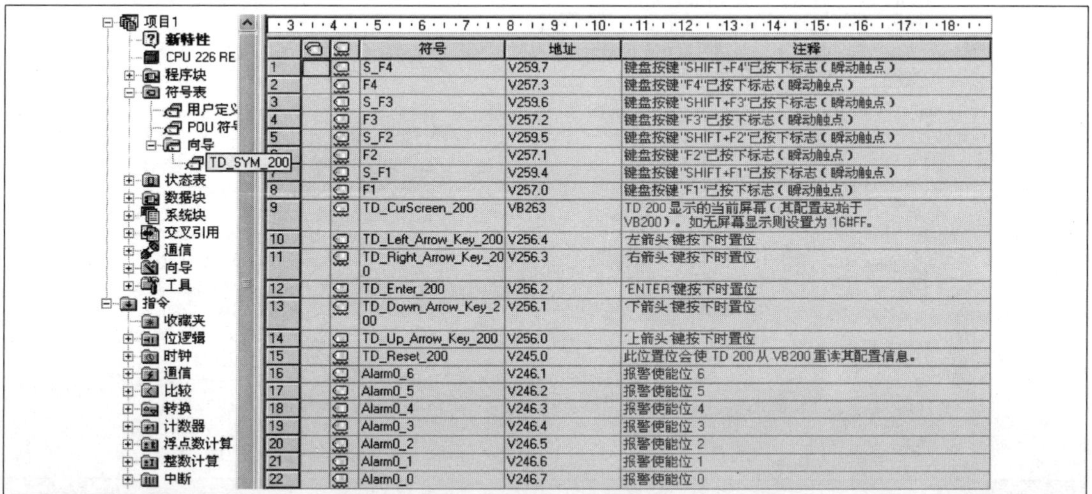

			符号	地址	注释
1			S_F4	V259.7	键盘按键 "SHIFT+F4"已按下标志（瞬动触点）
2			F4	V257.3	键盘按键 "F4"已按下标志（瞬动触点）
3			S_F3	V259.6	键盘按键 "SHIFT+F3"已按下标志（瞬动触点）
4			F3	V257.2	键盘按键 "F3"已按下标志（瞬动触点）
5			S_F2	V259.5	键盘按键 "SHIFT+F2"已按下标志（瞬动触点）
6			F2	V257.1	键盘按键 "F2"已按下标志（瞬动触点）
7			S_F1	V259.4	键盘按键 "SHIFT+F1"已按下标志（瞬动触点）
8			F1	V257.0	键盘按键 "F1"已按下标志（瞬动触点）
9			TD_CurScreen_200	VB263	TD 200 显示的当前屏幕（其配置起始于 VB200）。如无屏幕显示则设置为 16#FF。
10			TD_Left_Arrow_Key_200	V256.4	左箭头 键按下时置位
11			TD_Right_Arrow_Key_200	V256.3	右箭头 键按下时置位
12			TD_Enter_200	V256.2	'ENTER 键按下时置位
13			TD_Down_Arrow_Key_200	V256.1	下箭头 键按下时置位
14			TD_Up_Arrow_Key_200	V256.0	上箭头 键按下时置位
15			TD_Reset_200	V245.0	此位置位会使 TD 200 从 VB200 重读其配置信息。
16			Alarm0_6	V246.1	报警使能位 6
17			Alarm0_5	V246.2	报警使能位 5
18			Alarm0_4	V246.3	报警使能位 4
19			Alarm0_3	V246.4	报警使能位 3
20			Alarm0_2	V246.5	报警使能位 2
21			Alarm0_1	V246.6	报警使能位 1
22			Alarm0_0	V246.7	报警使能位 0

图 4-16　与 TD200 相对应的变量寄存器的地址

3. 程序设计

1）S7-200 PLC 与 TD200 文本显示器之间通信电缆连接示意图及 PLC 对外接线图如图 4-17 所示。

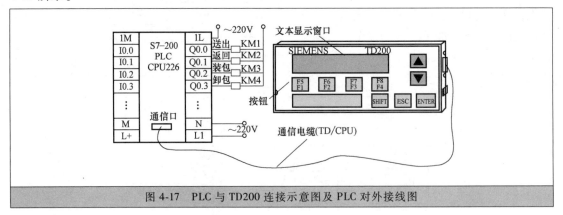

图 4-17　PLC 与 TD200 连接示意图及 PLC 对外接线图

2）控制程序的梯形图及注释如图 4-18 所示。

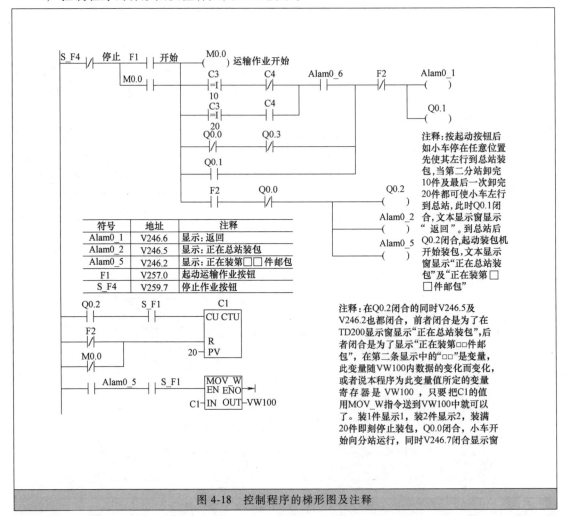

图 4-18　控制程序的梯形图及注释

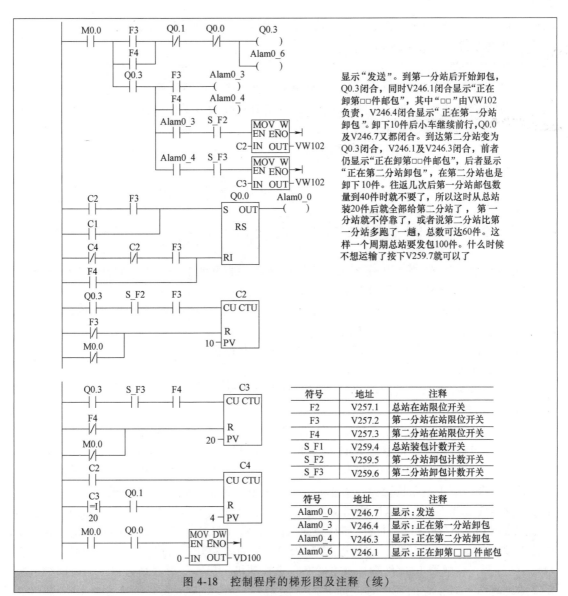

图 4-18 控制程序的梯形图及注释（续）

显示"发送"。到第一分站后开始卸包，Q0.3闭合，同时V246.1闭合显示"正在卸第□□件邮包"，其中"□□"由VW102负责，V246.4闭合显示"正在第一分站卸包"。卸下10件后小车继续前行，Q0.0及V246.7又都闭合。到达第二分站变为Q0.3闭合，V246.1及V246.3闭合，前者仍显示"正在卸第□□件邮包"，后者显示"正在第二分站卸包"，在第二分站也是卸下10件。往返几次后第一分站邮包数量到40件时就不要了，所以这时从总站装20件后就全部给第二分站了，第一分站就不停靠了，或者说第二分站比第一分站多跑了一趟，总数可达60件。这样一个周期总站要发包100件。什么时候不想运输了按下V259.7就可以了

符号	地址	注释
F2	V257.1	总站在站限位开关
F3	V257.2	第一分站在站限位开关
F4	V257.3	第二分站在站限位开关
S_F1	V259.4	总站装包计数开关
S_F2	V259.5	第一分站卸包计数开关
S_F3	V259.6	第二分站卸包计数开关

符号	地址	注释
Alam0_0	V246.7	显示：发送
Alam0_3	V246.4	显示：正在第一分站卸包
Alam0_4	V246.3	显示：正在第二分站卸包
Alam0_6	V246.1	显示：正在卸第□□件邮包

实例五　现代控制技术在 B2012A 型龙门刨床上的应用

1. 改造意义

本例的改造目标为利用可编程序控制器及变频器实现对龙门刨床的自动控制和平滑调速，消除换向冲击，提高工作效率，减少噪声，取消原控制系统，从而达到经济快捷地运行龙门刨床的目的，使龙门刨床复杂的电气控制系统变得简单，清晰明了，使龙门刨床处于最佳的工作状态。龙门刨床如控制和使用得当，不仅能提高效率，节约成本，还可大大延长使用寿命。龙门刨床主要分为机械和电气控制两大组成部分，机械部分相对比较稳定，使龙门刨床运行在最优状态主要取决于电气控制系统控制方式。在传统龙门刨床中，其机械部分刚性好、精度较高，一般其基本性能可达到现代同类机械的水平，但控制和驱动部分则显出不

同程度的老化，因此用现代控制技术改造龙门刨床的控制系统实际意义重大。

2．工艺要求

本例的工艺要求如下：

1）取消电机扩大机、发电机，以减少噪声，克服诸多控制缺陷。

2）工作台能实现自动循环工作和点动，可实时精确调节工作台速度，平稳换向，并有自动和点动工作时的极限保护。

3）垂直刀架可方便地在水平和垂直两个方向快速移动和进刀，并能进行快速移动和自动进给的切换。

4）左右侧刀架可在上、下方向快速移动和进刀，能进行快移/自动切换。并有左右侧刀架限位开关，防止其向上移动时与横梁碰撞。

5）横梁可方便地上下移动和夹紧放松，夹紧程度可调；横梁下降时有回升延时，延时时间可调。

6）润滑泵有连续/自动切换开关，系统一得电，油泵即上油，至一定压力时，油压继电器触点闭合，为工作台工作做准备。

7）有保护环节控制，保证工作台停在后退末了，以免切削过程中发生故障而突然停车造成刀具损坏和影响加工工件的表面粗糙度。

8）各回路均有自动空气断路器作短路保护和过载保护。

3．工作原理

B2012A 型龙门刨床接触器—继电器控制电路原理图如图 4-19 所示。

（1）主拖动机组的起动和停止

按主拖动机组的起动按钮 SB2，接触器 KM1 和 KMY 吸上。时间继电器 KT2 线圈得电，经延时后它的触点动作。接触器 KM1 的常开触点（703-705）闭合，实现自保。同时 KMY 的常闭触点（702-706）断开 KM2 与 KM△ 线圈通路，接触器 KMY 在主拖动机组定子侧的三个常开触点闭合，使主拖动机组接成 Y 起动。随着主拖动机组的起动，发电机 G 和励磁机 GE 也被拖动运转。当 GE 输出电压达到正常数值时，直流时间继电器 KT1 吸上，它的断电延时闭合的常闭触点（705-717）打开，断电延时打开的常开触点（723-725）闭合。由于时间继电器 KT2 延时时间尚未结束，它的触点（705-717）尚未断开，所以尽管 KT1 的触点（705-717）已打开，接触器 KMY 仍维持吸上状态，主拖动机组仍按星形联结运行。当时间继电器 KT2 的延时结束时，它的通电延时断开的常闭触点（705-717）断开，接触器 KMY 断电释放，同时 KT2 的通电延时闭合的常开触点（705-723）和已经闭合的 KT1 的触点（723-725）共同使接触器 KM2 通电吸上。KM2 有两个常开触点闭合，一个（705-725）实现自保，另一个（717-721）为接触器 KM△ 通电做好准备。KM2 的两个常闭触点断开，一个（717-719）使 KMY 线圈彻底失电，另一个 KM2 的常闭触点（31-51）使 KT1 线圈失电，在这里 KT1 是负责 Y 与 △ 切换的间隔时间，经过整定延时后，KT1 的触点（705-717）闭合，触点（723-725）打开。这时 KM△ 线圈得电吸合，KM△ 在主拖动机组定子侧的三个常开触点闭合，使主拖动机组被连接成三角形运转，同时 KM△ 的常闭触点（702-704）断开 KT2 与 KMY 的线圈通路，到此主拖动机组起动完毕。

当按下主拖动机组的停止按钮 SB1 时，接触器 KM1、KM△ 和 KM2 均断电释放，主拖动机组的电源被切断，机床停止工作。以上过程参见图 4-19c 的 33～39 段。

（2）工作台的步进、步退

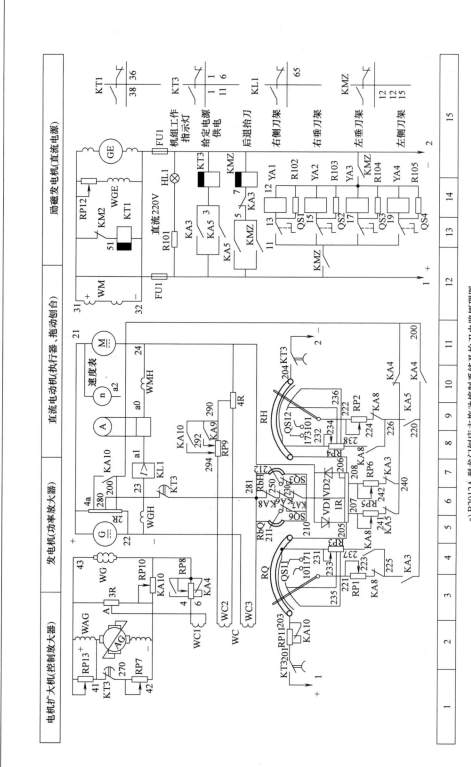

图 4-19　B2012A 型龙门刨床接触器—继电器控制电路原理图

a) B2012A 型龙门刨床主拖动控制系统及抬刀电路原理图

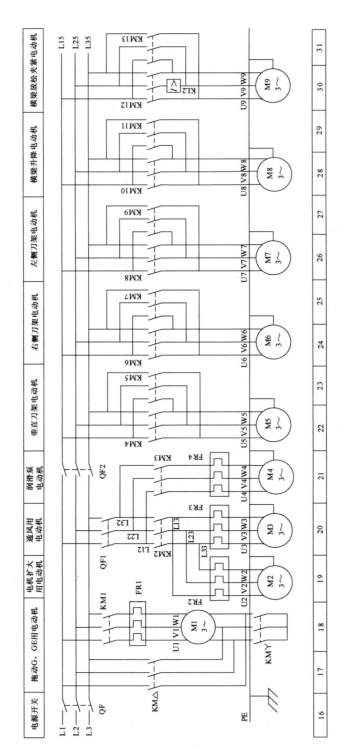

b) B2012A型龙门刨床交流组控制主电路原理图

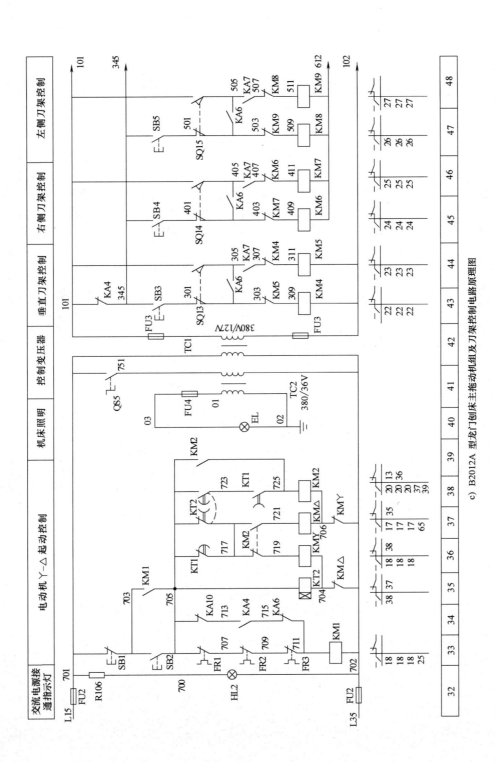

图 4-19 B2012A 型龙门刨床接触器—继电器控制电路原理图

c) B2012A 型龙门刨床主拖动机组及刀架控制电路原理图

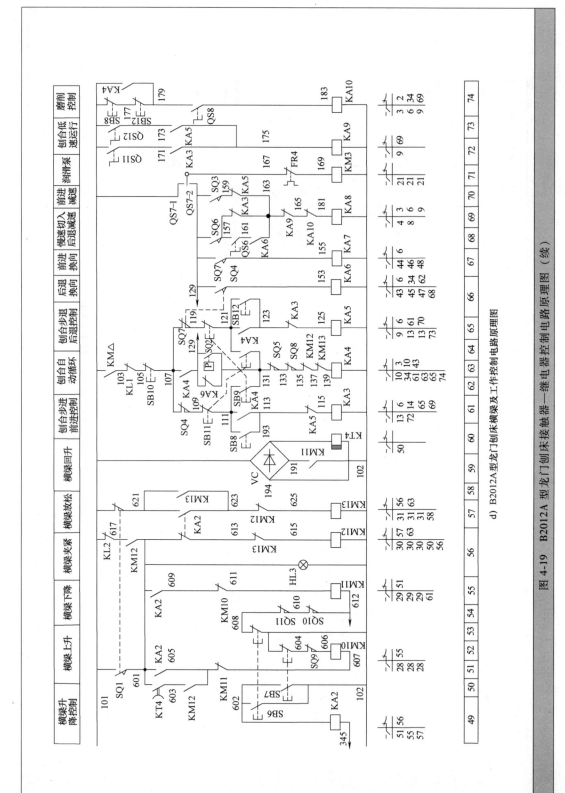

d) B2012A型龙门刨床横梁及工作控制电路原理图

图 4-19 B2012A 型龙门刨床接触器—继电器控制电路原理图（续）

当主拖动机组起动完毕后，接触器 KM△ 的常开触点（101-103）闭合，按工作台步进按钮 SB8，继电器 KA3 通电吸合，KA3 的常开触点（1-3）闭合，断电延时继电器 KT3 吸合，KT3 的延时闭合的常闭触点（41-270）与（280-281）断开，断开了电机扩大机的欠补偿回路和发电机的自消磁回路，同时 KT3 的延时断开的常开触点（1-201）与（2-204）闭合，使电机扩大机控制绕组 WC3 中加入给定电压。

如放开按钮 SB8，它将自动复位，这时继电器 KA3 又断电释放，KA3 的常开触点（1-3）断开，KT3 断电，KT3 的延时断开的常开触点（1-201）与（2-204）延时断开，KT3 的延时闭合的常闭触点（41-270）与（280-281）延时闭合。电机扩大机的欠补偿回路和发电机的自消磁回路被接通，工作台迅速制动下来，并防止了工作台的"爬行"。

工作台停车时，利用 KT3 的延时闭合的常闭触点，经过约 0.9s 的延时才接通电机扩大机的欠补偿回路和发电机的自消磁回路，目的在于不使工作台停车制动过程过于强烈。

以上过程参见图 4-19a 及图 4-19d 的 63~65 段。

（3）工作台的自动循环工作

B2012A 龙门刨床在工作台侧面上装有四个撞块 A、B、C、D，在机床床身上装有四个行程开关 SQ3、SQ4、SQ6 及 SQ7 和两个终端限位开关 SQ5、SQ8。自动循环过程中的换速点就由 SQ3、SQ4、SQ6、SQ7 这四个行程开关的位置来决定。

假定工作台是停在返回行程末了的位置上，触点 SQ4-1（常闭）、SQ3-2（常闭）、SQ6-1（常开）、SQ7-2（常开）是闭合的，触点 SQ4-2（常开）、SQ3-1（常开）、SQ6-2（常闭）、SQ7-1（常闭）是断开的。按工作台前进按钮 SB9，继电器 KA4 得电吸上，KA4 的常开触点（107-129）闭合，实现自保，同时使继电器 KA6 得电吸上。KA4 的常开触点（111-113）闭合，继电器 KA3 得电吸上。KA4 的常闭触点（200-240）断开，常开触点（200-220）闭合，使工作台调整回路断开，自动工作回路接通。

KA3 的常开触点（1-3）闭合，时间继电器 KT3 得电吸上，KT3 的延时闭合的常闭触点（41-270）及（280-281）断开，断开了电机扩大机欠补偿回路和发电机的自消磁回路。KT3 的延时断开的常开触点（1-201）及（2-204）闭合，使调速电位器 RQ 及 RH 接通电源。由于转换开关 QS6 置于接通的位置上，在 KA6 的常开触点（161-163）闭合时，继电器 KA8 得电吸上，相当于工作台运行在慢速段。

继电器 KA3 及 KA8 的常开触点（220-225）、（225-237）闭合，KA8 的常闭触点（223-225）断开，电机扩大机控制绕组 WC3 中便加入给定电压，电机扩大机在强迫励磁作用下输出电压迅速升高达到稳定慢速时的数值，工作台因而也迅速起动并达到稳定的慢速。

工作台继续前进，撞块 D 使行程开关 SQ7 复位，触点 SQ7-1 闭合，为工作台反向做好准备。触点 SQ7-2 断开，继电器 KA6 断电释放，KA6 的常开触点（161-163）断开，继电器 KA8 断电释放。KA6 和 KA8 的常闭触点（230-250）和（250-281）恢复闭合状态。KA8 的常开触点（225-237）断开，常闭触点（223-225）闭合，断开了工作台的慢速回路，当撞块 C 碰撞行程开关 SQ6 时，SQ6 复位，触点 SQ6-1 断开，SQ6-2 闭合。工作台从此前进到高速段。在前进段快要结束时，撞块 A 碰行程开关 SQ3，触点 SQ3-1 闭合，继电器 KA8 又得电吸上，工作台又降到慢速运行。行程开关 SQ3-2 断开，将电阻 RbH 全部串入控制绕组 WC3 回路中，以限制减速、反向过程中主回路冲击电流不致过大，因而也减小了对传动机构部分的冲击。

当刀具离开工件，工作台工作（前进）行程结束时，撞块 B 碰行程开关 SQ4，触点 SQ4-1 断开，继电器 KA3 断电释放。触点 SQ4-2 闭合，继电器 KA7 得电吸上。KA3 的常开触点（200-225）断开控制绕组 WC3 正向励磁回路，KA3 的常闭触点（123-125）闭合，使继电器 KA5 得电吸上，此刻工作台后退（返回）已经开始。同时 KA3 的常闭触点（157-163）闭合，为工作台返回结束前的减速做好准备。

继电器 KA5 的常闭触点（159-163）断开，使继电器 KA8 断电释放，保证工作台以调速电位器 RH 的手柄位置所决定的高速返回，也即返回开始时没有低速段。KA5 的常开触点（220-226）闭合，接通了控制绕组 WC3 的反向励磁回路，工作台迅速制动并反向运行。同时 KA5 的常开触点（1-5）闭合，接触器 KMZ 得电吸上，KMZ 的常开触点（1-11）及（2-12）闭合，接通了抬刀电磁铁，刀架在工作台返回行程时，自动抬起。继电器 KA7 的常开触点（305-307）、（405-407）及（505-507）闭合，接通相应的接触器，使控制刀具的电动机反向旋转带着张紧环复位，为下一次的自动进刀做准备。

工作台以较高的速度返回，撞块 B 使行程开关 SQ4 复位时，触点 SQ4-1 闭合为工作台的正向运行做好准备。触点 SQ4-2 断开，继电器 KA7 断电释放，KA7 的常闭触点（210-230）闭合，切除串在控制绕组 WC3 回路的电阻 RbH 及 RbQ。KA7 的常开触点（305-307）、（405-407）及（505-507）断开，使相应的电动机停止。

当撞块 A 使行程开关 SQ3 复位时，触点 SQ3-1 断开，SQ3-2 闭合。工作台返回行程将结束时，撞块 C 撞行程开关 SQ6，触点 SQ6-1 闭合，继电器 KA8 得电吸上，接通慢速回路，工作台改成慢速运行。在接近终点时，撞块 D 碰行程开关 SQ7，触点 SQ7-1 断开，继电器 KA5 断电释放，继电器 KA3 得电吸上。KA5 的常开触点（220-226）断开。KA3 的常开触点（220-225）闭合，同时，由于触点 SQ7-2 闭合，继电器 KA6 得电吸上，KA6 的常开触点（161-163）闭合，继电器 KA8 得电吸上，KA8 的常闭触点断开，常开触点闭合，控制绕组 WC3 中又加入正向给定电压，工作台迅速制动并立即正向起动，达到稳定的慢速，刀具在工作台慢速前进时切入工件，以后就重复上述运行过程，从而实现了工作台的往返自动循环工作。工作台自动往返的速度曲线图如图 4-20 所示。

如果切削速度不太高，刀具能承受此时的冲击，或者是加工依次排列的短工件而无法利用"慢速切入"时，可以利用操纵台上的转换开关 QS6，将（157-161）断开，就可得到没有"慢速切入"的速度图。

当工作台速度低于 10m/min 时，触点 QS11（101-171）和 QS12（101-173）闭合，继电器 KA9 得电吸上，KA9 的常闭触点（163-165）断开，继电器 KA8 的回路切断，使"慢速切入"和换向前的减速环节均不起作用。

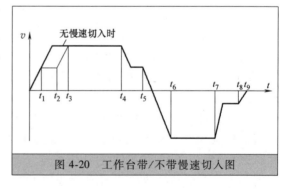

图 4-20　工作台带/不带慢速切入图

当机床用作磨削加工时，利用操纵台上的转换开关 QS8（179-183）接通，继电器 KA10 得电吸上，KA10 的常闭触点（165-181）断开继电器 KA8 的回路，使慢速环节不起作用。KA10 的常闭触点（201-203）断开，将电阻 RP11 串入，使给定电压减小，工作台降低到磨削时所要求的速度。同时在 RP8 上 KA10 的常开触点（4-B）和（290-294）闭合，加强了电桥稳定环节和电流正反馈环节的作用，使工作台在磨削加工时运行更加平稳，在负载变化时工作台的速度降落更小。

以上过程参见图 4-19a 及图 4-19c 的 43~48 段和图 4-19d 的 63~67 段。

（4）刀架的控制

B2012A 型龙门刨床装有左侧刀架、右侧刀架和垂直刀架。这三个刀架分别采用三个交流电动机 M5、M6、M7 来拖动。

刀架的快速移动、自动进给及刀架运动的方向，由装在刀架进刀箱上的机械手柄来选择。刀架的进给机构采用张紧环，依靠张紧环旋转使张紧环复位，以便为第二次进刀做好准备。

当工作台按照工作行程前进，刀具离开工件，撞块 B 碰行程开关 SQ4 时触点 SQ4-2 闭合，继电器 KA7 通电吸上，KA7 的三个常开触点（305-307）、（405-407）、（505-507）闭合，使接触器 KM5、KM7、KM9 通电吸上，拖动三个刀架的电动机 M5、M6、M7 反转，带动张紧环复位，为进刀做好准备。由于触点 SQ4-1 断开，继电器 KA3 断电释放，KA3 的常闭触点（123-125）闭合，继电器 KA5 通电吸上，KA5 的常开触点（1-5）闭合，接触器 KMZ 通电吸上，KMZ 的常开触点（1-11）、（2-12）闭合，接通了抬刀电磁铁，刀架自行抬起。同时工作台制动并迅速返回。在工作台返回末了，撞块 D 碰行程开关 SQ7，触点 SQ7-1 断开，继电器 KA5 断电释放，KA5 的常闭触点（113-115）闭合，继电器 KA3 通电吸上，KA3 的常闭触点（5-7）断开了接触器 KMZ 回路，抬刀电磁铁断电释放，刀架放下，同时由于触点 SQ7-2 闭合，继电器 KA6 通电吸上，KA6 的常开触点（303-305）、（403-405）、（503-505）闭合，接触器 KM4、KM6、KM8 通电吸上，拖动三个刀架的电动机 M5、M6、M7 正转，并带动三个拨叉环旋转，完成三个刀架的进刀。

以上过程参见图 4-19a 的 12~15 段及图 4-19c 的 43~48 段、图 4-19d 的 63~70 段。

（5）横梁升降的控制

横梁升降和放松、夹紧，分别用电动机 M8 和 M9 来拖动。按横梁上升按钮 SB6，继电器 KA2 得电吸合，它的常开触点（621-623）闭合，接触器 KM13 得电吸上，电动机 M9 反转，放松横梁，当横梁完全放松时，行程开关 SQ1 的触点 SQ1-2 断开，接触器 KM13 断电释放，电动机 M9 停止运转。同时由于触点 SQ1-1 闭合，接触器 KM10 得电吸上，电动机 M8 正转，横梁上升。当横梁上升到所需的位置放松按钮 SB6 时，继电器 KA2 断电释放，KA2 的常开触点（601-605）断开接触器 KM10，电动机 M8 停止，横梁停止上升，同时 KA2 的常闭触点（601-613）闭合，KM12 又得电吸上，电动机 M9 正转使横梁夹紧，同时行程开关 SQ1-1 断开，SQ1-2 恢复闭合状态。随着横梁的不断夹紧，电动机 M9 的电流也逐步增大，当横梁完全夹紧时，电流就增大到使电流继电器 KL2 动作的数值，KL2 吸上，当横梁完全夹紧时常闭触点（101-617）断开，接触器 KM12 断电释放，电动机 M9 停止运转，横梁上升完毕。

当按横梁下降按钮 SB7 时，继电器 KA2 得电吸上，KA2 的常开触点（621-623）闭合，接触器 KM13 得电吸上，电动机 M9 反转，放松横梁，当横梁完全放松时，行程开关 SQ1 闭合，它的触点 SQ1-2 断开，接触器 KM13 断电释放，电动机 M9 停止运转。同时由于触点 SQ1-1 闭合，接触器 KM11 得电吸上，电动机 M8 反转。横梁下降，KM11 的常开触点（101-191）闭合，延时释放继电器 KT4 得电吸上，KT4 的延时断开的常开触点（601-603）闭合，为横梁下降后回升做好准备。

当横梁下降到需要的位置放开按钮 SB7 时，继电器 KA2 和接触器 KM11 断电释放，电动机 M8 停止运转，横梁不再下降。同时由于 KM11 的常开触点（102-191）断开，继电器 KT4 断电延时释放。又由于 KA2 的常闭触点（601-613）闭合，接触器 KM12 得电吸上，电动机 M9 正转使横梁夹紧。KM12 的常开触点（603-605）闭合，接触器 KM10 得电吸上，电动机 M8 正转，使横梁在夹紧的过程中同时回升。当继电器 KT4 的常开延时断开触点（601-603）断开时，横梁回升停止。

以上过程参见图 4-19d 的 49~62 段。

4. 程序设计

1）龙门刨床电路原理图新旧代号对照及 PLC 的 I/O 分配见表 4-1。

表 4-1 龙门刨床电路原理图新旧代号对照及 PLC 的 I/O 分配

序号	点	代号	原代号	注 释
				I 分配
1	I0.0	KL2	JL-J	横梁夹紧电动机电流继电器
2	I0.1	SB2	3A	垂直刀架快速移动
3	I0.2	SB3	4A	右侧刀架快速移动
4	I0.3	SB4	5A	左侧刀架快速移动
5	I0.4	SB5	6A	横梁上升
6	I0.5	SB6	7A	横梁下降
7	I0.6	SQ1	6HXC	横梁放松到位才能上升或下降
8	I0.7	SB7	8A	工作台步进
9	I1.0	SB8	9A	工作台前进
10	I1.1	SB9	10A	工作台停止
11	I1.2	SB10	11A	工作台后退
12	I1.3	SB11	12A	工作台步退
13	I1.4	QS6	6KK	慢速切入开关
14	I1.5	QS7	7KK	润滑泵接通开关
15	I1.6	QS8	8KK	磨削运行时接通开关
16	I1.7	QS11(12)	KK-Q(H)	低速运行时接通开关
17	I2.0	BP		变频器零速
18	I2.1	SQ2	Je	润滑油油压开关
19	I2.2	SQ3	Q-JS	前进减速限位开关
20	I2.3	SQ4	Q-HX	前进换向限位开关
21	I2.4	SQ5	1HXC	工作台前进终端限位
22	I2.5	SQ6	H-JS	后退减速限位开关
23	I2.6	SQ7	H-HX	后退换向限位开关
24	I2.7	SQ8	2HXC	工作台后退终端限位
				O 分配
1	Q0.0	YA1	1T	右侧刀架抬入电磁铁控制
2	Q0.1	YA2	2T	左侧刀架抬入电磁铁控制
3	Q0.2	YA3	3T	右侧垂直刀架抬入电磁铁控制
4	Q0.3	YA4	4T	左侧垂直刀架抬入电磁铁控制
5	Q0.4	KM4	Q-C	垂直刀架快速移动及正常进给
6	Q0.5	KM5	H-C	垂直刀架正常工作时反转复位
7	Q0.6	KM6	Q-Y	右侧刀架快速移动及正常进给
8	Q0.7	KM7	H-Y	右侧刀架正常工作时反转复位
9	Q1.0	KM8	Q-Z	左侧刀架快速移动及正常进给
10	Q1.1	KM9	H-Z	左侧刀架正常工作时反转复位
11	Q1.2	KM3	C-RB	润滑油泵
12	Q1.3	KM13	H-J	横梁放松
13	Q1.4	KM12	Q-J	横梁夹紧
14	Q1.5	KM10	Q-H	横梁上升
15	Q1.6	KM11	H-H	横梁下降
16	Q1.7	KM16		给变频器

（续）

序 号	点	代 号	原代号	注 释
				O 分配
17	Q2.0			正转
18	Q2.1			反转
19	Q2.2			速度端口 1
20	Q2.3			速度端口 2
21	Q2.4			速度端口 3

2）日本安川 616R3 型变频器对外接线端子分配及速度与端子的关系。

3）PLC 的电气控制系统接线图如图 4-21 所示。

4）程序编制与注释说明。

本次改造不包括原控制系统电路中的指示灯、仪表等。除主拖动机组外其他电动机主电路接线与改造前相同。

变频器的对外接线图如图 4-22 所示。变频器的 R、S、T 为三相电源输入端；U、V、W

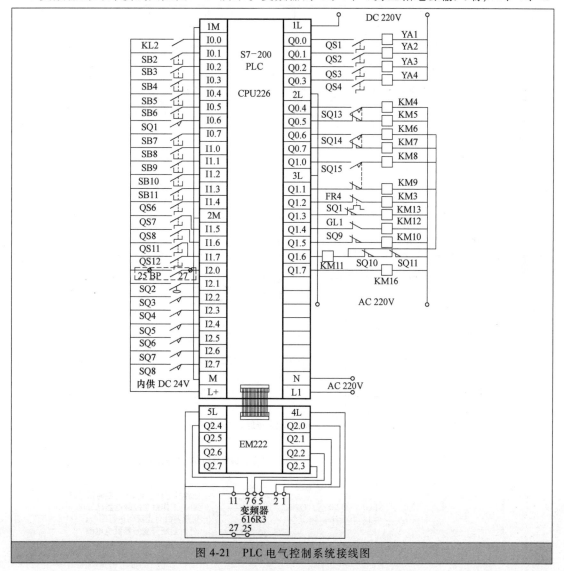

图 4-21　PLC 电气控制系统接线图

为三相变频输出端（至电动机）。1、2 号端子为电动机的正转和反转；5、6、7 号端子为电动机的三个段速；25、27 号端子为变频器的零速输出。均由 PLC 控制，以实现正转、反转、减速停止等运行及不同速度的输入。该刨床要求有 8 种速度：①正常切削速度大约为 60 m/min；②正常切削返回速度大约为 80m/min；③正常切削时的慢速段速度大约为 12 m/min；④步进、步退速度大约为 3~8m/min；⑤低速切削速度为 10m/min；⑥磨削速度为 1m/min；⑦低速返回速度大约为 40m/min；⑧磨削返回速度（同③）。速度的调整通过改变变频器 5、6、7 号输入端的输入组合来实现。变频器内部决定速度的参数与接线端子的状态是一一对应的，在这里不再赘述。其速度输出分配见表 4-2。

表 4-2 速度输出分配

段速 端子	①	②	③	④	⑤	⑥	⑦	⑧
5 端	1	0	0	1	1	0	1	同③
6 端	0	1	0	1	0	1	1	
7 端	0	0	1	0	1	1	1	

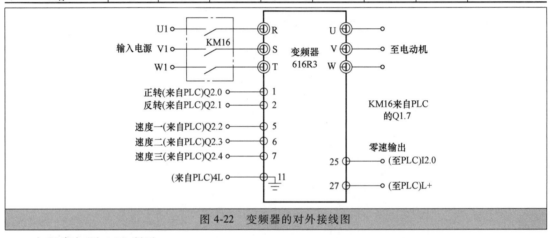

图 4-22 变频器的对外接线图

主程序如图 4-23 所示。

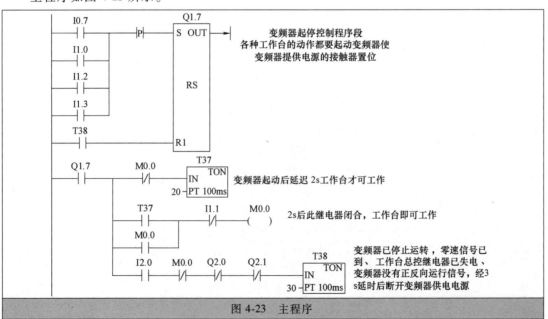

图 4-23 主程序

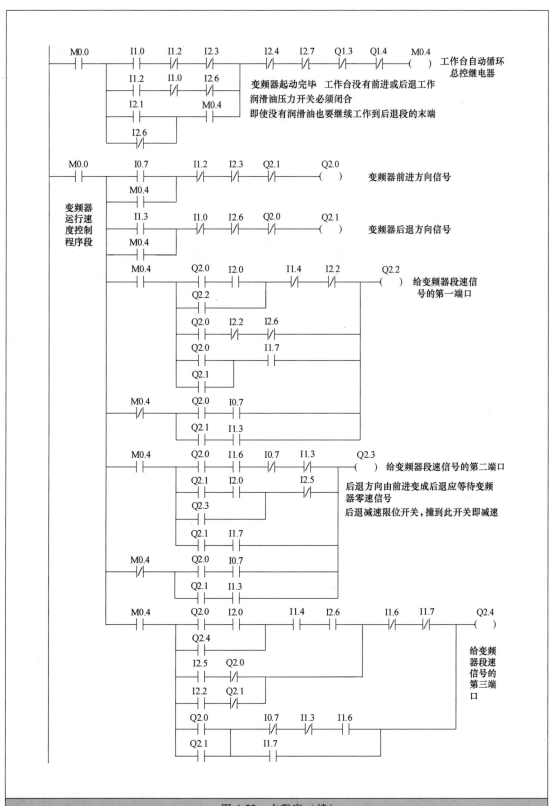

图 4-23 主程序（续）

```
   SM0.0      Q2.0   Q2.1   Q0.0
───┤├────────┤/├────┤├────( S )      只要后退方向信号到来刀架就开始抬起直到换向
                            4          给四个刀架上电磁铁的抬刀信号
刀架上抬     Q2.1   Q2.0   Q0.0
刀电磁铁   ──┤/├────┤├────( R )       运行方向换为前进后,已抬起的刀架又垂下复位
及刀架自                    4
身进给控      M0.4   I0.1         Q0.5         Q0.4
制程序段   ──┤/├────┤├─────────┤/├─────( )     在非自动循环状态下进行,按
                                                下垂直刀架快速移动按钮
             M0.4   I2.6                       在自动循环状态下进行工作后退到后退限位开关时,I2.6开始闭合
           ──┤/├────┤├──                        垂直刀架进给与刀架后退复位的互锁  垂直刀架带着刀具进给到规定
                                                的行程开始进行刨削,Q0.4闭合
             M0.4   I0.2         Q0.7         Q0.6
           ──┤/├────┤├─────────┤/├─────( )     在非自动循环状态下进行  右侧刀架进给与刀
                                                按下右侧刀架快速移动按钮架后退复位的互锁
             M0.4   I2.6                       在自动循环状态下进行工作台后退到后退换向限位开关时,I2.6开始闭合
           ──┤/├────┤├──                        右侧刀架带着刀具进给到规定的行程开始进行刨削,Q0.6闭合
             M0.4   I0.3         Q1.1         Q1.0
           ──┤/├────┤├─────────┤/├─────( )     左侧刀架带着刀具进
                                                给到规定的行程开始
             M0.4   I2.6       I0.3左侧刀架快速移动按钮  进行刨削,Q1.0闭合
           ──┤/├────┤├──  Q1.1左侧刀架进给与刀架后退复位的互锁
                          在自动循环状态下进行,工作台后退到后退换向限位开关时I2.6开始闭合
             M0.4   I2.3         Q0.4         Q0.5
           ──┤/├────┤├─────────┤/├─────( )     Q0.4垂直刀架进给与刀架后退复位的互锁
在自动循环状态下进行,工作台                      Q0.5闭合垂直刀架后退复位为下一个进刀动作做准备
前进到前进换向限位开关时I2.3    Q0.6         Q0.7
开始闭合                     ──┤├──────────┤/├─────( )     Q0.6右侧刀架进给与刀架后退复位的互锁
                                                         Q0.7右侧刀架后退复位为下一个进刀动作做准备
                             Q1.0         Q1.1
                           ──┤├──────────┤/├─────( )     Q1.0左侧刀架进给与刀架后退复位的互锁
                                                         Q1.1左侧刀架后退复位为下一个进刀动作做准备

   SM0.0      I0.4                      M0.5
───┤├────────┤├──────────────────────( )     I0.4横梁上升按钮  I0.5横梁下降按钮  M0.5横梁升降中间控制
             I0.5
           ──┤├──

             M0.5   I0.6   Q1.4         Q1.3
           ──┤├────┤/├────┤/├──────( )     横梁放松到位,I0.6断开
             Q1.3                           Q1.4是横梁夹紧与放松互锁 Q1.3横梁放松
           ──┤├──
             M0.5横梁夹紧过程中不能按横梁上升下降按钮,Q1.3不能有横梁放松动作
             Q1.4   I0.0   M0.5   Q1.3         Q1.4     横梁夹紧到位时I0.0断开  Q1.4横梁夹紧
           ──┤├────┤/├────┤/├────┤/├─────( )    横梁放松到位后才能有夹紧动作
             I0.6          Q1.4   T39   I0.5   I1.6         Q1.5
           ──┤├──────────┤/├────┤/├────┤/├────┤/├─────( )  Q1.5横梁上升
             M0.5                                           I0.5横梁上升期间不能按横梁下降按钮
           ──┤├──                                            Q1.6横梁上升与下降的互锁
                          I0.4   Q1.5   M0.5         Q1.6
                        ──┤├────┤/├────┤/├─────( )    Q1.6横梁下降
             Q1.6                            I0.4横梁下降期间不能按横梁上升按钮
           ──┤├──                 ┌────────┐
                                  │  T39   │
                                  │ TON    │
                                  │IN      │
                            30───┤PT 100ms│   T39横梁下降后的自动上升动作段定时器
                                  └────────┘
   M0.4      I1.5                      Q1.2
───┤├────────┤├──────────────────────( )     在自动循环工作方式下M0.4闭合 润滑油泵工作方式定为自动循环时I1.5闭合
             I1.5                            润滑油泵工作方式定为直接自行工作时I1.5断开
           ──┤/├──         Q1.2接润滑油泵接触器线圈
```

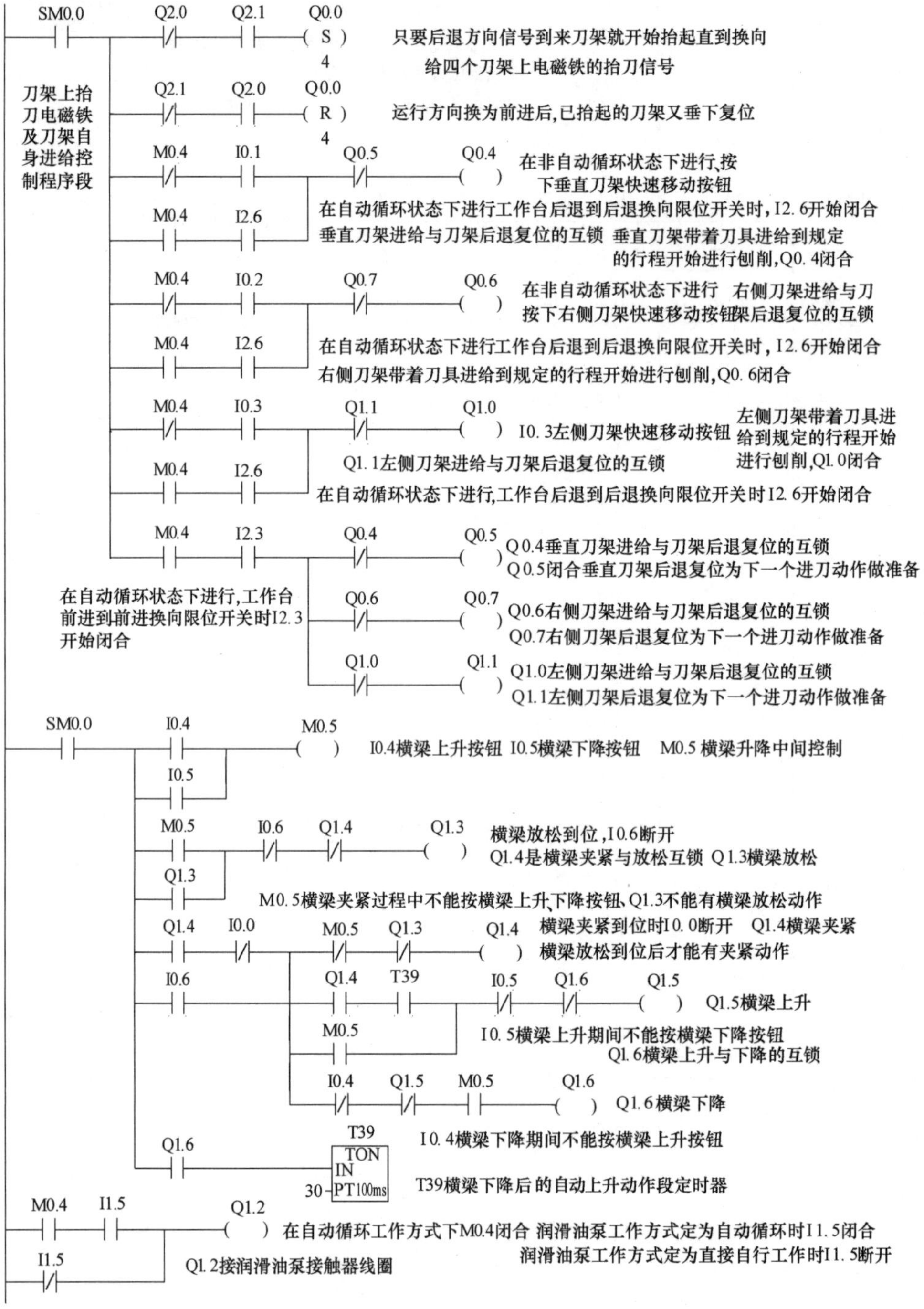

图 4-23   主程序（续）

实例六 用 TP177A 触摸屏监控饮料自动售货过程

1. 控制要求

1) 自动售货机可投入 1 角、5 角、1 元的硬币（硬币识别装置另议，这里只作为输入信号）。

2) 顾客投入的硬币达到 2.5 元或以上时，啤酒指示灯亮；当投入的硬币总值达到 4 元或以上时，橙汁与啤酒指示灯都亮。

3) 在啤酒指示灯亮时，按放啤酒的按钮，则放出啤酒，6s 后自动停止，且啤酒指示灯闪烁。

4) 在橙汁指示灯亮时，按放橙汁的按钮，则放出橙汁，6s 后自动停止，且橙汁指示灯闪烁。

5) 在饮料售货机已输出某种饮料时，系统会自动计算所剩余额，在小于 2.5 元时啤酒与橙汁指示灯全灭。在大于等于 2.5 元且小于 4 元时，啤酒指示灯继续亮，在大于或等于 4 元时啤酒与橙汁指示灯都亮。

6) 投完硬币不喝饮料不能将钱币退出，然后经 20s 延时没有按下选择按钮或按下找钱按钮可将剩余硬币退出。

7) 售货过程由触摸屏实时监控。

2. 触摸屏简介

触摸屏有易于使用、坚固耐用、反应速度快、节省空间、工作可靠等优点，是一个使控制系统更人性化、人机交互更方便快捷的设备。它极大地简化了控制系统硬件，也简化了操作员的操作，即使是对计算机一无所知的人，也照样能够很容易地操作，给系统调试人员与用户带来极大的方便。

触摸屏作为一种最新的控制设备，它是目前最简单、方便、自然的一种人机交互方式。在我国的应用范围非常广阔，主要是公共信息的办理，像电信、税务、银行、电力等部门的业务办理；城市街头的信息查询；此外，应用于办公、工业控制、军事指挥、电子游戏、点歌点菜、多媒体教学、房地产预售等。

触摸屏是代替鼠标或键盘作为输入设备的，在工作时，首先用手指或其他物体触摸安装在显示器前端的触摸屏，然后系统根据触摸的图标或菜单位置来定位选择信息的输入。

触摸屏主要由触摸检测部件和触摸屏控制器组成。触摸检测部件安装在显示器屏幕前面，用于检测用户触摸位置，接收后送触摸屏控制器。而触摸屏控制器的主要作用是从触摸点检测装置上接收触摸信息，将此信息转换成触点坐标，再送给信息处理单元，同时执行信息处理单元的指令。

按照触摸屏的工作原理和传输信息的介质，可把触摸屏分为电阻式触摸屏、红外线式触摸屏、电容感应式触摸屏、表面声波式触摸屏。

各种触摸屏技术都是依靠传感器来工作的，甚至有的触摸屏本身就是一套传感器。各自的定位原理和各自所用的传感器决定了触摸屏的反应速度、可靠性、稳定性和寿命。

3. TP177A 触摸屏简介

西门子触摸屏面板 TP177A 是 TP170A 触摸式面板的创新后续产品，使用容易、方便，同时，具有提高生产率、最小化工程费用、减少生存周期成本的优势，适用于小型机器与设备的操作控制与监控。不管是加工自动化、过程自动化或楼宇自动化，都有着广泛的应用。

特点优势：全图形化 5.7" STN 蓝色；4 级灰度显示；丰富的图形功能；可纵向/横向安装；用户存储器 512KB；灵活性好；报警系统的报警级别可任意定义；多达 5 种语言联机切换；使用 WinCC flexible 高效组态；可以通过免维护设计（不包括电池）；背光显示屏使用寿命长；带有现成的图形对象等方式降低维修和调试成本。

（1）TP177A 触摸屏的正视图与左视图

触摸屏的正视图没有按键，其操作是用手轻轻地在显示屏上触动就可以完成所需要的操作，如图 4-24 所示的①。图中②为扩展卡，主要用于用户程序、系统参数及历史数据的存储。图中③为密封垫，防止面板因溅水而渗入主板造成设备损坏。图中④为卡紧凹槽，卡件插入卡紧凹槽内用螺钉顶在安装面板上，使触摸屏紧固在面板里。

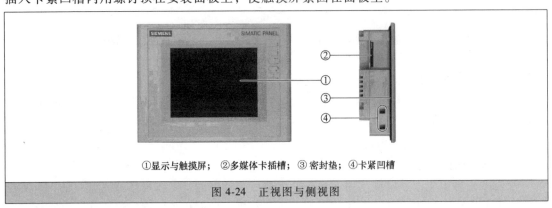

①显示与触摸屏；②多媒体卡插槽；③密封垫；④卡紧凹槽

图 4-24　正视图与侧视图

（2）TP177A 触摸屏的仰视图

触摸屏的仰视图如图 4-25 所示。图中的①是机壳等接地电位端子与其他设备的机壳相连，避免设备之间产生静电而损坏设备或干扰设备运行。图中的②是电源插座，使用直流 24V 的电源，按接口的标识正确接正负，否则无法工作。图中的③是 IF 1B 接口，该接口可以与 PLC 连接，读写 PLC 的数据；也可以与计算机连接，把计算机编写好的触摸屏程序下载到触摸屏中。图中的④是 Internet 连接口，如与 PLC 的 Internet 模块连接即可控制 PLC，与计算机的 Internet 接口连接可以

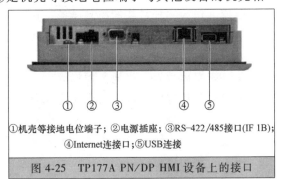

①机壳等接地电位端子；②电源插座；③RS-422/485接口(IF 1B)；④Internet连接口；⑤USB连接

图 4-25　TP177A PN/DP HMI 设备上的接口

把计算机编写好的触摸屏程序下载到触摸屏中，计算机装有 OPC 数据库，可以通过此接口读写触摸屏中的数据。图中的⑤是 USB 连接，通过专用的 USB 线与计算机连接，把计算机编写好的触摸屏程序下载到触摸屏中。

（3）连接控制器

TP177A 除了与西门子公司的 PLC 连接，还可以与其他多种 PLC 连接，通过 Internet 接口与西门子 S7-300 PLC 或 S7-200 PLC 连接；通过 RS-422/485 接口（IF 1B）的 RS-485 与西门子 S7-300 PLC 或 S7-200 PLC 连接；通过 RS-422/485 接口（IF 1B）的 RS-422 与西门子

SIMATIC 500 或 SIMATIC 505 的 PROFIBUS 控制器连接；通过 RS-422/485 接口（IF 1B）的 RS-485 与其他 RS-485 串口的 PLC 连接；通过 RS-422/485 接口（IF 1B）的 RS-485 转 RS-232 与其他 RS-232 串口的 PLC 连接，如松下 FPΣ 与 FP0 等 PLC 连接。

4. TP177A 触摸屏应用软件 WinCC flexible 简介

WinCC flexible 是德国西门子（SIEMENS）公司工业全集成自动化（TIA）的子产品，是一款面向机器的自动化概念的 HMI 软件。WinCC flexible 用于组态用户界面以操作和监视生产设备。WinCC flexible 与 WinCC 十分类似，都是组态软件，而前者基于触摸屏，后者基于工控机。在工艺过程日趋复杂、对机器和设备功能的要求不断增加的环境中，操作员希望获得最大的透明性，人机界面（HMI）提供了这种透明性。HMI 是人（操作员）与过程（机器/设备）之间的接口。

WinCC flexible 工程组态软件可对所有 SIMATIC 操作面板进行集成组态，确保了最高的组态效率：带有现成对象的库、可重用面板、智能工具，以及多语言项目下的自动文本翻译。各版本相互依赖，经过精心设计可满足各类操作面板。较大的软件包中通常还包含用于组态小软件包的选项。现有项目也可轻松重复使用。WinCC flexible 包含大量可升级、可动态变化的对象，用于创建面板。对面板进行的任何更改仅需在一个集中位置执行即可。随后在使用该面板的任何地方，这些更改都会起作用。这样不仅节省时间，而且还可确保数据的一致性。

5. 在应用软件 WinCC flexible 上组态饮料自动售货画面

（1）建立项目

在这里把对一个生产设备或工程项目控制系统的组态形成称为一个项目。双击桌面 WinCC flexible 的图标，出现如图 4-26 所示的界面，若是建立一个新项目就单击"创建一个空项目"，如果是打开一个已有的也要从此进入。

（2）设备选择

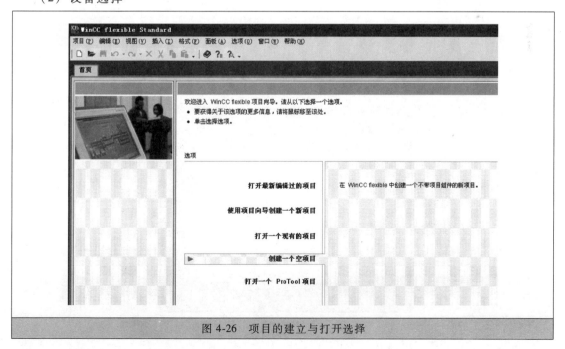

图 4-26　项目的建立与打开选择

在图 4-26 中单击"创建一个空项目"后弹出如图 4-27 所示界面，在此要选择触摸屏型号，本例需使用 TP177A 型，先找到 Panels（面板），单击后出现两种规格，一种 70 系列，另一种 170 系列，单击 170 系列后会出现系列选择，找到 TP177A6"，即 TP177A，单击后进入下一个界面。

（3）组态制作

到这一步就可以进行组态制作了，界面如图 4-28 所示，在此可完成画面的制作、实现触摸屏与核心控制器件 PLC 之间的通信连接、建立画面上可动图素与 PLC 变量之间的对应关系等，本例就使用了这三个功能。界面按区域与功能再划分，如图 4-29 所示，在最左面的项目视图的画面菜单下可建立与选择画面等。在通信菜单下可进行变量的设置，也就是建立触摸屏上的可动图素与 PLC 的点位或存储器之间的对应关系。在通信菜单下还可进行连接的设置，也就是设置触摸屏与 PLC 之间进行信号往来所需参数及设备选择等。

图 4-27　选择触摸屏规格型号

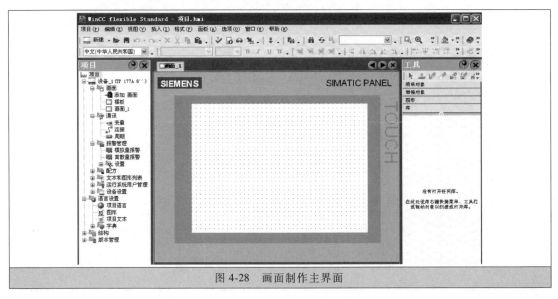

图 4-28　画面制作主界面

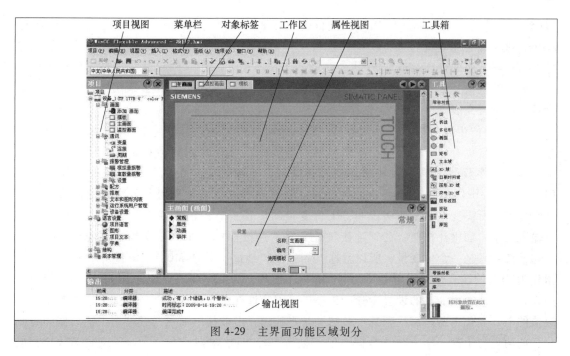

图 4-29 主界面功能区域划分

1）建立连接：

在项目窗口的通信菜单下单击"连接"，出现如图 4-30 所示界面。在"名称"栏下单击弹出"连接_1"，因本例触摸屏只与一台 PLC 连接，所以连接项只有一个，在"通信驱动程序"栏下单击，弹出与 S7-300/400 的连接，把它改成与 S7-200 的连接，在"在线"栏下选择"开"，后面其他的就不用动了。中间区域是触摸屏与 PLC 通信的示意连接，可选项只有"接口"，默认项是 IF 1B，不用更改，因在触摸屏侧就用此接口。下面的选项：在

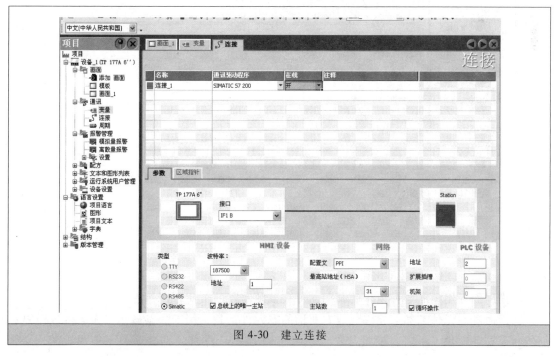

图 4-30 建立连接

"HMI设备"栏下定触摸屏与PLC间通信的波特率，此时选187500，地址选1，类型选Simatic。在网络栏下定配置文，所谓"配置文"就是两者进行网络通信时所使用的协议，选择PPT。再下面的最高站地址31以及主站数1都不用动。在"PLC设备"栏下什么都不用动，地址默认值是2，刚好符合本例。以上各项都设置好后，没有什么确认键，软件系统就会默认已设置完成。

2）变量的生成与组态：

每个变量都有一个符号名和数据类型，是触摸屏与PLC进行数据交换的桥梁，是PLC中的编程元件及存储单元在其外部的可视映像，触摸屏上每个图素的动态效果都受控于PLC。变量编辑器如图4-31所示，在通信菜单下单击"变量"即可打开编辑器，然后一步步设置本例所需变量，举两例说明，①位变量的设置步骤：在"名称"下空白处单击后即可输入文本，如橙汁按钮；在"连接"处只有"连接_1"；在"数据类型"处有下拉菜单可选，按钮只是一个位变量，所以就选Bool；在"地址"处选M0.1，触摸屏上所制作的按钮作为PLC的输入量只能用中间继电器M，不能用PLC的实际输入继电器I；后面其他项不用设置了。②数据变量的设置步骤：如杯子，因为这杯子制作好后在触摸屏上应能看到杯中液位的上升变化，所以需找到某个存储器与之映像，形成杯中液位与存储器中的数据同时变化，前两项与①都一样，在"数据类型"处选Int，即整数型；在"地址"处选VW12，也即字型存储器VW12中数据的变化就会使杯子中的液位一起变化；后面其他选项仍不用设置。本例变量类型只有这两种，一步步设置完成，设置完即自动默认生成。

图4-31　变量编辑器

3）画面的生成与组态：

触摸屏面板用画面中可视化的画面元件来反映实际的工业生产过程。

画面由静态元件和动态元件组成。所谓静态元件，是指用于静态显示，在运行过程中它们的状态不会变化，不需要变量与之连接，它们与PLC没有任何关系，不能由PLC更新。

动态元件的状态受变量的控制，需要设置与它连接的变量，用图形、字符、数字趋势图和棒图等画面元件来显示 PLC 存储器中变量的当前状态或当前值，PLC 通过变量和动态元件交换过程值和操作员的输入数据。

图 4-28 就是画面制作编辑界面，一般项目生成后再重新打开时就会出现此界面。如需再增添新画面可在左侧的项目窗口的画面菜单下单击添加画面，画面会自动排序，本例只用一个画面，所以是"画面_ 1"。下面是制作过程。

① 静态元件的制作：

打开画面编辑界面后，右侧是工具栏，需要画线还是画图形或者是定型的元器件都要到这里取用。现在是静态文字的制作过程，这样的文字是固定不动的，与核心控制器件 PLC 没有任何联系。如图 4-32 所示，在工具栏中找到"文本域"，单击后会出现十字光标，将光标拖到工作区，默认的文本是 Text。双击生成的文本域或单击视图下拉菜单内的属性都会出现文本的编辑区域，在这里编写本例需要的静态文字，文字的大小等是可调的，然后关掉书写栏，文字就落在工作区，位置是可调的。按照这种方法可以把本例需要的静态文字都写好放到适当的位置，图 4-33 所示为本例显示界面所需的部分静态文字及线框，线框是用矩形工具画出的，也是静态的。

图 4-32　静态文字制作界面

② 可变数据的制作：

像日期、温度、压力等值在实际工程控制系统中总是变化着的，本例中的钱币数也是在不断变化着的，在触摸屏上显示这样的变量就要依靠 PLC 的数据存储器。数据存储器中的数据变化，触摸屏上显示的数据也跟着同步变化。在图 4-33 中有"现有钱币数 00 角"，这几个字中的汉字都是静态的，唯有"00"是动态的，也就是说，运行起来这里会出现可变数据。制作方法是单击工具栏中的"I/O 域"，将光标拖到工作区的某个位置放下，位置及显示区域的大小都是可调的，然后双击该图标就会出现属性栏，字体大小、颜色、数据位数、进制等都可设置，最关键的要设置与哪个存储器连接，本例此位置连接 VW10。画面上

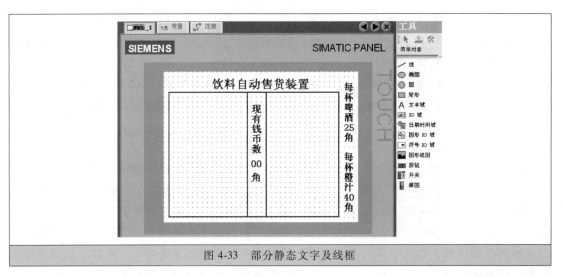

图 4-33　部分静态文字及线框

还会出现"已投币 00 角""需找零 00 角"，其中的"00"也都是可变数据，制作方法同上，并分别对应 VW10 和 VW20。

4）按钮的生成与组态：

本例触摸屏画面上要出现三个按钮，分别是啤酒、橙汁、找零按钮，按钮属于动态元件，既然可动就要与 PLC 的变量连接上，按钮作为 PLC 的开关量输入信号不能用实际的输入硬件点位，也就是带 I 的，如 I0.1，要用中间继电器 M，如 M0.1。触摸屏上制作的按钮应与接在 PLC 输入端的物理按钮的功能相同，通过 PLC 的用户程序来控制生产过程。图 4-34 所示为按钮的制作设置方法。

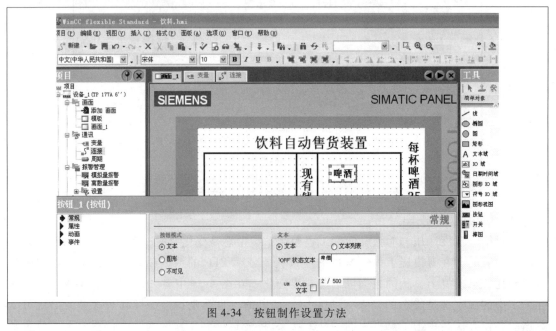

图 4-34　按钮制作设置方法

在工具栏里单击按钮，然后将光标拖到工作区中选定的位置，图 4-34 中"啤酒"即为一个按钮，位置及大小都是可调的，双击按钮后就会出现属性界面，在属性界面的"常规"

选项中可为按钮选定名称，如果不需要在按钮的正面上写文字这一步就不用设置了，有的按钮断态与通态显示的文字不一样，也可分别设置。按钮的背景颜色、字体大小等都可以单击"常规"下面的"属性"，展开后进行选项设置。

按钮最关键的设置就是按下去与弹起来各实现什么功能，如何连接对应变量。图4-35所示即为按钮的动态设置步骤。

前面"常规""属性"下的相关选项都完成了，接下来单击"事件"，在"事件"的选项中单击"按下"，右侧会出现函数列表，在系统函数下选择"编辑位"，编辑位的下拉菜单都是英文选项，其中有Invert Bit、Reset Bit、Set Bit、Shift And Mask，选择Set Bit（置位），也就是当按下触摸屏上的啤酒按钮时，与之连接的PLC的变量M0.0将是ON状态，也即闭合状态。接下来设置连接，选定"置位"后又会弹出一个属性界面，如图4-36所示，直接单击函数列表中第2行右侧隐藏的■，在出现的变量列表中选择变量"啤酒按钮"，当"啤酒按钮"几个字出现在这一行中，连接设置已结束。按钮的"按下"功能设置完还要设置"释放"，首先在"事件"下选定"释放"，如图4-37所示，然后单击Reset Bit（复位），后面的设置同"置位"。到这时"啤酒"按钮的设置过程就全部完成，总结性地描述就是这个按钮与PLC的M0.0中间继电器连接，当按下按钮时M0.0闭合，也就是处于ON状态，释放此按钮M0.0断开，也就是处于OFF状态。还有两个按钮分别是"找零按钮"及"橙汁"，设置方法同"啤酒"按钮。

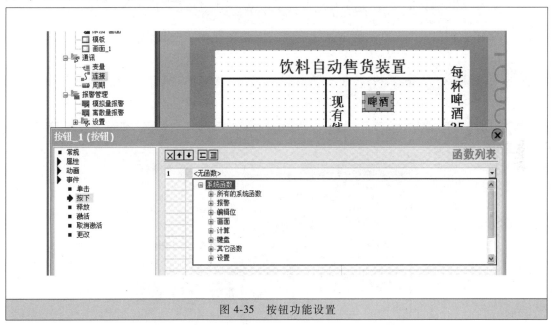

图4-35　按钮功能设置

5）指示灯的生成与组态：

指示灯的工作状态只有两种，点亮时对应的变量为1，熄灭时对应的变量为0，属于开关量，它与PLC的输出信号连接（如Q0.2），当某个输出信号处于ON状态时，触摸屏面板上与此信号连接的灯就会点亮。本例共有四处指示灯需要设置，分别是啤酒指示灯、橙汁指示灯、啤酒输出电磁阀（用指示灯代替）、橙汁输出电磁阀（用指示灯代替）。指示灯的设置路径如图4-38所示。

图 4-36　按钮连接设置

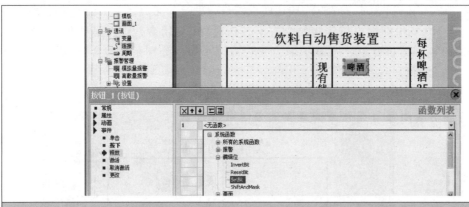

图 4-37　按钮释放功能设置

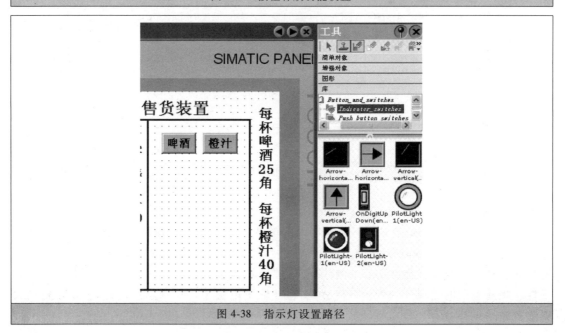

图 4-38　指示灯设置路径

在工具栏下有四个可选项，分别是简单对象、增强对象、图形和库，指示灯需要从库中去找，单击"库"后会弹出英文下拉菜单，选择 Button_ and_ switches，再单击 Indicator_ switches（指示灯/开关），出现各种形式的指示灯和开关，选中第二行最右端的双环形指示灯，并将其拖到工作区的适当位置，双击该指示灯就会出现如图 4-39 所示的属性栏，在此可设置灯的亮态颜色及灭态颜色、连接变量等。

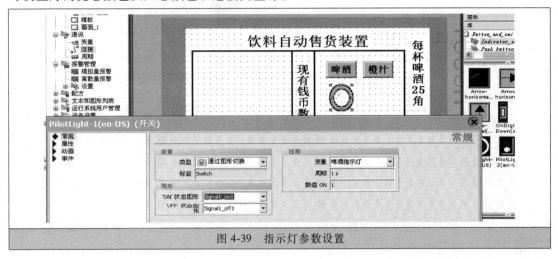

图 4-39　指示灯参数设置

6）棒图的生成与组态：

本例的触摸屏面板设计到此已完成超半数了，还有两个液体存储缸以及盛放液体的杯子没有设置完成，存储缸及杯子中都有液体液面上下移动，像啤酒输出时啤酒缸内的液位下降、杯子中的液位上升等就要用上棒图功能。如图 4-40 所示，在工具栏中找到棒图单击后拖到工作区的预定位置，再双击该图形就会出现属性设置栏，在此可设置最高液位、最低液位、液体颜色、背景颜色、与 PLC 连接的变量、液位移动方向、是否需要刻度、刻度量程等。棒图部分设置完成后本例面板上需要设置的内容都已设定完毕，最终画面如图 4-41 所示。

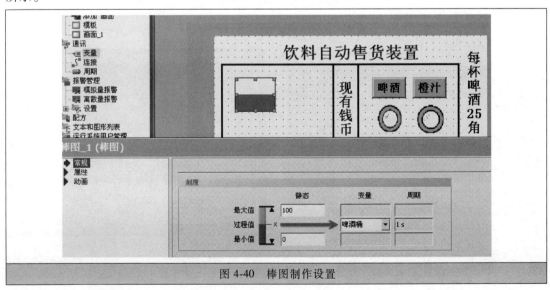

图 4-40　棒图制作设置

（4）通信下载

首先是 PLC，在计算机上用 STEP 7 编程软件编好程序，用 PPI 通信电缆将程序传到 PLC 里。因 CPU226 型 PLC 有两个通信口，分别为 0 口和 1 口，0 口用来与计算机连接通信，1 口可留作与触摸屏通信用，有一点一定不能忘就是通信波特率。

在图 4-30 中触摸屏的波特率已经设为 187500，PLC 这里也要设为此值，两者之间才能通信，所以用 STEP 7 编程软件将 PLC 端口 1 的波特

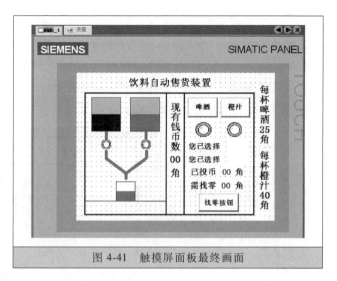

图 4-41　触摸屏面板最终画面

率设为 187500，可在系统块中进行设置。接下来是触摸屏与计算机的通信，触摸屏上电后经过 10 多秒的初始化，自动进入项目的初始画面，如需下载设置需在此之前按下 Transfer 键，使触摸屏处于等待传送模式。用 WinCC flexible 编程软件进行画面设置，图 4-26~图 4-41 就是设置过程，还是用 PPI 通信电缆，在一方不通电的情况下插拔电缆，将电缆接到触摸屏的（IF 1B）端口，再做相关设置，选择 RS232/PPI 多主站电缆模式、触摸屏的版本号、通信端口（计算机侧输出端口），单击"传送"后相关设置就送到触摸屏中，然后拔下这根电缆换成网络电缆将触摸屏与 PLC 连接好，通上电两者就可进行信号往来实现控制目的。如果画面设置不能传送，则说明设置存在问题，单击"视图"下拉菜单中的"属性"会出现传送过程记录，每个时间节点在干什么都有显示，问题出在哪儿都能看到，然后按照系统的提示进行改动，再一步步试着传，直到最后 WinCC flexible 软件上以及触摸屏上都出现了传送的滚动示意就说明设置内容已传到触摸屏中，如图 4-42 所示。图 4-43 所示为触摸屏上的画面截图。图 4-44 所示是 PLC 的梯形图控制程序。

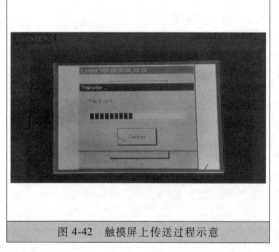

图 4-42　触摸屏上传送过程示意

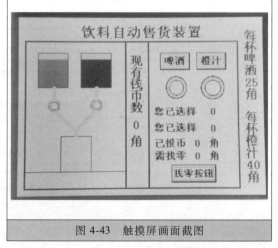

图 4-43　触摸屏画面截图

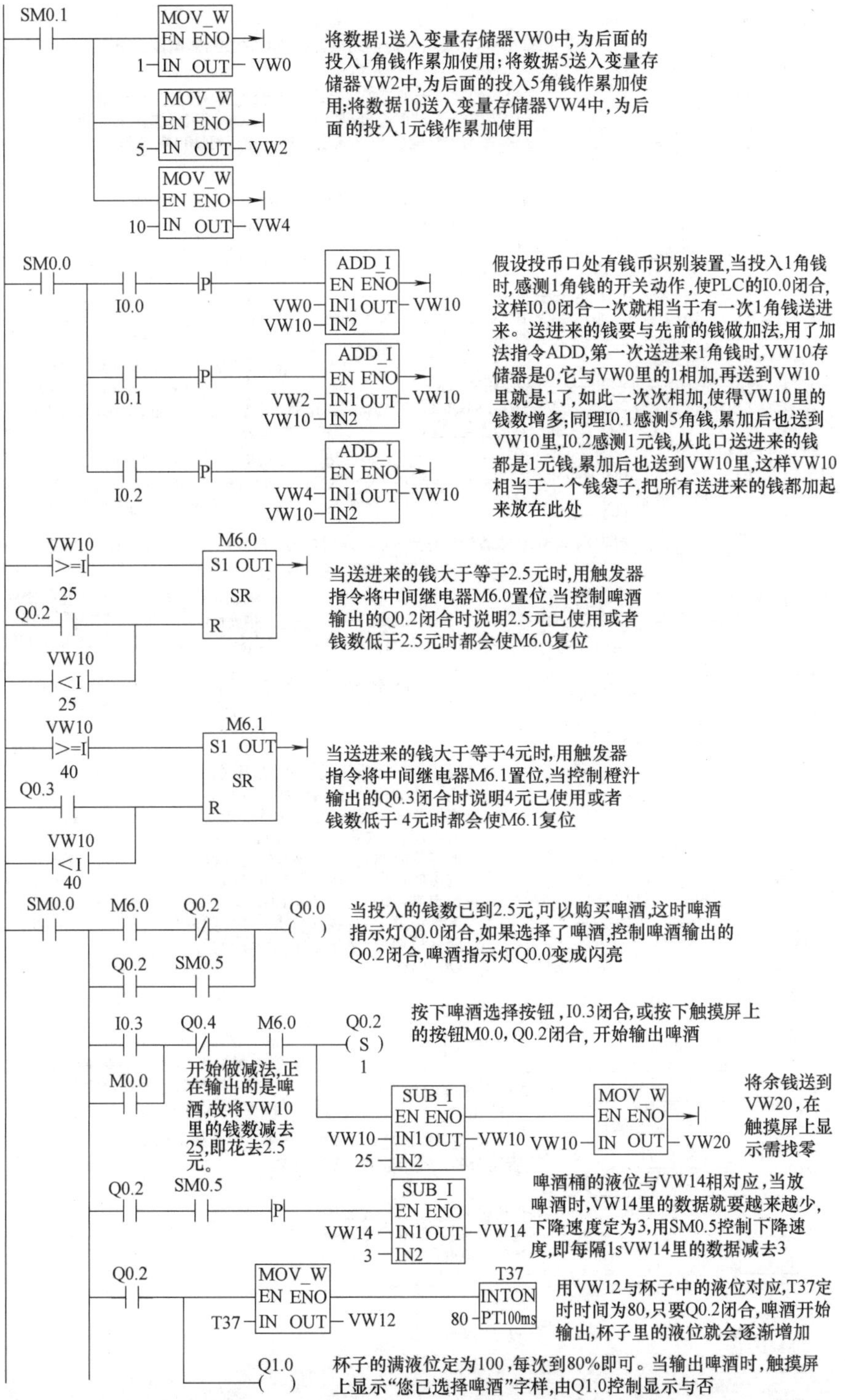

```
  SM0.1           MOV_W
───┤ ├────────┬──EN  ENO──
                │
              1─IN  OUT─VW0
                │  MOV_W
                ├──EN  ENO──
                │
              5─IN  OUT─VW2
                │  MOV_W
                └──EN  ENO──
                
             10─IN  OUT─VW4
```

将数据1送入变量存储器VW0中,为后面的投入1角钱作累加使用;将数据5送入变量存储器VW2中,为后面的投入5角钱作累加使用;将数据10送入变量存储器VW4中,为后面的投入1元钱作累加使用

```
  SM0.0    I0.0                ADD_I
───┤ ├───┬─┤ ├──┤P├──────────EN  ENO──
         │              VW0──IN1 OUT─VW10
         │             VW10──IN2
         │   I0.1                ADD_I
         ├─┤ ├──┤P├──────────EN  ENO──
         │              VW2──IN1 OUT─VW10
         │             VW10──IN2
         │   I0.2                ADD_I
         └─┤ ├──┤P├──────────EN  ENO──
                        VW4──IN1 OUT─VW10
                       VW10──IN2
```

假设投币口处有钱币识别装置,当投入1角钱时,感测1角钱的开关动作,使PLC的I0.0闭合,这样I0.0闭合一次就相当于有一次1角钱送进来。送进来的钱要与先前的钱做加法,用了加法指令ADD,第一次送进来1角钱时,VW10存储器是0,它与VW0里的1相加,再送到VW10里就是1了,如此一次次相加,使得VW10里的钱数增多;同理I0.1感测5角钱,累加后也送到VW10里,I0.2感测1元钱,从此口送进来的钱都是1元钱,累加后也送到VW10里,这样VW10相当于一个钱袋子,把所有送进来的钱都加起来放在此处

```
   VW10              M6.0
──┤>=I├──────────┬──S1  OUT──
    25           │
   Q0.2          │   SR
──┤ ├────────────┤   R
   VW10          │
──┤<I├───────────┘
    25
```

当送进来的钱大于等于2.5元时,用触发器指令将中间继电器M6.0置位,当控制啤酒输出的Q0.2闭合时说明2.5元已使用或者钱数低于2.5元时都会使M6.0复位

```
   VW10              M6.1
──┤>=I├──────────┬──S1  OUT──
    40           │
   Q0.3          │   SR
──┤ ├────────────┤   R
   VW10          │
──┤<I├───────────┘
    40
```

当送进来的钱大于等于4元时,用触发器指令将中间继电器M6.1置位,当控制橙汁输出的Q0.3闭合时说明4元已使用或者钱数低于4元时都会使M6.1复位

```
  SM0.0   M6.0    Q0.2           Q0.0
───┤ ├──┬─┤ ├────┤/├────────────( )
        │
        │  Q0.2    SM0.5
        └─┤ ├─────┤ ├
```

当投入的钱数已到2.5元,可以购买啤酒,这时啤酒指示灯Q0.0闭合,如果选择了啤酒,控制啤酒输出的Q0.2闭合,啤酒指示灯Q0.0变成闪亮

```
   I0.3    Q0.4   M6.0          Q0.2
──┬─┤ ├────┤/├────┤ ├──────────( S )
  │                               1
  │ M0.0
  └─┤ ├
```

按下啤酒选择按钮,I0.3闭合,或按下触摸屏上的按钮M0.0,Q0.2闭合,开始输出啤酒

```
                               SUB_I                    MOV_W
                             EN  ENO──              ──EN  ENO──
                      VW10──IN1 OUT─VW10      VW10──IN  OUT─VW20
                        25──IN2
```

开始做减法,正在输出的是啤酒,故将VW10里的钱数减去25,即花去2.5元。

将余钱送到VW20,在触摸屏上显示需找零

```
   Q0.2    SM0.5                SUB_I
──┤ ├──────┤ ├──┤P├──────────EN  ENO──
                      VW14──IN1 OUT─VW14
                         3──IN2
```

啤酒桶的液位与VW14相对应,当放啤酒时,VW14里的数据就要越来越少,下降速度定为3,用SM0.5控制下降速度,即每隔1s VW14里的数据减去3

```
   Q0.2           MOV_W                    T37
──┤ ├───────────EN  ENO──            ────┤INTON├
                                          
          T37──IN  OUT─VW12          80──PT100ms
```

用VW12与杯子中的液位对应,T37定时时间为80,只要Q0.2闭合,啤酒开始输出,杯子里的液位就会逐渐增加

```
   Q1.0
  ( )
```

杯子的满液位定为100,每次到80%即可。当输出啤酒时,触摸屏上显示"您已选择啤酒"字样,由Q1.0控制显示与否

图 4-44 PLC 的梯形图控制程序

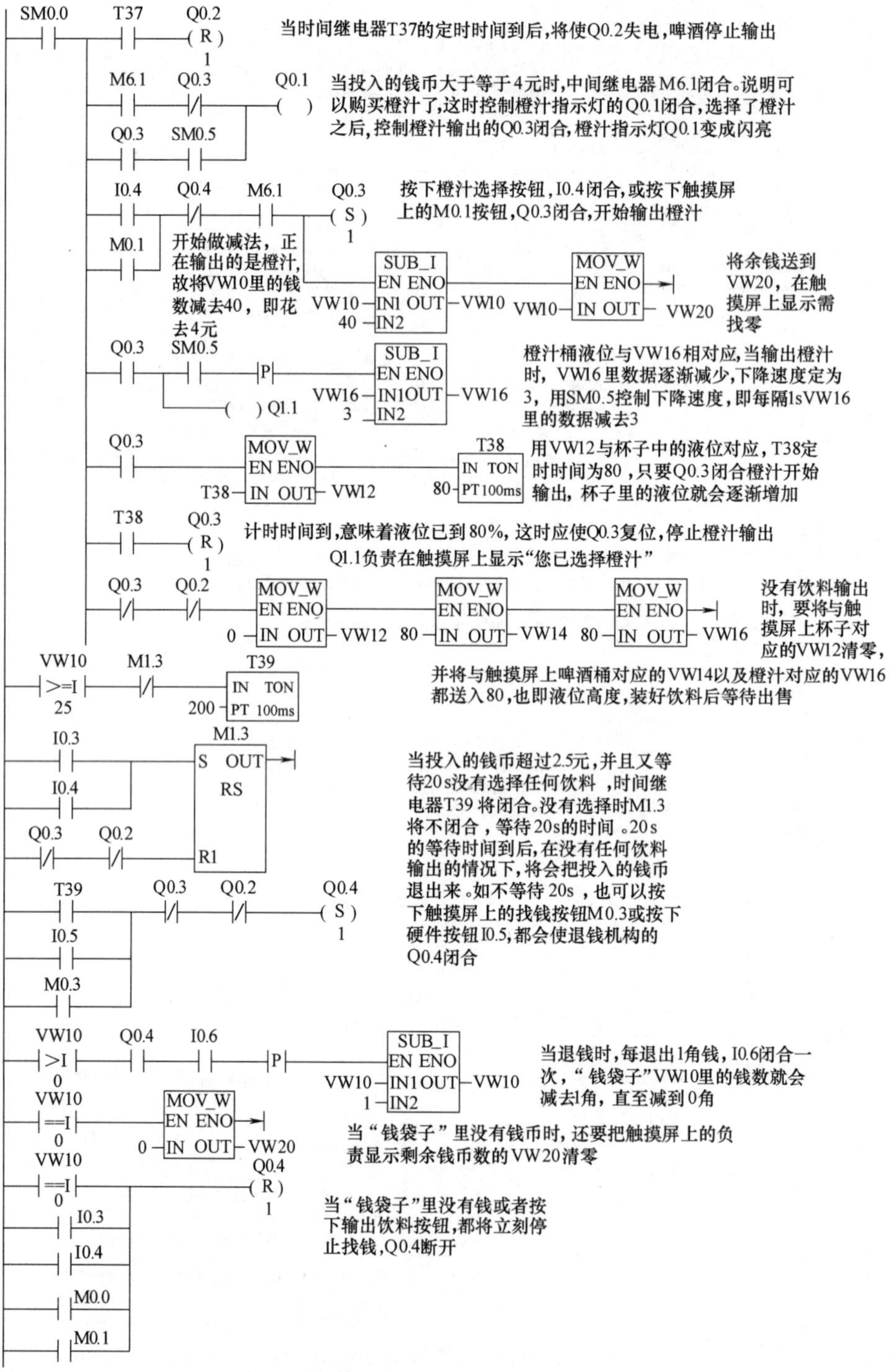

当时间继电器T37的定时时间到后,将使Q0.2失电,啤酒停止输出

当投入的钱币大于等于4元时,中间继电器M6.1闭合。说明可以购买橙汁了,这时控制橙汁指示灯的Q0.1闭合,选择了橙汁之后,控制橙汁输出的Q0.3闭合,橙汁指示灯Q0.1变成闪亮

按下橙汁选择按钮,I0.4闭合,或按下触摸屏上的M0.1按钮,Q0.3闭合,开始输出橙汁

开始做减法,正在输出的是橙汁,故将VW10里的钱数减去40,即花去4元

将余钱送到VW20,在触摸屏上显示需找零

橙汁桶液位与VW16相对应,当输出橙汁时,VW16里数据逐渐减少,下降速度定为3,用SM0.5控制下降速度,即每隔1sVW16里的数据减去3

用VW12与杯子中的液位对应,T38定时时间为80,只要Q0.3闭合橙汁开始输出,杯子里的液位就会逐渐增加

计时时间到,意味着液位已到80%,这时应使Q0.3复位,停止橙汁输出
Q1.1负责在触摸屏上显示"您已选择橙汁"

没有饮料输出时,要将与触摸屏上杯子对应的VW12清零,

并将与触摸屏上啤酒桶对应的VW14以及橙汁对应的VW16都送入80,也即液位高度,装好饮料后等待出售

当投入的钱币超过2.5元,并且又等待20s没有选择任何饮料,时间继电器T39将闭合。没有选择时M1.3将不闭合,等待20s的时间。20s的等待时间到后,在没有任何饮料输出的情况下,将会把投入的钱币退出来。如不等待20s,也可以按下触摸屏上的找钱按钮M0.3或按下硬件按钮I0.5,都会使退钱机构的Q0.4闭合

当退钱时,每退出1角钱,I0.6闭合一次,"钱袋子"VW10里的钱数就会减去1角,直至减到0角

当"钱袋子"里没有钱币时,还要把触摸屏上的负责显示剩余钱币数的VW20清零

当"钱袋子"里没有钱或者按下输出饮料按钮,都将立刻停止找钱,Q0.4断开

图 4-44 PLC 的梯形图控制程序 (续)

实例七 基于组态王的变频器调速系统的远程监控

1. 什么是远程监控

其中"监"也就是监视,监视的内容很多,这里是指对设备运行状况的监视,这个监视不是摄像头视频监视,而是在计算机上制作一个动态画面,这个画面完全模拟现场设备的动作,如设备上的机械手抓起了一个被加工件,画面上也应同步出现这个动作;而"控"也就是控制,控制的方式很多,这里是指通过通信网络,在计算机上进行操作来控制设备,在计算机画面上画一个按钮,可以让它动起来并控制现场设备的起/停;"远程"是指监视与控制生产设备的人并没有在现场,是有距离的,这个距离就不好说了,也许仅有几米,也许在异国他乡。当今 PLC 的功能已经很强了,但是没有人机联系的界面,动态画面看不见。由此而产生了很多可以在计算机上制作画面的软件,实现远程监控。这个画面不是静止不动的,经过一番设置,画面上的图素可以动起来,从而反映出现场设备的某个具体动作。这个软件与现场的智能设备是可通信的、相互支持的,如 PLC,它们相互间可传递数据。

2. Kingview 组态王软件简介

组态是用应用软件中提供的工具、方法来完成工程中某一具体任务的过程。与硬件生产相对照,组态与组装类似,但软件中的组态要比硬件的组装有更大的发挥空间,一般要比硬件中的"部件"更多,而且每个"部件"都很灵活,因软部件都有内部属性,通过改变属性可以改变其规格(如大小、形状、颜色等)。

组态软件是有专业性的,一种组态软件只能适合某种领域的应用,人机界面生成软件就叫工控组态软件,组态结果是用在实时监控的。这样的软件填补了 PLC 的"美中不足"。

组态不需要编写程序就能完成特定的应用,但是为了提供一些灵活性,组态软件也提供了编程手段,一般都是内置编译系统。

Kingview 组态王可与可编程序控制器(PLC)、智能模块、智能仪表、板卡、变频器等多种外部设备进行通信。而其软件系统与用户最终使用的现场设备无关,如本例看似是用实时曲线监控变频器的调速过程,实际上组态软件与现场的变频器一点联系都没有,与它联系的是 PLC。

组态王主要有以下几种功能:使用清晰准确的画面描述工业控制现场,使用图形化的控制按钮实现单任务和多任务,设计复杂的动画,显示现场的操作状态和数据,显示生产过程的文字信息和图形信息,为任何现场画面指定键盘命令,监控和记录所有报警信息,显示实时趋势曲线和历史趋势曲线,等等。利用"组态王"对 PLC 进行动画组态、硬件组态和控制组态,将两者结合起来实现整个生产过程的综合监控。

3. 控制要求

1)变频器选用西门子 Micro Master 420 型,采用外控模拟量输入方式。

2)要求变频器的输出频率按照如图 4-45 所示的曲线变化。

3)用 PLC 程序控制变频器,并使用 EM235 模拟量模块输出模拟信号。

4)变频器的工作方式需手动设置(参数),工作过程由 PLC 进行控制。

5)需用组态王监控变频器的起/停,采用实时趋势曲线监测频率变化过程。

6)PLC 的输入端也要接入一个开关,用来起/停变频器。

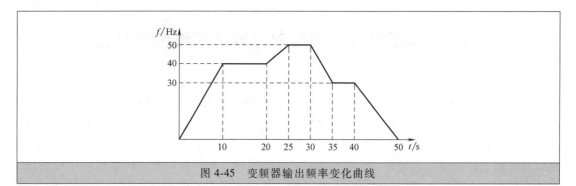

图 4-45　变频器输出频率变化曲线

4. 变频器参数设置

P0003 = 2	用户的参数访问级，2 为扩展级
P0010 = 0	0 为运行；1 为快速调试；30 为初始化
P0100 = 0	地区工频选择，0 为 50Hz
P0304 = 220	电动机额定电压为 220V
P0307 = 0.18	电动机额定功率为 0.18kW
P0310 = 50	电动机额定频率为 50Hz
P0311 = 2800	电动机额定速度为 2800r/min
P0700 = 2	由端子排输入起/停命令（外控）
P0701 = 1	数字量输入端口 1 的功能，1 为接通正转
P1000 = 2	选择频率设定值，2 为模拟量输入
P1080 = 0	最小频率为 0Hz
P1082 = 50	最大频率为 50Hz
P3900 = 1	快速调试结束

5. 接线、线路端口作用及操作步骤

变频器调速控制系统原理图如图 4-46 所示，按图把线接好。图中变频器是 MM420 型的，属于单相输入/三相输出那种，除了 5 根主线路外，还有控制线路，控制线路又分输入信号与输出信号，本例用哪个画哪个。8 号端子是自身直流 24V 电源的正极，可作为数字量输入信号的公共端；5 号端子是数字量输入信号的 1 号端子，通常又称 DIN1，属于多功能端子，这端子信号起什么作用由用户自己选，用参数 P0701 来定；3 号端子是模拟量输入信号的正端；4 号端子是模拟量输入信号的负端，两端子间输入的是直流电压信号 0~10V。再看看 EM235，它是 PLC 的扩展模块，专门用来模拟量往来。本例没有模拟量输入信号，如图把输入端口都各自短接即可，唯一的一个模拟量电压型输出端口 M0~V0 是必须得用的，由它给变频器 3~4 端送可变的电压信号。

接好线后，通上电，把编写好的程序传给 PLC，模式开关定为 RUN，然后把编程软件 STEP 7 退出，因为还有组态王监控画面要与 PLC 通信，所以通信口不能占着。变频器的参数按本例的要求设置到位，接下来就是设置组态王监控画面，具体步骤后述。按要求是既可以在 PLC 上用硬件开关控制系统的起/停，也可在计算机显示屏上用制作好的"软开关"控制起/停。起动后，变频器就应按照图 4-45 所给定的频率变化曲线输出频率，从而去控制电动机速度，在组态王画面上会同步出现输出频率的变化曲线，这就是本题想要达到的监控目的。

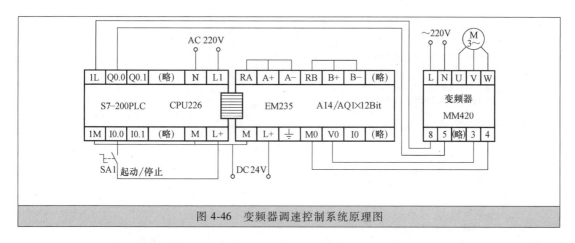

图 4-46　变频器调速控制系统原理图

6. PLC 程序及编程思路

PLC 程序如图 4-47 所示，图示为梯形图。组态王监控画面上所做的按钮、开关如作为 PLC 的输入信号要用 PLC 的辅助继电器 M（bit），如程序中的 M1.0。本例变频器的控制特点是属于外控模拟量输入形式，让 PLC 的 Q0.0 给变频器的数字量输入信号第一端提供一个连续的信号，作为变频器的方向信号。因为是模拟量信号而不是数字量信号（段速），所以上坡与下坡的斜率要按控制要求的曲线走，如图 4-45 所示，这样需用 PLC 的程序控制自己的模拟量输出端口，使其发给变频器模拟量输入端口的数据（电压）严格按照曲线走，从而达到调速的目的。

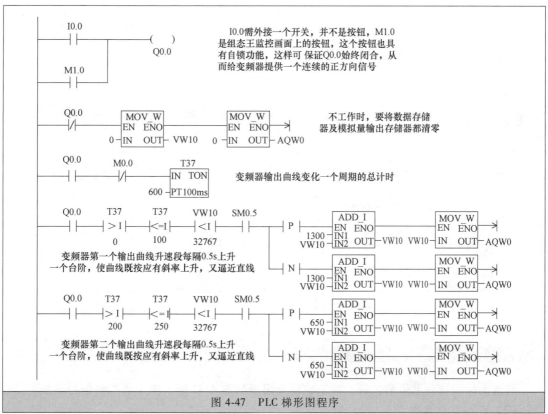

图 4-47　PLC 梯形图程序

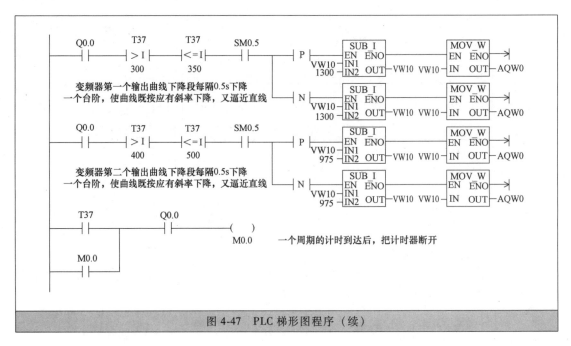

图 4-47　PLC 梯形图程序（续）

7. 组态王监控画面制作

（1）为工程项目定文件夹及名称

打开组态王软件，第一个界面如图 4-48 所示。如果想打开已有文件，会在"工程名称"栏下出现已设计好的工程项目，双击打开即可。若想新建，就单击"新建"图标，这时出现的就是图 4-48，看一看，我们不需要做什么，直接单击"下一步"按钮，出现如图 4-49所示界面。为新建工程确定文件夹，定好后单击"下一步"按钮，出现如图 4-50 所示界面。确定新建工程名称，定好后单击"完成"按钮，出现如图 4-51 所示界面。

图 4-48　新建一个工程项目的第一步	图 4-49　为新建工程定文件夹

蓝色光标所指就是当前工程，双击它就会出现如图 4-52 所示该工程的浏览器界面。

（2）设置通信参数

图 4-50 为新建工程起名字

图 4-51 新建的工程项目已在工程名称栏下

在工程目录显示区双击 COM1，开始确定"通信对象"，也就是确定监控画面将与什么智能设备进行通信，出现如图 4-53 所示界面。在这里确定与通信有关的参数，没有什么可改动的，也就是波特率可改一下，然后单击"确定"按钮，出现如图 4-54 所示界面。这时双击工程目录内容显示区的那个图标，出现如图 4-55 所示界面。确定通信设备的类别，如选择 PLC，就双击 PLC，弹出可与组态王监控画面通信的所有 PLC 的名称，选择西门子，弹出该品牌的各种规格，再选择 S7-200，出现如图 4-56 所示界面。确定通信方式，也就是上位机与 PLC 之间的通信方

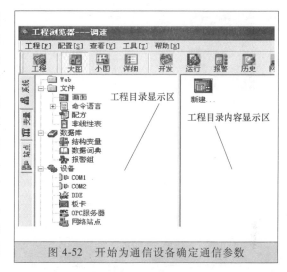

图 4-52 开始为通信设备确定通信参数

图 4-53 确定通信速率及数据长度等

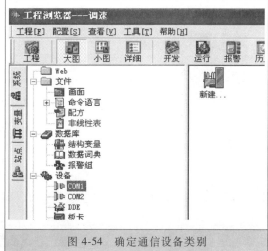

图 4-54 确定通信设备类别

式，应该是 PPI，单击"下一步"按钮，出现如图 4-57 所示界面。这一步是给通信设备起名字，起什么名字都可以，如无所谓也可直接单击"下一步"按钮，这时默认的设备逻辑名是"新 IO 设备"，下一步如图 4-58 所示，确定串行通信口，即 COM 口，如何知道 PC 与 PLC 通信时 PC 这边用的是哪个串口，通常都是从 PLC 的编程软件 STEP 7 中获取，找到后直接单击那个口即可，单击"下一步"按钮，出现如图 4-59 所示界面。确定 PLC 的地址，这仍然要从 STEP 7 软件中获取，单台 PLC 的默认地址是 2，如不是单台或先前做过设置，按设置的写，这一点设计者自己是清楚的。再单击"下一步"按钮，出现如图 4-60 所示界面。到此通信设备的信息就确定完了，如果没错，就单击"完成"按钮。

图 4-55　确定 PLC 的品牌及规格

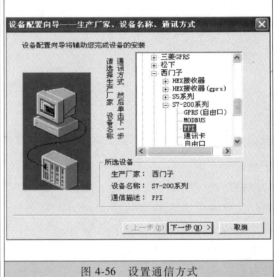

图 4-56　设置通信方式

图 4-57　为通信设备起名字

图 4-58　选择计算机这边的串行通信口

图 4-59 确定 PLC 的地址

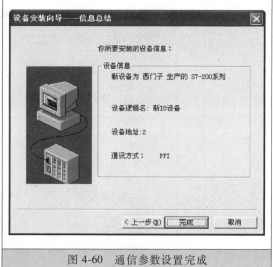

图 4-60 通信参数设置完成

（3）定义监控画面中的变量

接下来是制作监控画面。在工程目录显示区单击"数据词典"，出现如图 4-61 所示界面。为将要制作的画面上出现的图素（画面上的可动元素，像按钮、电动机、机械手等）起名字、确定联系地址等。按本例要求，需要确定一个按钮、一台电动机、一条反映速度变化的曲线，双击工程目录内容显示区的"新建"图标出现如图 4-62 所示界面。注：空白栏内的内容都是填写的，在"变量名"栏输入"按钮"；在"变量类型"栏选择"I/O 离散"，意思是此变量是个数字量（闭合为 1，断开为 0），故称为"离散"，又因为此变量要送出去给外面设备作为 I 或者 O，所以称为"I/O"；在"连接设备"栏点下拉箭头，只会出现"新 IO 设备"；在"寄存器"栏选择 M1.0，这一位将代表画面上的按钮出现在 PLC 程

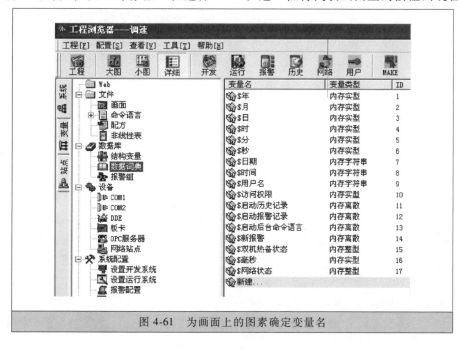

图 4-61 为画面上的图素确定变量名

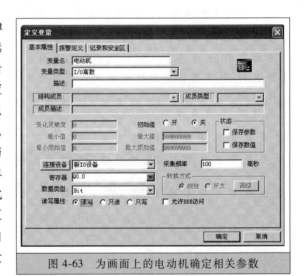

图 4-62　为画面上的按钮确定相关参数

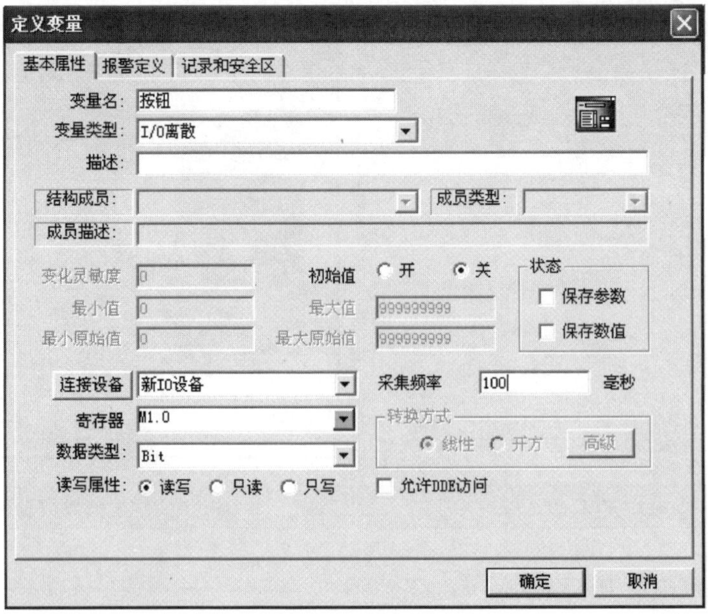

序中（见图 4-47）；数据类型肯定是 Bit（位）；读写属性选择"读写"；采集频率选择"100 毫秒"，这一变量就定完了，单击"确定"按钮继续定其他变量。接下来确定电动机，过程与确定按钮时完全相同，只是变量名为"电动机"，寄存器为 Q0.0，如图 4-63 所示，监控画面上的电动机应与 PLC 程序中的 Q0.0 位是同步的，定好后单击"确定"按钮。最后为电动机速度变化曲线定义，仍是双击工程目录内容显示区的"新建"图标，在弹出界面的选择栏内填上相关内容，如图 4-64 所示。在"变量名"栏输入"变频器输出频率曲线"，在

图 4-63　为画面上的电动机确定相关参数

"变量类型"栏选择"I/O 整数"，这是因为曲线应能反映出连续变化过程，与之对应的变量是 PLC 内能反映数据多少的区域而不是某个位，在"寄存器"栏选择 V10，在"数据类型"栏选择 SHORT（字），实际上就是 VW10，一个字能表示的最大十进制数是 32767，所以最大值及最大原始值都填入此数，定义并没有结束，在此界面的最上一行单击"记录和安全区"，弹出如图 4-65 所示界面，在此选中"数据变化记录"单选按钮，然后单击"确定"按钮，这样画面上将要制作的 3 个变量都定义完了。

（4）编写命令语言

命令语言是一种类似 C 语言的程序，编写这种程序的目的就是让画面上的图素按控制要

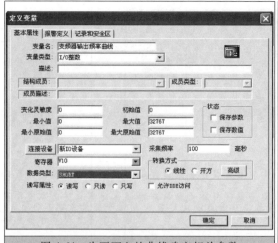

图 4-64　为画面上的曲线确定相关参数

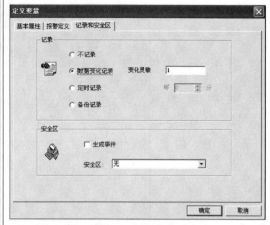

图 4-65　为曲线选择数据变化记录

求动作，即使画面与现场设备没有通信，画面本身的图素之间也会按照"命令"动起来。例如，制作一个机械手抓取重物的画面，把 PLC 程序编写到位，把画面这里的"命令"编写到位，正式监控工作时，现场的机械手在干什么，画面上的机械手也在干什么，给人的感觉是画面在监控现场，实际上是没有关系的，画面上的动作是通过"命令"制作出来的。假设现场的机械手出事故卡住了，送回画面一个信号，画面上的机械手也停止不动就可以了。要把两者统一起来，像是在同步工作，达到监控的目的，这就是设计者的任务。

组态王的命令语言中常用的是应用程序命令语言，以本例为例，简介应用程序命令语言的编写过程。在本例中，按要求是当开关拨动后，PLC 的输出 Q0.0 要闭合，直到开关断开（见图 4-47）。在画面上画一个带自锁的按钮当作开关，画一台电动机与 PLC 那里的 Q0.0 同步动作，动画制作后述，这里只介绍实现这一动作过程的命令语言如何编写。在工程目录显示区（见图 4-52）双击"命令语言"，在其栏下会出现 5 种语言，单击第一个"应用程序命令语言"会弹出如图 4-66 所示界面，按照提示，在工程目录内容显示区双击那个图标，在弹出界面的编程区

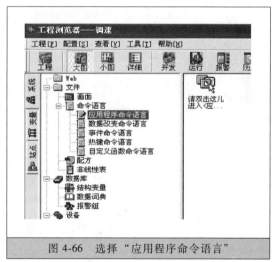

图 4-66　选择"应用程序命令语言"

内编写本例的程序，只有四行，如图 4-67 所示。程序简单明了，编写时要注意这几点：先写条件后写结果；所使用的各种字母及符号一定要用界面栏下方所给的，不能在键盘上输入，否则无效；写条件时要带括号，括号内要用双等于号；变量一定是先前定义过的，否则无效，写完觉得可以了就单击"确认"按钮，这里有语法自检功能，如有错误，会弹出提示，及时纠正，直到界面能退出，就说明命令语言编写完毕。逻辑正确与否只待画面运行时验证。

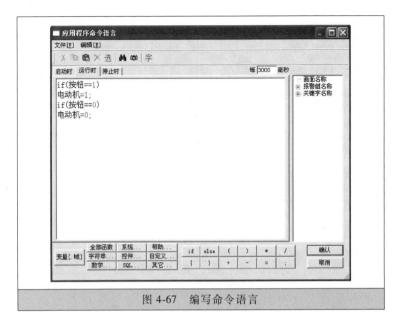

图 4-67　编写命令语言

（5）制作画面

在工程浏览器界面的工程目录显示区（见图4-52），单击"画面"，在工程目录内容显示区会出现一个"新建"图标，双击此图标会弹出如图4-68所示界面，输入画面名称，单击"确定"按钮会弹出"开发系统"界面，如图4-69所示。选择"图库"→"打开图库"命令，在弹出的界面上单击"按钮"，如图4-70所示。

图 4-68　建立画面

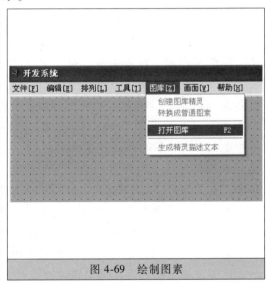

图 4-69　绘制图素

选中一个合适的按钮，双击它后，图库管理器就退掉了，在绘图界面上（开发系统）放置这个按钮，大小形状可随意调整，然后再打开图库，单击"马达"后出现各式电动机，同样选中一个合适的拖到开发系统界面上，再调整一下大小，此时的界面如图4-71所示。到此，本例需制作的3个图素已画好2个。下面制作曲线。在开发系统界面选择"工具"→"实时趋势曲线"命令，如图4-72所示。单击后拖到开发系统界面的适当位置上，调整大小形状，形成如图 4-73 所示界面。这时，3 个图素就都制作完了，接下来是让图素如何"动"起来。

（6）动画连接

所谓动画连接，就是让图素按照其应起的作用与功能而动起来，模拟其物理存在去控制现场设备或受控于现场设备。在图 4-71 中，双击"按钮"图形，弹出"按钮向导"对话框，如图 4-74 所示，只需在"变量名"处输入此图形所代表的变量名或单击旁边的问号，从下拉列表中选取应代表的变量，其他各项根据要求选定，如不需动什么，单击"确定"按钮，按钮的动画连接就已做好。电动

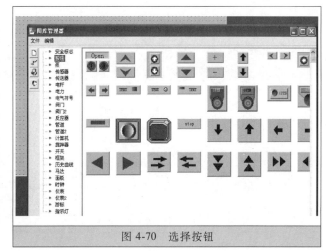

图 4-70　选择按钮

机的动画连接与按钮的相同，下面制作曲线的动画连接。双击曲线弹出如图 4-75 所示界面，在曲线 1 表达式的空白框里填写所代表的变量名或单击旁边的问号，从下拉列表中选取应代表的变量，其他各项根据要求选定，然后单击本界面的另一层"标识定义"，如图 4-76 所示，在此确定时间轴全程显示的长度，本例全程需时 50s，所以定 60s 足够了，横坐标的时间轴定完了，纵坐标是以百分比的形式出现，最高是输出信号的 100%，在这不用改什么，与这条曲线相对应的是 PLC 的 VW10 变量存储器，一个字是 16 位，能表示的最大十进制数是 32767，所以 100%代表的是 32767，根据实验室实验测得变频器输出 10Hz 时，与之对应的 VW10 中的数据是 6500 左右，以此推算，20Hz 时是 13000；50Hz 时是 32500。这样，将时间定好其他不用动了，单击"确定"按钮，弹出的画面如图 4-77 所示的曲线部分，曲线的动画连接也做完了。至此，3 个图素的动画连接全都定好。

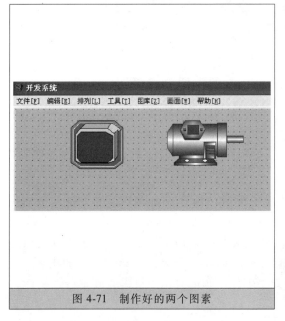

图 4-71　制作好的两个图素

图 4-72　制作速度变化曲线

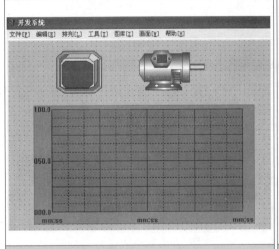

图 4-73　已制作成的 3 个图素的静态画面

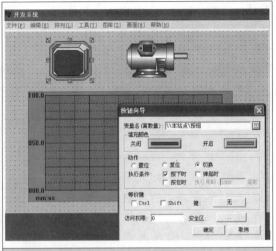

图 4-74　为按钮设置动画连接

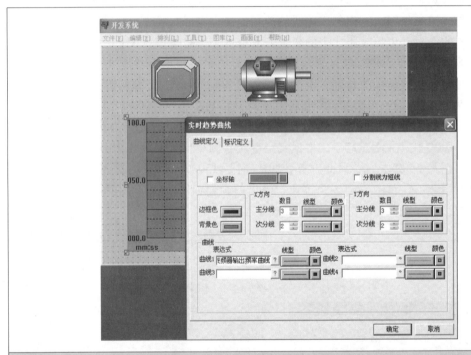

图 4-75　为曲线设置动画连接

（7）保存、切入运行（监控）画面

都设置好了，该投入工作了，这时一定要做的事情是保存，在图 4-77 中单击"文件"会出现下拉菜单，如图 4-78 所示，选择"全部存"命令，这一步做完，还单击"文件"，在下拉菜单中选择"切换到 View"命令，也就是转入运行系统，单击后，界面转换成如图4-79 所示，整个界面一片空白，这时选择"画面"→"打开"命令，弹出一个"打开画面"对话框，如图 4-79b 所示，画面名称处显示的就是本题的画面名称，单击并确定后，画面就成为运行系统了。

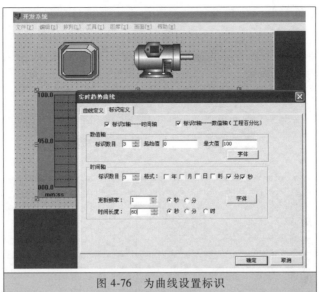

图 4-76 为曲线设置标识

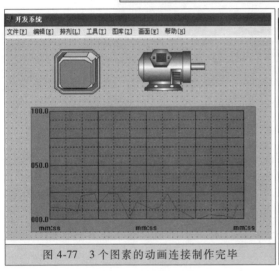

图 4-77 3 个图素的动画连接制作完毕

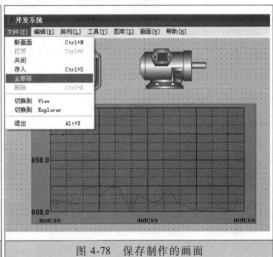

图 4-78 保存制作的画面

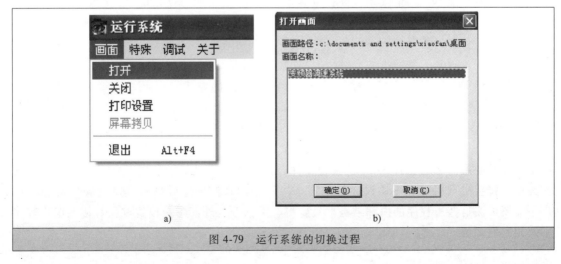

a)

b)

图 4-79 运行系统的切换过程

给现场的变频器通上电，参数设置好；PLC通上电且程序早已载入，将模式开关拨到RUN，这时，单击画面上的按钮，系统就可运行了，电动机并不能转，由指示灯指示其工作状态，曲线按控制要求显示电动机的速度变化过程，每隔1s曲线由右向左移动一次。图4-80所示为本例要求的监控画面。

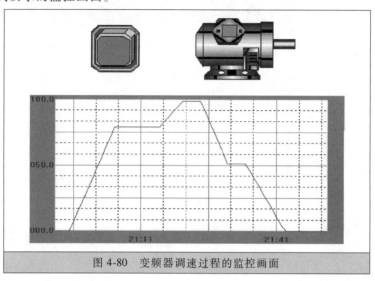

图 4-80　变频器调速过程的监控画面

实例八　基于 USS 通信协议的电梯门控制程序

1. USS 通信协议简介

USS 通信协议专用于 S7-200 PLC 和西门子公司的 Micro Master 变频器之间的通信，这一系列的变频器都支持 USS 协议作为通信链路。通信介质由 S7-200 PLC 的通信接口和变频器内置的 RS-485 通信接口及屏蔽双绞线组成，采用半双工通信方式，数字化的信息传递，提高了系统的自动化水平及运行的可靠性，解决了模拟信号传输所引起的干扰及漂移问题，最远可达 1000m。可有效地减少电缆的数量，从而大大减少开发和工程费用，并极大地降低客户的启动和维护成本，通信效率较高，可达 187.5kbit/s。一台 S7-200 PLC CPU 最多可以监控 31 台变频器。接线量少，占用 PLC 的 I/O 点数少，传送的信息量大，只要把 PLC 的程序编写准确，就可随时控制变频器的起/停、改变运行频率及读/写参数，实现多台变频器的联动和同步控制。这是一种廉价的、编程容易的、使用方便的通信方式。

使用 USS 通信协议，用户程序可以通过子程序调用的方式实现 PLC 与变频器之间的通信，编程的工作量很小。在使用 USS 协议之前，需要在 STEP 7 编程软件中先安装"STEP 7-Micro/WIN V32 指令库"，几秒钟即可安装好。USS 协议指令在此指令库的文件夹中，指令库提供 8 条指令来支持 USS 协议，调用一条 USS 指令时，将会自动增加一个或多个相关的子程序。调用方法是打开 STEP 7 编程软件，在指令树的"\ 指令 \ 库 \ USS Protocol"文件夹中，将会出现用于 USS 协议通信的指令，用它们来控制变频器和读写变频器参数。用户不需要关注这些子程序的内部结构，只要将有关指令的外部参数设置好，直接在用户程序中调用它们即可。

2. USS 协议指令

USS 协议指令主要包括 USS_INIT、USS_CTRL、USS_RPM_W、USS_WPM_W 四种。

（1）USS_INIT 指令

USS_INIT 指令如图 4-81 所示，用于初始化或改变 USS 的通信参数，只激活一次即可，也就是只需一个扫描周期就可以了。在执行其他 USS

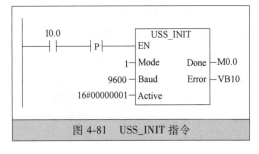

图 4-81 USS_INIT 指令

协议指令之前，必须先执行 USS_INIT 指令，且没有错误返回。指令执行完后，完成位（Done）立即置位，然后才能继续执行下一条指令。

当 EN 端输入有效时，每一次扫描都会执行指令，这是不可以的，也就是说此 EN 端不能是连续信号。应通过一个边沿触发指令或特殊继电器 SM0.1，使此端只在一个扫描周期有效，激活指令就可以了。一旦 USS 协议已启动，如想改变初始化参数，必须通过执行一个新的 USS_INIT 指令以终止旧的 USS 协议。

Mode 端用于选择通信协议，字型数据。如数据为 1，是将端口 0 分配给 USS 协议和允许该协议；如数据为 0，是将端口 0 分配给 PPI，并禁止 USS 协议。也就是说，如果没有其他附加条件，USS 协议只能通过 PLC 的 0 号通信端口通信。

Baud 端用于设定波特率，单位为 bit/s，字型数据。可选 1200bit/s、2400bit/s、4800bit/s、9600bit/s、19200bit/s、38400bit/s、57600bit/s 或 115200bit/s。一定要与变频器参数所确定的波特率一致。MM440 变频器的 P2010 参数就是设定串行接口波特率的。

Active 用于指示哪一个变频器是激活的，双字型数据。Active 共 32 位（第 0~31 位），例如第 0 位为 1 时，则表示激活 0 号变频器；第 0 位为 0 则不激活它。

Done 用于指示指令执行情况，布尔型数据。指令执行完成后，此位为 1。

Error 用于生成一个字节，字节型数据。这一字节包含指令执行情况的信息。

（2）USS_CTRL 指令

USS_CTRL 指令如图 4-82 所示，是变频器控制指令，用于控制 Micro Master 变频器。USS_CTRL 指令将用户命令放在一个通信缓冲区内，如果由 Drive 指定的变频器被 USS_INIT 指令中的 Active 参数选中，缓冲区中的命令将被发送到该变频器。每个变频器只应有一个 USS_CTRL 指令，使用 USS_CTRL 指令的变频器应确保已被激活。

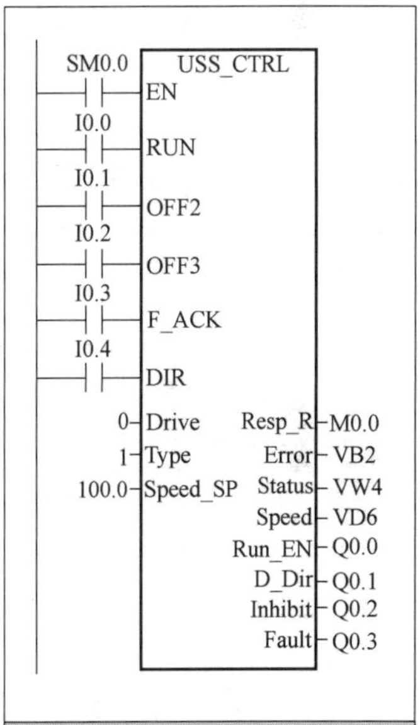

图 4-82 USS_CTRL 指令

EN 位必须接通，以启动 USS_CTRL 指令。一般情况下，这个指令总是处于允许执行状态，在此端用了一个 SM0.0（常 ON）触点。

RUN 指示变频器是否在工作。当 RUN 位接通时，Micro Master 变频器收到一个命令，以便开始以规定的速度和方向运行。为了使变频器运行，必须具备以下条件：在 USS_INIT 中将变频器激活；减速停止（OFF2）端和急停（OFF3）端必须为断态（OFF）；输出端

Fault 和 Inhibit 必须为 0。当 RUN 位断开时，则发送给 Micro Master 变频器一个命令，电动机或减速停止或立即停止。

OFF2 用来使 Micro Master 变频器减速到停止。OFF3 用来使 Micro Master 变频器快速停止。

F_ACK（故障确认）用来确认一个故障。当 F_ACK 从断变通时，变频器清除故障，Fault 位恢复为 0。当出现故障时，Error 端会有相应输出，且 Fault 端变为 1，把故障处理完，给 F_ACK 端一个闭合信号，变频器才可恢复正常。

DIR（方向）用来设置变频器的运行方向（0—逆时针方向，1—顺时针方向）。

Drive（变频器地址）是 USS_CTRL 命令指定的 Micro Master 变频器地址，有效地址为 0~31。

Type 是变频器的类型，3 系列或更早系列的为 0，4 系列的为 1。

Speed_SP 速度设定点，是用全速度的百分比表示的速度设定值，取值范围为 −200.0%~200.0%。该值为负时变频器反方向旋转。例如，40Hz 就写 80（40/50×100% = 80%），式中，50Hz 是全速度值。此端相当于最高速度值。

Resp_R（收到响应）确认从变频器来的响应。对所有激活的变频器轮询最新的变频器状态信息。每当 PLC 给变频器命令及信息，变频器收到后再返回一个响应，Resp_R 位便接通一个扫描周期，并更新以下所有的数值：

1）Error 是一个错误状态字节，它包含与变频器通信请求的最新结果。

2）Status 是由变频器返回的状态字的原始值。

3）Speed 是变频器返回的用全速度百分比表示的变频器速度（−200.0%~200.0%）。相当于一个反馈信号，反映变频器实际运行速度。

4）Run_EN（RUN 允许）是用于指示变频器的运行状态，正在运行（1）或已停止（0）。

5）D_Dir 用于指示变频器的旋转方向（0—逆时针方向，1—顺时针方向）。

6）Inhibit 指示变频器上的禁止位的状态（0—不禁止，1—被禁止）。要清除禁止位，Fault 位必须为 0，RUN、OFF2 及 OFF3 输入位也必须为 0 状态。

7）Fault 指示故障位的状态（0—无故障，1—故障）。发生故障时，变频器将提供故障代码（参阅变频器使用手册），在 Error 所指字节里，即图 4-82 中 VB2 里。要清除 Fault 位，需找出故障原因并消除故障，然后接通 F_ACK 位。

表 4-3 给出了 USS_CTRL 子程序各端子的操作数和数据类型。

（3）USS_RPM_W 指令

USS_RPM_W 指令格式如图 4-83 所示，用于读取变频器的无符号字，是 PLC 读取变频器参数的 3 条指令之一。当 Micro Master 变频器对接收的命令进行应答或返回一个出错状况时，则完成 USS_RPM_W 指令的处理。在该处理等待响应时，逻辑扫描仍继续进行。EN 位必须接通以启动发送请求，这个位应保持接通一直到 Done 位被置位才标志着整个处理结束。

当 XMT_REQ 位输入接通时，每次扫描，USS_RPM_W 都发送请求到变频器，因此，XMT_REQ 的输入端必须与脉冲边沿检测指令相连接，保证每次 EN 输入端到来时，XMT_REQ 输入端只接通一个扫描周期，用来向变频器发出请求。

Drive 是变频器的地址，字节变量，USS_RPM_W 指令将被发送到这个地址，每个变频器的有效地址为 0~31。

字变量 Param 和 Index 分别是要读取的变频器参数的编号和参数的下标值。

必须将 16B 缓冲区的地址提供给 DB_Ptr 输入，USS_RPM_W 指令使用这个缓冲区以存储向变频器所发送命令的结果。

USS_RPM 指令完成时，Done 位输出接通，意味着所要的信息已读取过来，且 Error 位输出字节包含执行这个指令的结果。Value 是读取过来的参数值。

（4）USS_WPM_W 指令

USS_WPM_W 指令格式如图 4-84 所示，用于写入变频器的无符号字，是 PLC 写入变频器参数的 3 条指令之一。当 Micro Master 变频器对接收的命令进行应答或返回一个出错状况时，则完成 USS_WPM_W 指令的处理。在该处理等待响应时，逻辑扫描仍继续进行。EN 位必须接通以启动发送请求，这个位应保持接通一直到 Done 位被置位才标志着整个处理结束。

表 4-3　USS_CTRL 子程序各端子的操作数和数据类型

输入/输出	操作数	数据类型
RUN	I、Q、M、S、SM、T、C、V、L、功率流	布尔数
OFF2	I、Q、M、S、SM、T、C、V、L、功率流	布尔数
OFF3	I、Q、M、S、SM、T、C、V、L、功率流	布尔数
F_ACK	I、Q、M、S、SM、T、C、V、L、功率流	布尔数
DIR	I、Q、M、S、SM、T、C、V、L、功率流	布尔数
Drive	VB、IB、QB、MB、SB、SMB、LB、AC、常数、＊VD、＊AC、＊LD	字节
Speed_SP	VD、ID、QD、MD、SD、SMD、LD、AC、＊VD、＊AC、＊LD、常数	实数
Resp_R	I、Q、M、S、SM、T、C、V、L	布尔数
Error	VB、IB、QB、MB、SB、SMB、LB、AC、＊VD、＊AC、＊LD	字节
Status	VW、T、C、IW、QW、SW、MW、SMW、LW、AC、AQW、＊VD、＊AC、＊LD	字
Speed	VD、ID、QD、MD、SD、SMD、LD、AC、＊VD、＊AC、＊LD	实数
Run_EN	I、Q、M、S、SM、T、C、V、L	布尔数
D_Dir	I、Q、M、S、SM、T、C、V、L	布尔数
Inhibit	I、Q、M、S、SM、T、C、V、L	布尔数
Fault	I、Q、M、S、SM、T、C、V、L	布尔数

USS_WPM_W 指令中 EN、XMT_REQ、Drive、Param、Index、DB_Ptr、Done、Error 各位的作用与 USS_RPM_W 指令中的各位相同。Value 是要写入变频器的 RAM 的参数值，也可以写入变频器的 EEPROM。EEPROM 输入接通时，指令同时将参数写入变频器的 RAM 和 EEPROM，该输入断开时，只写入变频器的 RAM。

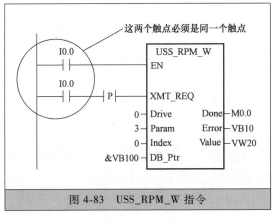

图 4-83　USS_RPM_W 指令

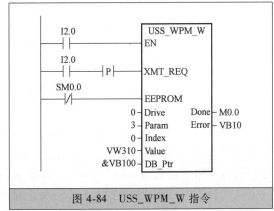

图 4-84　USS_WPM_W 指令

3. USS 的使用要求

USS 通信占用 0 号通信端口，在选择使用 USS 协议与驱动通信后，此端口不能够再用于其他用途，包括与 STEP 7-Micro/WIN 通信。只有通过执行另外一条 USS_INIT 指令，或将 CPU 的模式开关置于 STOP 位置，才能重新使端口 0 用于与 STEP 7-Micro/WIN 通信。PLC 与变频器的通信中断将使变频器停止工作。

USS 指令影响所有的与端口 0 的自由口通信相关的 SM 区。

USS 指令使用 14 个子程序、3 个中断程序和累加器 AC0~AC3。

USS 指令占用用户程序存储空间 2300~3600B。

USS 指令需要 400B 的 V 存储区。区域的起始地址由用户指定并保留给 USS 变量。作为用户不必关心留给 USS 指令的 V 存储区的内容，只记住别再他用。

有一些 USS 指令还要求 16B 的通信缓冲区。缓冲区的起始地址由用户指定。建议为每一条 USS 协议指令指定一个单独的缓冲区。仍不可再用于其他。

USS 指令不能用在中断程序中。

4. USS 的编程顺序

1）使用 USS_INIT 指令初始化变频器。确定通信口、定波特率、定变频器地址号。

2）使用 USS_CTRL 激活变频器。启动变频器、确定变频器运行方向、确定变频器减速停止方式、清除变频器故障、确定运行速度、确定与 USS_INIT 指令相同的变频器地址号。

3）配置变频器参数，以便与 USS 指令中指定的波特率和地址相对应。

4）连接 PLC 和变频器间的通信电缆。应特别注意变频器的内置式 RS-485 接口。

5）程序输入时应注意，S7 系列的 USS 协议指令是成型的，在编程时不必理会 USS 的子程序和中断，只要在主程序中开启 USS 指令库就可以了。调用位置如图 4-85 所示。

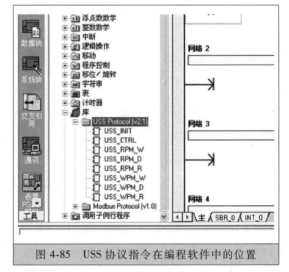

图 4-85　USS 协议指令在编程软件中的位置

5. 西门子公司 Micro Master 440 变频器

Micro Master 440 变频器是用于控制三相交流电动机速度的系列产品，Micro Master 440 变频器有多种规格，额定功率范围为 120W~200kW，或者可达 250kW，可供用户选择。

变频器具有默认的工厂设置参数，可直接拖动电动机，实现电动机的变频调速运行。在设置了变频器的相关参数以后，既可以用作单独的驱动系统，也可以通过自身的并行口或串行口集成到自动化系统中。

在进行 Micro Master 440 变频器的通信电缆连接时，取下变频器的前盖板露出接线端子，如图 4-86 所示。将 RS-485 通信电缆的一端与变频器的 USS 专用端子相连，因为要与端子相连，所以不用带连接器，而 S7-200 PLC 那端的电缆头却一定要带连接器。

将变频器连接到 PLC 之前必须确认变频器已有以下的系统参数，可使用变频器正面操作盒上的键盘设定参数，参数可按以下步骤设定：

1）将变频器复位到出厂时的设定值（或称默认值）。使 P0010 = 30，P0970 = 1。然后按 P 键，等几秒钟初始化即告完成，别人先前设置过的参数就都被抹掉了，免得影响正常设置。

USS PZD 长度：P2012［0］= 2

USS PKW 长度：P2013［0］= 127

2）可以对变频器所有参数的读/写访问（专家模式）：P0003 = 3。

3）检查所驱动的电动机设置：P0304 = 额定电动机电压（V）；P0305 = 额定电动机电流（A）；P0307 = 额定功率（W）；P0310 = 额定电动机频率（Hz）；P0311 = 额定电动机速度（r/min）。

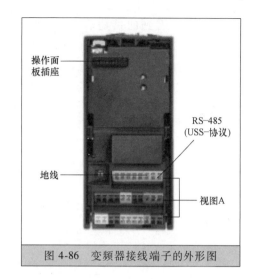

图 4-86 变频器接线端子的外形图

这些设置因使用的电动机不同而不同。

要设置参数 P0304、P0305、P0307、P0310 和 P0311，必须先将参数 P0010 设为 1（快速调试模式）。当完成参数设置后，将参数 P0010 再设为 0。参数 P0304、P0305、P0307、P0310 和 P0311 只能在快速调试模式下修改。

4）设定参数 P0700 = 5，设置为远程控制方式，即通过 RS-485 通信链路的 USS 通信。

5）设定 RS-485 串行接口的波特率。

P2010［0］= 4（2400bit/s）；P2010［0］= 5（4800bit/s）；P2010［0］= 6（9600bit/s 默认值）；P2010［0］= 7（19200bit/s）。

6）输入从站地址。每个变频器（最大 31）可经过总线运行。P2011［0］= 0~31。

7）设置基准频率。P2000 = 50Hz。

8）设置 USS 规格化。P2009 = 0，禁止 USS 规格化；P2009 = 1，允许 USS 规格化。

9）EEPROM 存储器控制（任选）。当 P0971 = 0 断电时，丢失更改的参数设定值（包括 P0971）；当 P0971 = 1 断电时（默认值），仍保持更改的参数设定值。

10）设定参数 P1000 = 5，即通过 RS-485（COM）通信链路的 USS 通信发送频率设定值。

其他参数可随时通过 PLC 程序写入变频器。

计算机、PLC、变频器和电动机之间的连接示意图如图 4-87 所示。

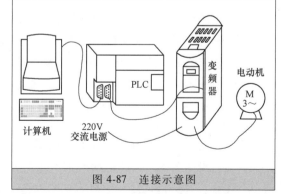

图 4-87 连接示意图

6. 通信电缆连接

前面的图 4-87 为整体连接，PLC 与变频器之间的连接还需特别明确一下，要求用一根带 D 型 9 针阳性插头的通信电缆接在 PLC（S7-200 PLC CPU226）的 0 号通信口，9 针并没有都用上，只接其中的 3 针，它们是 1（地）、3（B）、8（A），电缆的另一端是无插头的，以便接到变频器的 2、29、30 端子上，因这边是内置式的 RS-485 接口，如图 4-86 所示，在外面能看到的只是端子。两端的对应关系是2↔1、29↔3、30↔8。连接方式示意图如图4-88所示。如果PLC与变频器是点到点的连接，那么变频器这边还要接上偏置电阻，连接方式如图4-89所示。

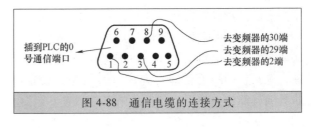

图 4-88　通信电缆的连接方式

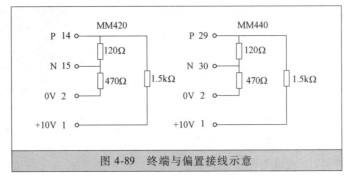

图 4-89　终端与偏置接线示意

7．本例控制要求

（1）电梯门简介

电梯有层门和轿厢门。层门设在层站入口处，根据需要，井道在每层楼设1个或2个出口，层门数与层站出入口相对应。轿厢门与轿厢随动，是主动门，层门是被动门。门的关闭、开启的动力源是门电动机，通过传动机构驱动轿门运动，再由轿门带动层门一起运动。

根据电梯的使用要求，可以选择适当的传动系统。传动机构应满足：安全可靠、运行平滑、噪声小、质量轻和体积小等要求。门电动机一般设在轿厢顶部，门电动机的控制箱也设置在轿厢顶部。根据开关门方式，门电动机可设在轿顶前沿中央或旁侧。电动机可以是交流的也可以是直流的，目前以交流电动机为主。

（2）电梯门电动机控制系统

电梯门机控制系统主要由门电动机控制器、门电动机驱动装置以及门电动机等组成。当今门电动机控制器更多的是用变频器，由变频器拖动与控制门电动机，使其沿给定门电动机曲线运行，以快速、安静、准确地开关电梯轿厢门和厅门。这部分如同一个小型的电动机拖动控制系统。电梯门的调速方式也是多种多样，但从效果和经济角度来看，直流调速和交流调速等方式均不如变频调速。电梯门电动机系统里的变频器一般采用单相输入三相输出这一类型。

（3）控制要求

电梯门电动机开、关门的动作原则是"慢—快—慢—慢"，即首先是慢速起动然后快速运行，快到终点时速度再降下来，呈现平稳、快速、准确、噪声小的特点。这样，开关门过程各需4个运行速度，在门电动机运行途中的适当位置设置开关（可以是光电开关、限位开关、接近开关等），通过这些开关改变速度，在开门与关门的终点还要设置终端限位开关。当电梯门在关门的过程中有人或物被夹，此时必须开门，一直开到初始状态再执行关门动作，所以还应有安全触板开关。

用变频器拖动电动机变速运行，PLC作为核心控制器件接收现场信号，输出控制信号给变频器实现最终控制。变频器与PLC之间利　用USS通信协议通过通信串口进行信号往来,可以实现多级速控制。图4-90所示为单方向速度变化曲线图。

8. 通信程序设计

首先用 USS_INIT 指令确定 PLC 与变频器的通信端口、通信波特率、与 PLC 通信的变频器台数。然后确定加减速时间,单位为 s,参数写进去之后变频器会返回信息,说明已经收到。然后就看电梯门的状态了,一般情

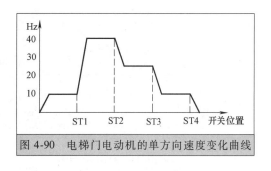

图 4-90 电梯门电动机的单方向速度变化曲线

况下没有运行的电梯会停在某层,门是关闭的,按下开门按钮电梯门会打开,打开后延时 8s,用来进行乘客的上下,如乘客比较少不想等待该时间,可以按下关门按钮,电梯门开始执行关门动作。现以开门过程为例,先是以 10Hz 的速度运行,碰到开门速度控制开关 1(I0.6)时开始升速到 40Hz,再碰到开门速度控制开关 2(I0.7)时开始减速运行,频率为 25Hz,后面再碰到开门速度控制开关 3(I1.0)时,速度降到 10Hz,也就是最后临近终点的运行速度了,开到最后碰到开门到位限位开关(I0.4),至此整个开门过程结束。关门过程也是一样,也要经历慢—快—慢—慢四个速度段。在关门过程中如有人需乘梯可触碰门口侧面的触板开关,门将停止关闭转为开门。另外,为了安全起见,开门动作还有一个要求,就是必须在门区范围之内,离开门区开门动作是无效的。

1)明确控制要求后,要进行 PLC 的 I/O 分配。PLC 的控制接线图如图4-91所示。

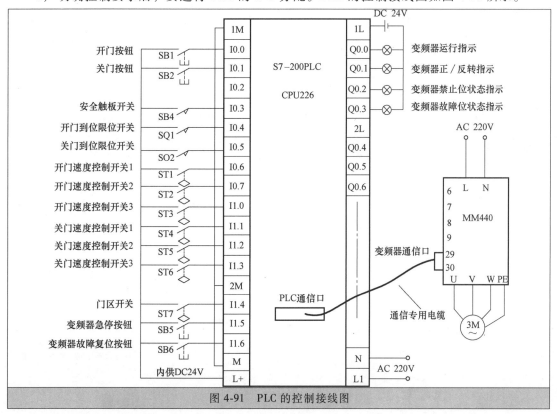

图 4-91 PLC 的控制接线图

2)电梯门变速控制程序梯形图及详解如图4-92所示,以开门过程为例。

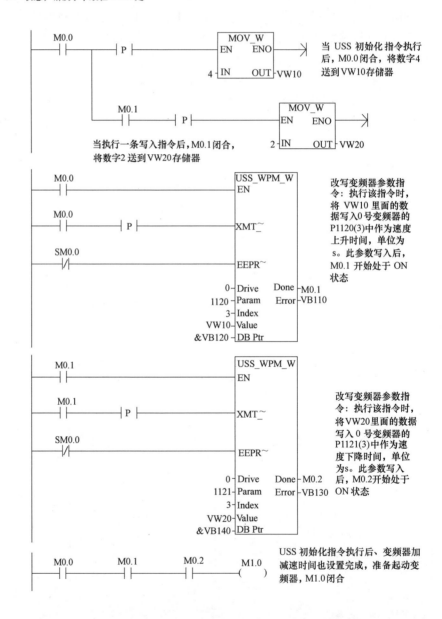

图 4-92 电梯门变速

```
 I1.4    M1.0    M0.3    M0.4    I0.5    M1.3                      T37
─┤├──┬──┤├──┬──┤/├──┬──┤/├──┬──┤├──┬──┤/├────────────────────┤IN    TON│
      │           当电梯停止运行后，延迟1s，即可以执行开门运行         │         │
      │                                                      10─┤PT 100ms│
      │
      │  T37           P     M0.3
      ├──┤├──────────┤P├────(S)         1s后M0.3闭合，决定开门，开门运行到终点，
      │                      1          触碰开门限位开关I0.4，开始减速停靠的M0.6，
      │  I0.4          P     M0.3        都可以结束开门运行。电梯门打开后，乘客上下，
      ├──┤├──────────┤P├────(R)         经过10s延迟，即可以执行关门运行
      │                      1
      │  M0.6
      └──┤├──

      M1.0    M0.3    M0.4    I0.4    M1.3                      T38
   ┬──┤├──┬──┤/├──┬──┤/├──┬──┤├──┬──┤/├────────────────────┤IN    TON│
   │                                                         │         │
   │                                                     100─┤PT 100ms│
   │
   │  T38           P     M0.4        10s后M0.4闭合，决定关门，关门运行到
   ├──┤├──────────┤P├────(S)         终点，触碰关门限位开关I0.5，或按下开门
   │                      1          按钮I0.0，或触碰电梯门口的安全触板开关
   │  I0.0          P     M0.4        I0.3，都可以结束关门运行。假设电梯上行
   ├──┤├──────────┤P├────(R)         时M1.1闭合；电梯下行时M1.2闭合，都可
   │                      1          以使M1.3闭合，作用是保证在电梯停止时
   │  I0.3                           才可以执行开关门动作
   ├──┤├──
   │
   │  I0.5
   ├──┤├──
   │
   │  M1.1    M1.3
   ├──┤├──────( )
   │
   │  M1.2
   └──┤├──

   I1.4    I0.4           P        ┌─MOV_DW─┐
─┬──┤├──────┤├──────────┤P├───────┤EN   ENO├──
 │      开门过程结束将存储运行速度的存储器VD30清零    │         │
 │                                          0─┤IN   OUT├─VD30
 │                                          └────────┘
 │  I1.0    M0.6           M0.5
 ├──┤├──────┤/├──────────( )      在开门过程的最后段碰撞速度
 │                                控制开关3，变频器运行速度转
 │  M0.5                          为最低速，这时距离减速停靠已
 ├──┤├──                 T39      经很近，设置一个运行时间，时
 │                  ┌─────────┐   间过后开始减速停靠
 │                  │IN    TON│
 │                  │         │
 │              20─┤PT  100ms│
 │                  └─────────┘
 │
 │  M0.3    I0.5           P        ┌─DI_R─┐
 ├──┤├──────┤├──────────┤P├───────┤EN ENO├──
 │      门关闭时，I0.5闭合。当执行开门动作       │      │
 │      时，最先运行的是低速10Hz，是20%    20─┤IN OUT├─VD30
 │                                        └──────┘
 │  I0.6                  P        ┌─DI_R─┐
 ├──┤├──────────────────┤P├───────┤EN ENO├──
 │      开门过程中触碰开门速度控制开关1，         │      │
 │      I0.6闭合。运行速度改为40Hz，是80%  80─┤IN OUT├─VD30
 │                                        └──────┘
 │  I0.7                  P        ┌─DI_R─┐
 ├──┤├──────────────────┤P├───────┤EN ENO├──     开门过程中触
 │      开门过程中触碰开门速度控制开关2，         │      │       碰开门速度控
 │      I0.7闭合。运行速度改为25Hz，是50%  50─┤IN OUT├─VD30   制开关3，I1.0
 │                                        └──────┘       闭合。运行速
 │  I1.0                  P        ┌─DI_R─┐             度改为10Hz，
 └──┤├──────────────────┤P├───────┤EN ENO├──           是20%
                                   │      │
                               20─┤IN OUT├─VD30
                                   └──────┘
```

控制程序梯形图

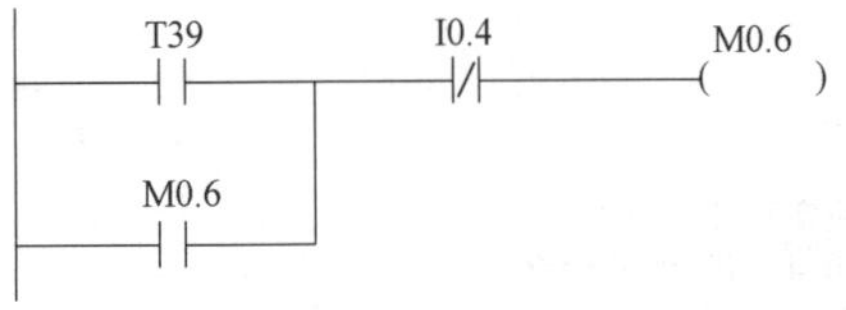

```
        T39          I0.4          M0.6
       ──┤├──────────┤/├──────────( )
        M0.6
       ──┤├──

        SM0.0     USS_CTRL
       ──┤├────── EN
        M0.3
       ──┤├────── RUN
        M0.6
       ──┤├────── OFF2
        I1.5
       ──┤├────── OFF3
        I1.6
       ──┤├────── F_ACK
        M0.3
       ──┤├────── DIR

              0 ─ Drive    Resp_R ─ M0.7
              1 ─ Type     Error  ─ VB2
           VD30 ─ Speed~   Status ─ VW4
                           Speed  ─ VD6
                          Run_EN  ─ Q0.0
                           D_Dir  ─ Q0.1
                          Inhibit ─ Q0.2
                           Fault  ─ Q0.3
```

负责变频器减速停靠的信号，按距离然后再按时间调整好T39延时时间，M0.6闭合

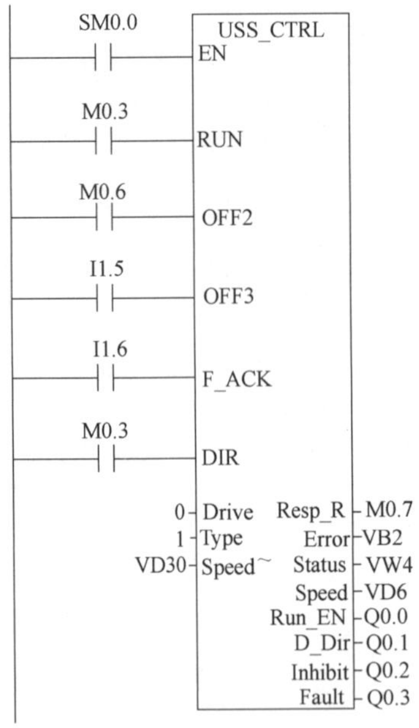

变频器控制指令，也是PLC与变频器间实现USS通信协议的关键指令。EN端输入位为1时，执行该指令，一般情况下，该指令总是处于允许执行状态。RUN端为1时，变频器收到起动命令，以规定的速度和方向运行。OFF2端为1时，控制变频器减速，此时，RUN端信号必须为0。OFF3端为1时，变频器快速停车。F_ACK端为1时，变频器清除故障信号，相当于复位按钮，故障是否已清除看Q0.3端指示灯。DIR端决定运行方向，有信号是一个方向，没有信号是另一个方向。Drive端是变频器地址号，本例选0号变频器。Type端是变频器序列号，本例为4系列，选1。Speed端决定变频器运行速度，本例选用百分比方式，基频选定50Hz，这时如果VD30存储器里存放的是80，也就是基频50Hz的80%，就是40Hz。本指令右侧端信号都是变频器的反馈信号，有运行过程指示、方向指示、有无故障指示、速度监视、变频器运行状态监视等

图 4-92 电梯门变速控制程序梯形图（续）

实例九 基于通信功能的两台电梯并联运行控制程序

1. 控制要求

使用西门子PPI协议实现两台PLC之间的通信，两台PLC控制两台电梯，层站数都是4层4站，两台PLC中一个为主站另一个为从站，实际运行起来主站不仅自己运行还掌控着从站的状态，以使控制系统形成一个整体更加快捷地为乘客服务。电梯的控制主要是对交通信号进行管理与控制，设计思路是首先要有呼梯信号，然后是谁去执行此请求，确定两台电梯的位置及运行方向，再由呼梯信号决定谁去响应。电梯运行及响应呼梯信号的原则与实际电梯完全相同。

1）行车方向由内选的信号决定顺向优先执行，由主站以就近原则来控制哪台电梯先行。

2）行车途中如遇呼梯信号，先行驶的电梯采用顺向载客反向不载客的原则行驶，遇到反向呼梯信号则主站命令自己或从站去行驶载客。

3）内选及外呼信号都具有记忆功能，用指示灯来显示，执行后解除信号。

4）电梯运行到某层停靠，电梯门即打开，上下乘客，然后自动关门。如不行驶则停靠在此，本层站外呼钮按下可打开门，轿内开门按钮也可将门打开。

5）从开门到关门的延时时间是为了上下乘客，如遇乘客少，为了节省时间也可按下关门按钮，门随即关闭。

6）呼梯执行原则是轿内优先，在关门之前定向。

7）电梯出口附近设门区开关，只有在门区范围之内轿门才能够打开。

8）在关门过程中如又遇乘客需乘梯可触碰位于轿门门口的安全触板开关。

9）机房井道底坑等处所有负责安全保护的开关，本例都略去。

这是两台 PLC 主从式通信的例子，通过这个例子应了解两台 PLC 间通信都应建立哪些初始化程序，主站怎样读取从站的数据又怎样将自己的数据写到从站中去，数据的通信是以变量寄存器为通道来实现的，这些寄存器是可选的，但只要建立了第一个，后面的就要连续使用（也就是说成组使用）。这个例子想达到的控制目的是主站作为主控站点，掌控着两台电梯的运行状态，从站只能服从，主站让干什么就干什么。两台电梯并联运行的原则就是顺路截车，就近前往。例如，主站电梯停在 4 楼，从站电梯停在 2 楼，这时 1 楼有呼梯信号，主站就会安排从站前往响应 1 楼的呼梯信号。

2. 程序设计

这种通信方式的主角就是主站，它让从站干什么，从站就干什么，同时它还可受控于从站，实质上就是数据读写。读写的区域范围由主站来定，哪些数据可以写给从站又有哪些数据找从站要，都是编程时需定好的。STEP 7-Micro/WIN 编程软件默认的单台 PLC 的地址是 2，现在是两台 PLC，如地址相同是不能通信的，怎么办？只好通过编程软件先把地址区分开，然后再分别给 PLC 下载各自的程序。按规定 PLC 的地址只能从 2 开始往后排，在本例中看到主站地址是 2，从站地址是 3，地址 2 好办，编程软件可以自己找到，地址 3 就要经过设置才能改变。下面介绍设置过程：打开编程软件，如图 4-93 所示，单击"检视"下面

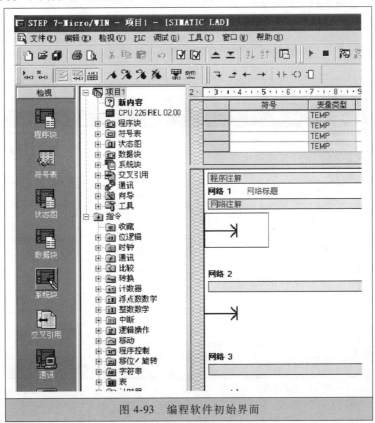

图 4-93　编程软件初始界面

的系统块，显示界面如图 4-94 所示，在此看到端口 0 和端口 1 处的 PLC 地址都是 2，单击此口的上箭头，把 2 都变成 3，如图 4-95 所示，然后单击"确认"按钮，这时界面又回到图 4-93，单击"▼"按钮把端口的设置下载给 PLC，然后单击"检视"下面的通信，通信结束后的界面如图 4-96 所示，发现这台 PLC 的地址已变成 3，单击"确认"按钮。至此给 PLC 改地址的任务已完成，把从站的程序送进去，再将两台 PLC 的模式开关都拨到 RUN 位置，就可以工作运行了。

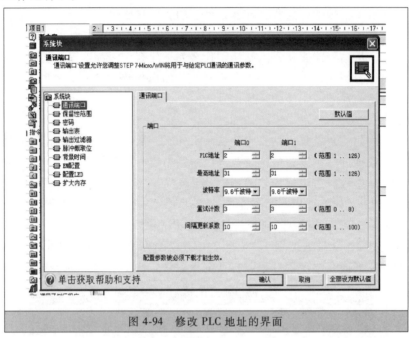

图 4-94　修改 PLC 地址的界面

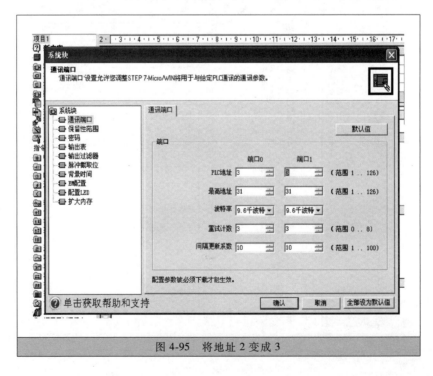

图 4-95　将地址 2 变成 3

根据控制要求，首先要确定 I/O 个数，进行 I/O 分配，确定主站与从站，配好两台 PLC 之间的通信电缆。主从式通信简单实惠，容易实现，难点与重点是主站的程序编写，读写区域与数据长度不能搞乱。从站 PLC 接线图如图 4-97 所示，主站 PLC 接线图如图 4-98 所示，主从式通信控制程序梯形图如图 4-99 所示。

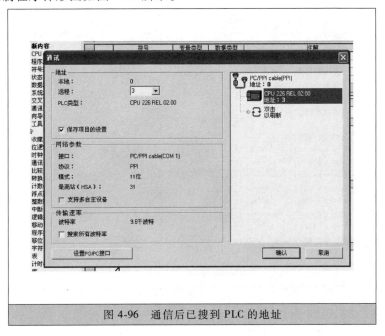

图 4-96　通信后已搜到 PLC 的地址

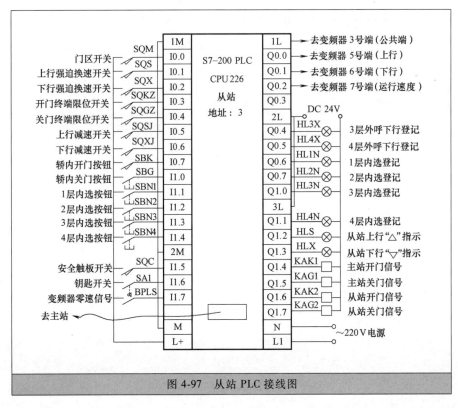

图 4-97　从站 PLC 接线图

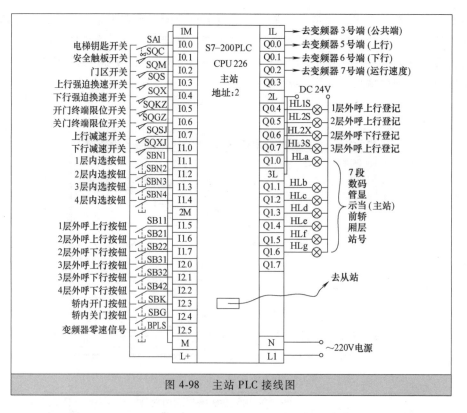

图 4-98　主站 PLC 接线图

　　本例由于 I/O 点数不够用，不能满足所有功能，像主站内选灯、上下运行指示灯、从站层标显示灯都无法安排输出点位，用了内部继电器。主从站之间读写地址及其功能见表 4-4 与表 4-5，主站程序如图 4-100 所示，从站程序如图 4-101 所示。

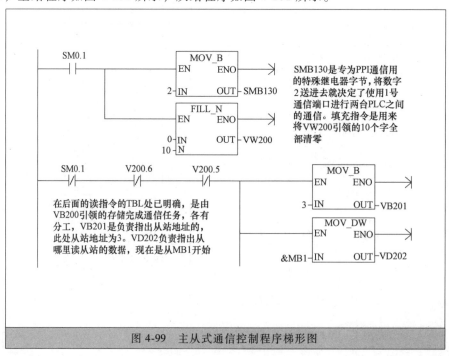

图 4-99　主从式通信控制程序梯形图

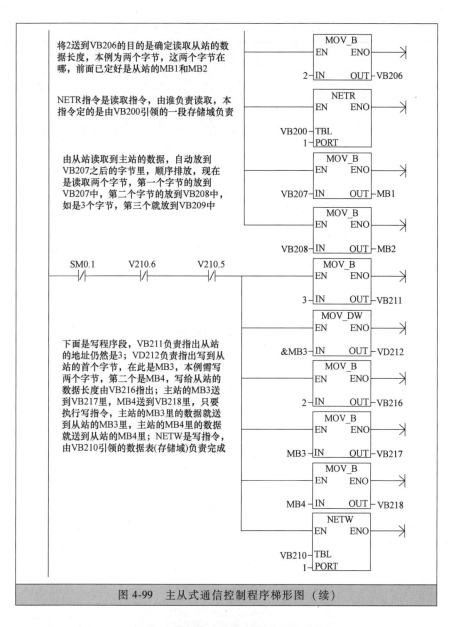

图 4-99　主从式通信控制程序梯形图（续）

表 4-4　主站读出从站数据地址及功能

从站地址	功能	读到主站的地址
I0. 5	从站上行减速开关	M1. 0
M1. 1	从站在第一层	M1. 1
M1. 2	从站在第二层	M1. 2
M1. 3	从站在第三层	M1. 3
M1. 4	从站在第四层	M1. 4
M1. 5	从站内选上行定向	M1. 5
M1. 6	从站内选下行定向	M1. 6
I0. 6	从站下行减速开关	M1. 7
M2. 0	从站正在上行	M2. 0
M2. 1	从站正在下行	M2. 1
M2. 4	从站门已关好	M2. 4

表 4-5　主站写给从站数据地址及功能

主站地址	功能	写到从站的地址
M3.0	送到从站的本层开门信号	M3.0
M3.1	送到从站的外呼上行定向	M3.1
M3.2	送到从站的用来主站开门的信号	Q1.4
M3.3	送到从站的用来主站关门的信号	Q1.5
M3.4	送到从站的三层下行外呼灯	Q0.4
M3.5	送到从站的四层下行外呼灯	Q0.5
M3.6	使从站上行运行的信号	M3.6
M3.7	使从站下行运行的信号	M3.7
M4.5	送到从站的外呼下行定向	M4.5
M4.6	用来从站外呼上行停靠的信号	M4.6
M4.7	用来从站外呼下行停靠的信号	M4.7

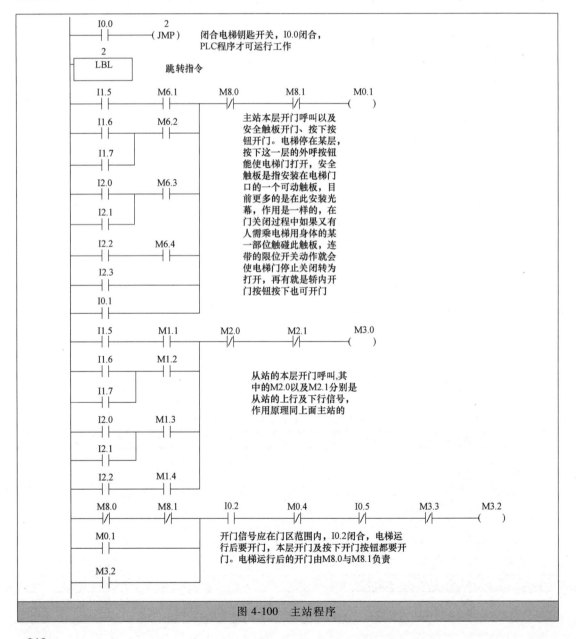

图 4-100　主站程序

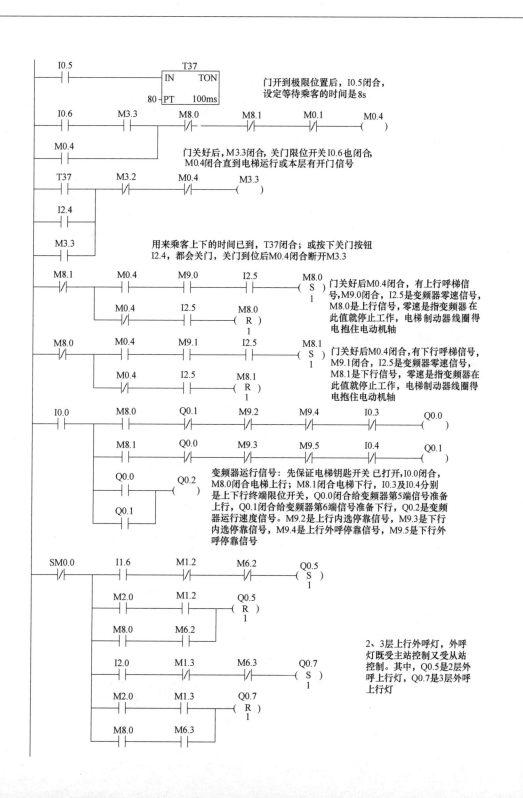

图4-100　主站程序（续）

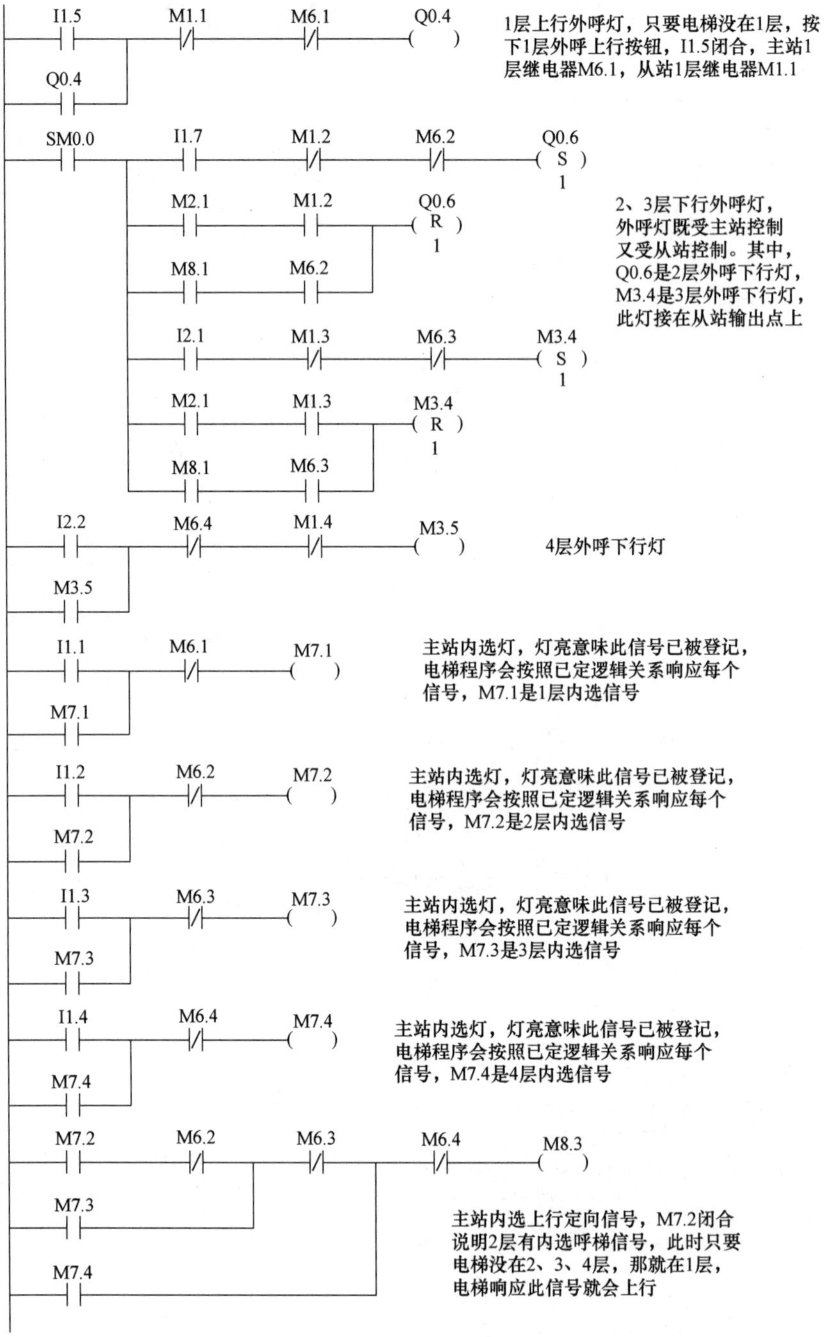

```
  I1.5      M1.1      M6.1           Q0.4
──┤├───────┤/├───────┤/├───────────( )
  Q0.4
──┤├──

  SM0.0     I1.7      M1.2      M6.2      Q0.6
──┤├───────┤├───────┤/├───────┤/├────────( S )
                                           1
            M2.1      M1.2           Q0.6
          ──┤├───────┤/├───────────( R )
                                     1
            M8.1      M6.2
          ──┤├───────┤├──

            I2.1      M1.3      M6.3      M3.4
          ──┤├───────┤/├───────┤/├────────( S )
                                           1
            M2.1      M1.3           M3.4
          ──┤├───────┤/├───────────( R )
                                     1
            M8.1      M6.3
          ──┤├───────┤├──

  I2.2      M6.4      M1.4           M3.5
──┤├───────┤/├───────┤/├───────────( )
  M3.5
──┤├──

  I1.1      M6.1           M7.1
──┤├───────┤/├───────────( )
  M7.1
──┤├──

  I1.2      M6.2           M7.2
──┤├───────┤/├───────────( )
  M7.2
──┤├──

  I1.3      M6.3           M7.3
──┤├───────┤/├───────────( )
  M7.3
──┤├──

  I1.4      M6.4           M7.4
──┤├───────┤/├───────────( )
  M7.4
──┤├──

  M7.2      M6.2      M6.3      M6.4      M8.3
──┤├───────┤/├───────┤/├───────┤/├────────( )
  M7.3
──┤├──
  M7.4
──┤├──
```

1层上行外呼灯，只要电梯没在1层，按下1层外呼上行按钮，I1.5闭合，主站1层继电器M6.1，从站1层继电器M1.1

2、3层下行外呼灯，外呼灯既受主站控制又受从站控制。其中，Q0.6是2层外呼下行灯，M3.4是3层外呼下行灯，此灯接在从站输出点上

4层外呼下行灯

主站内选灯，灯亮意味此信号已被登记，电梯程序会按照已定逻辑关系响应每个信号，M7.1是1层内选信号

主站内选灯，灯亮意味此信号已被登记，电梯程序会按照已定逻辑关系响应每个信号，M7.2是2层内选信号

主站内选灯，灯亮意味此信号已被登记，电梯程序会按照已定逻辑关系响应每个信号，M7.3是3层内选信号

主站内选灯，灯亮意味此信号已被登记，电梯程序会按照已定逻辑关系响应每个信号，M7.4是4层内选信号

主站内选上行定向信号，M7.2闭合说明2层有内选呼梯信号，此时只要电梯没在2、3、4层，那就在1层，电梯响应此信号就会上行

图4-100　主站

```
Q0.5    M6.2    M6.3                              M6.4    M0.4    M8.2
─┤├──────┤/├─────┤/├──────────────────────────────┤/├──────┤├──────( )
Q0.7    M5.1
─┤├──────┤/├─
M3.4    M7.4    M5.3    M3.5    M5.1
─┤├──────┤/├─────┤/├─────┤/├─────┤/├─
M3.5    M5.2
─┤├──────┤/├─
```
主站外呼上行定向：2、3、4层
的外呼上行信号都可以将电梯
呼叫上行，还有3层的外呼下行
信号在4层没有任何呼梯信号时
即作为最远层呼梯信号，也可将
电梯呼叫上来

```
Q0.5    M1.2    M1.3    M1.4    M2.4    M5.0    M5.5    M10.2   M3.1
─┤├──────┤/├─────┤/├─────┤/├─────┤/├─────┤/├─────┤/├─────┤/├──────( )
Q0.7    M5.4
─┤├──────┤/├─
M3.5    M5.4    M10.1
─┤├──────┤/├─────┤/├─
M3.4    M7.4    M3.5
─┤├──────┤/├─────┤/├─
```
从站外呼上行定向：2、3、4层的
外呼上行信号都可以将电梯呼叫
上行，还有3层的外呼下行信号在
4层没有任何呼梯信号时即作为最
远层呼梯信号，也可将电梯呼叫上来

```
Q0.6    M7.3    M7.4    M3.4    M3.5    Q0.7    M8.6
─┤├──────┤/├─────┤/├─────┤/├─────┤/├─────┤/├──────( )
```
当3层、4层没有呼梯
信号，2层的外呼信号
即作为最远层呼叫信号，
使电梯上行

```
M8.2    M9.0
─┤├──────( )      主站外呼、内选上行定向
M8.3
─┤├─
M8.6
─┤├─
```

```
M3.1    M3.6
─┤├──────( )      从站外呼、内选上行定向
M1.5
─┤├─
```

```
M3.4    M6.3    M6.2                      M6.1    M0.4    M8.4
─┤├──────┤/├─────┤/├──────────────────────┤/├──────┤├──────( )
Q0.6    M10.6
─┤├──────┤/├─
Q0.4    M10.1   M10.5   M10.6
─┤├──────┤/├─────┤/├─────┤/├─
Q0.5    Q0.4    M7.1    M1.1
─┤├──────┤/├─────┤/├─────┤/├─
```
主站外呼下行定向：1、2、3层
的外呼上行信号都可以将电梯
呼叫下行，还有2层的外呼上行
信号在1层没有任何呼梯信号时
即作为最远层呼梯信号，也可
将电梯呼叫下来

```
M3.4    M1.3    M1.2    M1.1    M2.4    M10.7   M10.2   M5.5    M4.5
─┤├──────┤/├─────┤/├─────┤/├─────┤/├─────┤/├─────┤/├─────┤/├──────( )
Q0.6    M10.3
─┤├──────┤/├─
Q0.4    M5.6    M10.3
─┤├──────┤/├─────┤/├─
```
从站外呼下行定向：1、2、3层的外呼上行信号都可以将
电梯呼叫下行，还有2层的外呼上行信号在1层没有任何呼梯
信号时即作为最远层呼梯信号，也可将电梯呼叫下来

```
M7.3    M6.3    M6.2    M6.1    M8.5
─┤├──────┤/├─────┤├──────┤/├──────( )
M7.2
─┤├─
M7.1
─┤├─
```
主站电梯下行内选定向，从4楼
乘梯可以在轿内选定需去的楼层

程序

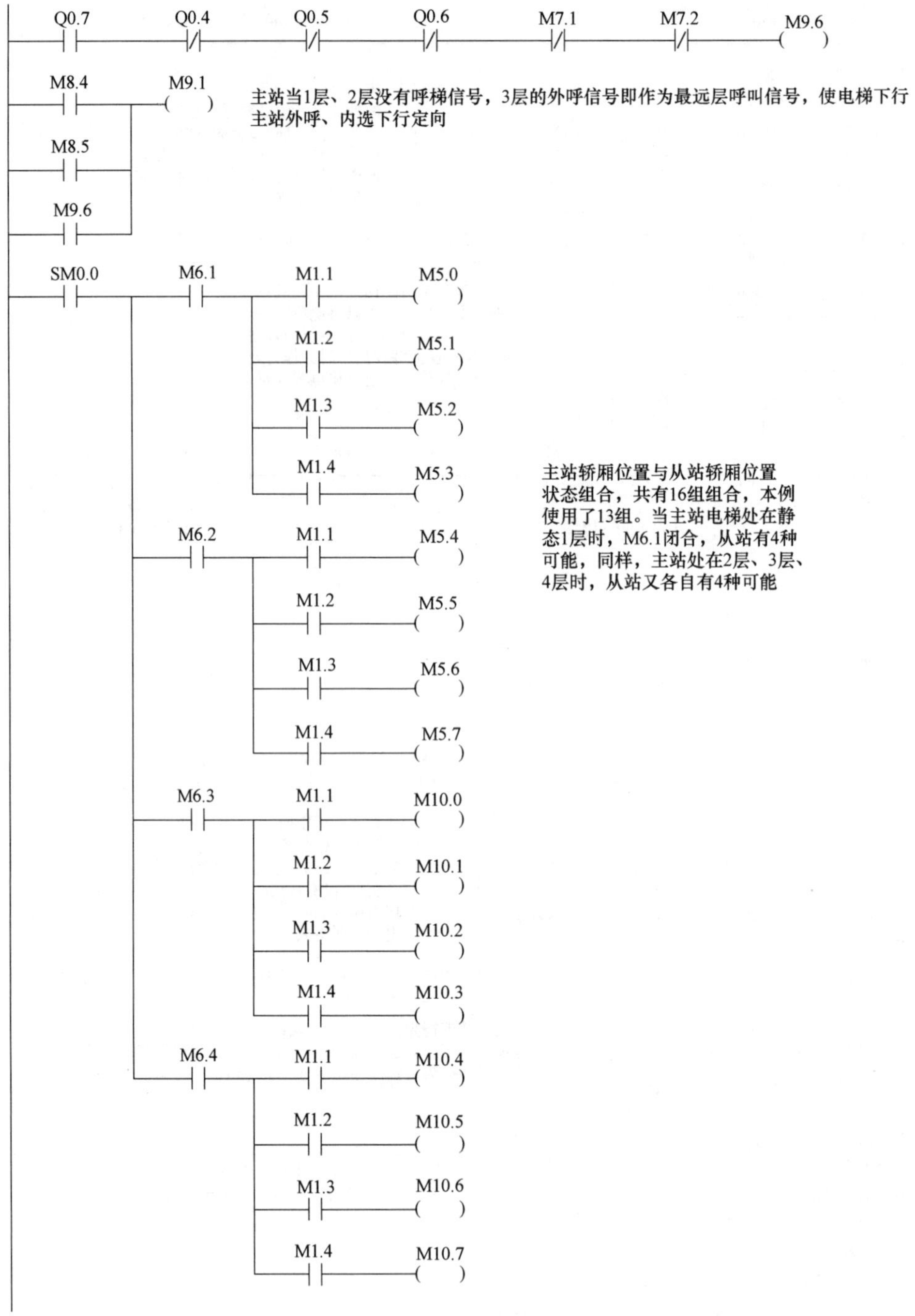

```
        Q0.7      Q0.4      Q0.5      Q0.6       M7.1      M7.2        M9.6
     ───┤├───────┤/├───────┤/├───────┤/├───────┤/├───────┤/├─────────(  )
     
        M8.4       M9.1                主站当1层、2层没有呼梯信号，3层的外呼信号即作为最远层呼叫信号，使电梯下行
     ───┤├─────┬──(  )                 主站外呼、内选下行定向
                │
        M8.5    │
     ───┤├──────┤
                │
        M9.6    │
     ───┤├──────┘

        SM0.0     M6.1      M1.1      M5.0
     ───┤├───────┤├──────┬──┤├────────(  )
                         │
                         │  M1.2      M5.1
                         ├──┤├────────(  )
                         │
                         │  M1.3      M5.2
                         ├──┤├────────(  )
                         │
                         │  M1.4      M5.3                主站轿厢位置与从站轿厢位置
                         └──┤├────────(  )                状态组合，共有16组组合，本例
                                                          使用了13组。当主站电梯处在静
                  M6.2      M1.1      M5.4                态1层时，M6.1闭合，从站有4种
               ───┤├──────┬──┤├────────(  )                可能，同样，主站处在2层、3层、
                         │                                4层时，从站又各自有4种可能
                         │  M1.2      M5.5
                         ├──┤├────────(  )
                         │
                         │  M1.3      M5.6
                         ├──┤├────────(  )
                         │
                         │  M1.4      M5.7
                         └──┤├────────(  )

                  M6.3      M1.1      M10.0
               ───┤├──────┬──┤├────────(  )
                         │
                         │  M1.2      M10.1
                         ├──┤├────────(  )
                         │
                         │  M1.3      M10.2
                         ├──┤├────────(  )
                         │
                         │  M1.4      M10.3
                         └──┤├────────(  )

                  M6.4      M1.1      M10.4
               ───┤├──────┬──┤├────────(  )
                         │
                         │  M1.2      M10.5
                         ├──┤├────────(  )
                         │
                         │  M1.3      M10.6
                         ├──┤├────────(  )
                         │
                         │  M1.4      M10.7
                         └──┤├────────(  )
```

图 4-100   主站

```
     M4.5        M3.7
─────┤├─────────(   )─────          从站外呼、内选下行定
     M1.6                            向，M3.7作为从站的下行
─────┤├───                           起动信号将写到从站中

     I0.7              M8.0                              C1
─────┤├────┤P├────────┤├──────────────────────────┤CU    CTUD├
     I1.0              M8.1
─────┤├────┤P├────────┤├──────────────────────────┤CD
     M6.1              M8.0     M8.1
─────┤├────┤P├────────┤/├──────┤/├─────────────────┤R
     I0.4                            7段数码管计数用计数器C1，上行时遇上
─────┤├────┤P├                       行减速开关I0.7增计数，下行时遇下行减
     SM0.1                           速开关I1.0减计数，在基站用下行强迫换
─────┤├────┤P├                   4─┤PV      速开关I0.4及1层继电器M6.1强迫复位

     C1
──┤==I├────┤P├──────────┌───SEG────┐──────          当C1为0时，M6.1置
   0                    │EN      ENO│                位，7段数码管显示1
                      1─┤IN      OUT├─QB1
                        └──────────┘
                  M6.1
                 ─( S )
                    1
                  M6.2
                 ─( R )
                    3

     C1
──┤==I├────┤P├──────────┌───SEG────┐──────          当C1为1时，M6.2置
   1                    │EN      ENO│                位，7段数码管显示2
                      2─┤IN      OUT├─QB1
                        └──────────┘
                  M6.2
                 ─( S )
                    1
                  M6.1
                 ─( R )
                    1
                  M6.3
                 ─( R )
                    2

     C1
──┤==I├────┤P├──────────┌───SEG────┐──────          当C1为2时，M6.3置
   2                    │EN      ENO│                位，7段数码管显示3
                      3─┤IN      OUT├─QB1
                        └──────────┘
                  M6.3
                 ─( S )
                    1
                  M6.1
                 ─( R )
                    2
                  M6.4
                 ─( R )
                    1
```

程序

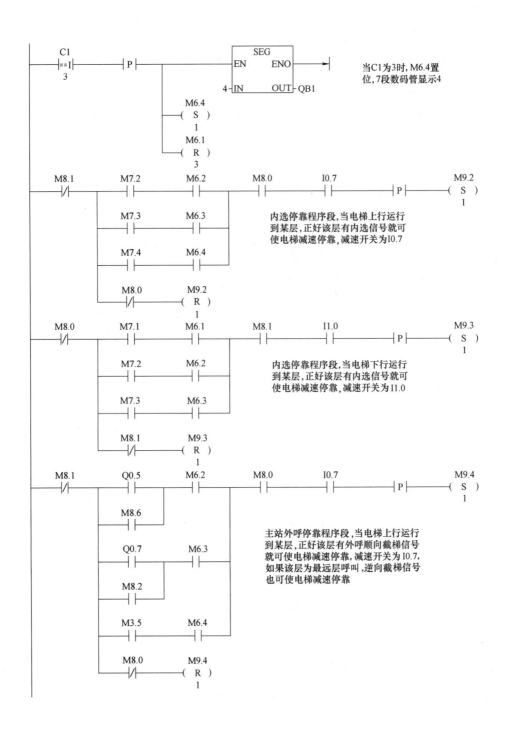

图 4-100　主站

```
  M8.0    Q0.4    M6.1      M8.1    I1.0           P        M9.5
──┤/├─────┤ ├─────┤ ├───┬───┤ ├─────┤ ├───────────┤P├───────( S )──
                        │                                        1
          Q0.6    M6.2  │
          ┤ ├─────┤ ├───┤          主站外呼停靠程序段，当电梯下行运
                        │          行到某层，正好该层有外呼顺向截梯
          M8.4          │          信号就可使电梯减速停靠，减速开关
          ┤ ├───────────┤          为I1.0，如果该层为最远层呼叫，逆向
                        │          截梯信号也可使电梯减速停靠
          M3.4    M6.3  │
          ┤ ├─────┤ ├───┤
                        │
          M9.6          │
          ┤ ├───────────┘

          M8.1    M9.5
          ┤/├─────( R )──
                     1

  M2.1    Q0.5    M1.2      M2.0    M1.0           P        M4.6
──┤/├─────┤ ├─────┤ ├───┬───┤ ├─────┤ ├───────────┤P├───────( S )──
                        │                                        1
          M8.6          │
          ┤ ├───────────┤          从站外呼停靠程序段，当电梯上行运
                        │          行到某层，正好该层有外呼顺向截梯
          Q0.7    M1.3  │          信号就可使电梯减速停靠，从站上行
          ┤ ├─────┤ ├───┤          减速开关I0.5送到主站用M1.0，如果
                        │          该层为最远层呼叫，逆向截梯信号也
          M8.2          │          可使电梯减速停靠
          ┤ ├───────────┤
                        │
          M3.5    M1.4  │
          ┤ ├─────┤ ├───┘

          M2.0    M4.6
          ┤/├─────( R )──
                     1

  M2.0    Q0.4    M1.1      M2.1    M1.7           P        M4.7
──┤/├─────┤ ├─────┤ ├───┬───┤ ├─────┤ ├───────────┤P├───────( S )──
                        │                                        1
          Q0.6    M1.2  │
          ┤ ├─────┤ ├───┤          从站外呼停靠程序段，当电梯下行运
                        │          行到某层，正好该层有外呼顺向截梯
          M8.4          │          信号就可使电梯减速停靠，从站下行
          ┤ ├───────────┤          减速开关I0.6送到主站用M1.7，如果该
                        │          层为最远层呼叫，逆向截梯信号也可
          M3.4    M1.3  │          使电梯减速停靠
          ┤ ├─────┤ ├───┤
                        │
          M9.6          │
          ┤ ├───────────┘

          M2.1    M4.7
          ┤/├─────( R )──
                     1
```

程序

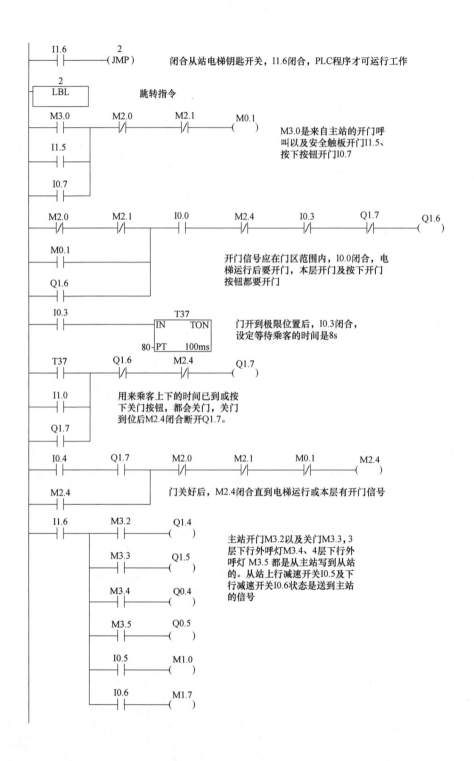

图 4-101

```
   M2.1      M2.4      M3.6      I1.7              M2.0
──┤/├──────┤ ├──────┤ ├──────┤ ├──────────────( S )
                                                     1
            M2.4      I1.7              M2.0
           ┤ ├──────┤ ├──────────────( R )
                                          1
```
门关好后M2.4闭合，有来自于主站的上行呼梯信号，M3.6闭合，I1.7是变频器零速信号，M2.0是上行信号，零速是指变频器在此值就停止工作，电梯制动器线圈得电抱住电动机轴

```
   M2.0      M2.4      M3.7      I1.7              M2.1
──┤/├──────┤ ├──────┤ ├──────┤ ├──────────────( S )
                                                     1
            M2.4      I1.7              M2.1
           ┤ ├──────┤ ├──────────────( R )
                                          1
```
门关好后M2.4闭合，有来自于主站的下行呼梯信号M3.7闭合，I1.7是变频器零速信号，M2.1是下行信号，零速是指变频器在此值就停止工作，电梯制动器线圈得电抱住电动机轴

```
   I1.6      M2.0      Q0.1      M9.2      M4.6      I0.1      Q0.0
──┤ ├──────┤ ├──────┤/├──────┤/├──────┤/├──────┤/├──────(  )

   M2.1      Q0.0      M9.3      M4.7      I0.2      Q0.1
──┤ ├──────┤/├──────┤/├──────┤/├──────┤/├──────(  )
```
变频器运行信号：先保证电梯钥匙开关已打开，I1.6闭合，M2.0闭合电梯上行；M2.1闭合电梯下行，I0.1及I0.2分别是上下行终端限位开关，Q0.0闭合给变频器第5端信号准备上行，Q0.1闭合给变频器第6端信号准备下行，Q0.2是变频器运行速度信号。M9.2是上行内选停靠信号，M9.3是下行内选停靠信号，M4.6是来自主站的上行外呼停靠信号，M4.7是来自主站的下行外呼停靠信号

```
   Q0.0              Q0.2
──┤ ├──────────────(  )

   Q0.1
──┤ ├──
```

```
   M3.6      Q0.0      Q1.2
──┤ ├──────┤/├──────(  )

   Q0.0      SM0.5
──┤ ├──────┤ ├──
```
电梯上行指示灯Q1.2，只定好方向没有运行时"△"灯点亮，指示有上行定向，开始运行时"△"灯闪亮；下行指示灯Q1.3，只定好方向没有运行时"▽"灯点亮，指示有下行定向，开始运行时"▽"灯闪亮

```
   M3.7      Q0.1      Q1.3
──┤ ├──────┤/├──────(  )

   Q0.1      SM0.5
──┤ ├──────┤ ├──
```

```
   I1.1      M1.1      Q0.6
──┤ ├──────┤/├──────(  )

   Q0.6
──┤ ├──
```
从站内选灯，灯亮意味此信号已被登记，电梯程序会按照已定逻辑关系响应每个信号，Q0.6是1层内选信号

```
   I1.2      M1.2      Q0.7
──┤ ├──────┤/├──────(  )

   Q0.7
──┤ ├──
```
从站内选灯，灯亮意味此信号已被登记，电梯程序会按照已定逻辑关系响应每个信号，Q0.7是2层内选信号

```
   I1.3      M1.3      Q1.0
──┤ ├──────┤/├──────(  )

   Q1.0
──┤ ├──
```
从站内选灯，灯亮意味此信号已被登记，电梯程序会按照已定逻辑关系响应每个信号，Q1.0是3层内选信号

```
   I1.4      M1.4      Q1.1
──┤ ├──────┤/├──────(  )

   Q1.1
──┤ ├──
```
从站内选灯，灯亮意味此信号已被登记，电梯程序会按照已定逻辑关系响应每个信号，Q1.1是4层内选信号

从站程序

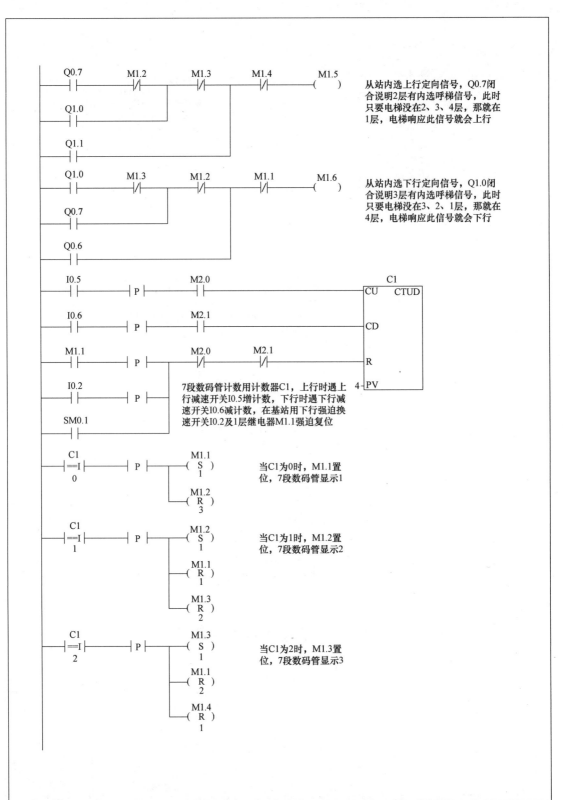

图 4-101 从站程序（续）

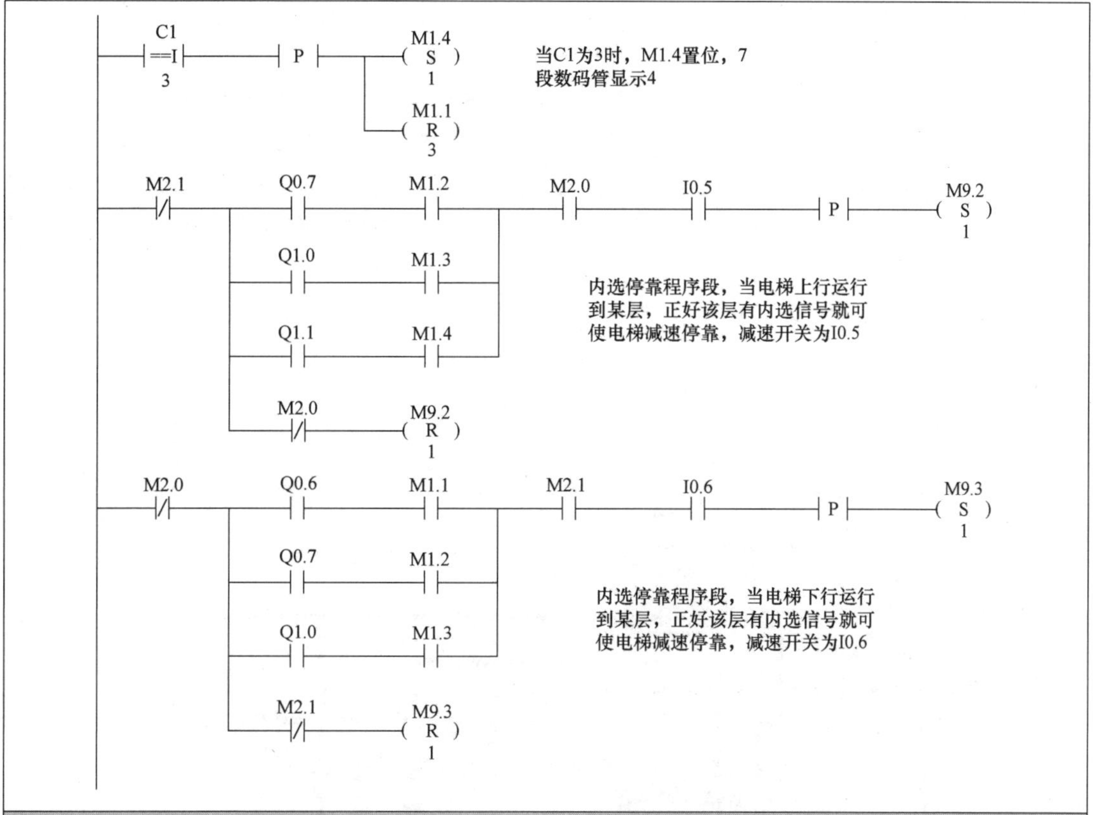

```
        C1                      P        M1.4
    ├──==I──┤      ├──────┤ P ┤────┤( S )┤       当C1为3时,M1.4置位,7
        3                            1           段数码管显示4
                                    M1.1
                              ┌────┤( R )┤
                                    3

        M2.1    Q0.7    M1.2      M2.0    I0.5      P        M9.2
    ├──┤/├──┬──┤ ├──┤ ├──┬──┤ ├──┤ ├──┤ ├──────┤ P ├────┤( S )┤
              │   Q1.0    M1.3                                  1
              ├──┤ ├──┤ ├──┤                内选停靠程序段,当电梯上行运行
              │                             到某层,正好该层有内选信号就可
              │   Q1.1    M1.4              使电梯减速停靠,减速开关为I0.5
              ├──┤ ├──┤ ├──┤
              │
              │   M2.0             M9.2
              └──┤ ├──────────────┤( R )┤
                                     1

        M2.0    Q0.6    M1.1      M2.1    I0.6      P        M9.3
    ├──┤/├──┬──┤ ├──┤ ├──┬──┤ ├──┤ ├──┤ ├──────┤ P ├────┤( S )┤
              │   Q0.7    M1.2                                  1
              ├──┤ ├──┤ ├──┤                内选停靠程序段,当电梯下行运行
              │                             到某层,正好该层有内选信号就可
              │   Q1.0    M1.3              使电梯减速停靠,减速开关为I0.6
              ├──┤ ├──┤ ├──┤
              │
              │   M2.1             M9.3
              └──┤ ├──────────────┤( R )┤
                                     1
```

图 4-101 从站程序（续）

实例十 用组态王监控食品高温杀菌过程

1. 工作原理

食品高温杀菌过程就像在家里用高压锅做饭，罐头食品的杀菌温度一般是 121℃，到达此温度后就开始恒温运行。温度低于此值达不到灭菌效果，温度高于此值又会出现焦烟变色影响质量。

肉类罐头食品控温要求较严格，要采用 PID 跟随控制，软包装类罐头食品控温不像肉类那样严格，所以采用数字量控制，也就是说，控温阀门不需控制开度，只有通、断两个状态。本例控温采用后者，即数字量控温。

现场有两个罐体，分上下两层放置，上罐是用来储水的，下罐是处理罐（也即杀菌罐），用一个金属框架作支撑，在这个生产设备上有各种管道，通过的介质有水、水蒸气、空气，管道与罐体可靠连接。第一次杀菌开始时，先给上罐加水，再用水蒸气给水加温到设置的温度，把软包装食品投入到下罐，关好门，然后把上罐的水放下来，再按要求把水温提高到应有的温度、压力也达到应有的压力值，接下来是恒温恒压，后面是降温降压，延时冷却直到结束。

现要求用 S7-200 PLC 控制整个杀菌过程，编写控制程序；制作组态王监控画面，监控整个杀菌过程。

杀菌恒温温度121℃，恒温20min，上罐（也即储水罐）温度为95℃，处理罐内压力为1.4MPa恒压。

开始工作时，按下起动按钮，给上罐加水，当水位达到设定线时，停止加水，开始加温，打开管道上的上罐排气阀，使罐内与空气同压。当温度达到80℃时，关闭排气阀，使罐体内的压力不再是常压，在继续升温的过程中如罐内压力超过1.2MPa，还要打开排气阀放气，当温度达到95℃时，停止加温。此时，下罐内应已将食品放好并已关好门，将上罐的水放下来，待水位达到应有位置时，停止放水，关闭相关阀门。接下来是给下罐加热直到121℃，加温与恒温期间要求恒压1.4MPa，超过应打开排气阀，过低应打开加压阀，直到恒温结束加水冷却，待冷却计时结束后，整个杀菌过程即告结束。杀菌设备示意图如图4-102所示。

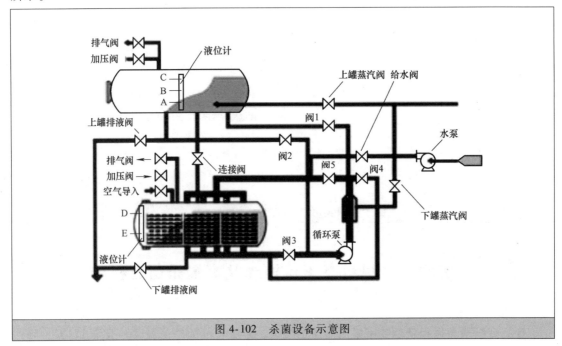

图4-102 杀菌设备示意图

2. 控制要求

（1）储水罐给水

按下起动按钮，水泵运行，给水阀、阀2、上罐排气阀打开，开始给储水罐注水，当液位达到上罐B液位时，关闭给水阀、阀2及水泵，注水停止，进入下一个控制过程，此时上罐的排气阀没有关闭。

（2）储水罐升温

此时上罐蒸汽阀打开，对上罐进行加热，当上罐温度达到85℃时，关闭排气阀，使罐内气压与外界常压隔开。继续升温到设定值时，蒸汽阀关闭，储水罐注水升温过程完毕，系统自动进入下一个工作环节。

在储水罐工作过程中特别要注意的是一开始的排气，即上罐排气阀在蒸汽进入到储水罐之前就要打开，这样会使进来的蒸汽得到流通，从而使温度迅速升高。

在上、下罐的罐体上都有热电阻探入罐内感测温度，再经变送器变成电信号送到控制仪表，在仪表上设定上限值及下限值；压力值的控制是靠压力传感器、变送器、仪表，仪表上也可设定上限值及下限值。本例把这些探测环节都集中到仪表上，用仪表上的上限值及下限值作为输入信号来考虑。

上罐的 C 液位是报警信号（本例不考虑），正常情况下液位在 B 液位附近。

（3）杀菌罐初加压

在上罐的水注入下罐之前还有一个初加压环节，开启下罐的加压阀，给已装入小包装食品的下罐加压，目的是当上罐水注入时缓冲进水速度，在控制压力的管道上有水银触点，用它控制初加压力值。

（4）杀菌罐给水

当下罐初加压结束后，阀 2、阀 3 及连接阀打开，将储水罐的热水注入杀菌罐，当水位到 D 液位时，注水结束，进入杀菌升温及恒温环节。

（5）杀菌罐升温及恒温

注水结束后，连接阀、阀 3、阀 5、循环泵、下罐蒸汽阀开启，杀菌罐继续升温，当达到设定的杀菌温度后，仪表上的上限值给出信号，停止加温开始恒温，恒温的时间因食品而异，本例假设 20min。在恒温段如温度又低于下限值蒸汽阀重新打开，如此模式使温度控制在希望值上。恒温到设定时间后，进入到热水置换（回收）步。

（6）杀菌罐进行置换或回收

置换是指冷却水从杀菌罐的下面进入将恒温时用的热水推到上罐中去，而回收是指先将恒温用过的热水抽到上罐中去，然后在杀菌罐中注入冷却水。本例用置换方式，上罐排气阀、加压阀、连接阀、阀 1、阀 3、阀 4、给水阀、水泵、循环泵打开，进入置换工序。当上罐水位达到 B 液位时，停止给水，程序进入冷却计时工序。

（7）杀菌罐冷却计时

上罐排气阀、上罐加压阀、连接阀、循环泵、阀 3、阀 5 打开，上罐的排气阀及加压阀都打开并不是自始至终，只是在这个环节应有打开工作的可能，具体是谁工作还要看某一瞬时的压力，也就是说，在这个环节应该保持恒压，超压了就要打开排气阀放气；压力太低了就要打开加压阀加压。同样，前面的恒温段也是这个原理。当达到设定时间后，冷却段结束，转入下一步。

（8）杀菌罐排液

下罐排液阀、下罐加压阀开启，下罐加压阀工作是有条件的，条件是每隔一段时间就要工作 20s，目的是加快排液进度。当液面低于 E 液面后再延时 20s，也即等待液体全部排出，关闭所有阀门，全部工作结束。但此时还要打开下罐的空气导入，使得罐内是常压便于打开下罐的门。整个杀菌过程结束，按下停止按钮。

3. PLC 的 I/O 分配

本例的 PLC 程序并不复杂，难点在组态王画面制作上。图 4-103 所示是 PLC 的 I/O 接线图。

4. 组态王画面制作

关于 Kingview 组态王软件在本章的例七中做过介绍，其最初的几步通用设置详见图 4-48~图 4-60，这里不再重复。本例的设置侧重于液体液面的变化、时间的变化以及温度值的变化。

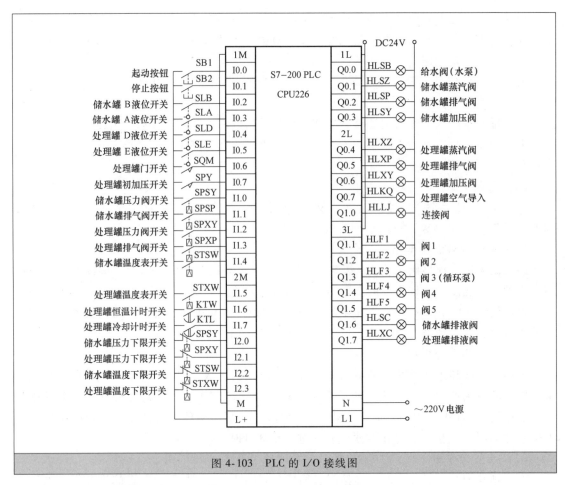

图 4-103　PLC 的 I/O 接线图

通用设置完成后，在工程目录显示区单击"数据词典"进行各种变量的设置，界面如图 4-61 所示。本例的开关量输出都是阀体，共计 16 个，占用了主机上的全部点位，它们的定义变量设置内容都一样，如图 4-63 所示。本例的模拟量输出有上罐水位、上罐水温、下罐水位、下罐水温、杀菌时间、冷却时间，在进行变量定义时需要与 PLC 的数据变量存储器（V）建立对应关系，设置上罐水位与 VW10 对应；上罐水温与 VW12 对应；下罐水位与 VW14 对应；下罐水温与 VW16 对应；杀菌时间与 VW18 对应；冷却时间与 VW20 对应。要求在加水工作段罐内水位应有上下变化，加温工作段应有温度变化数字显示，计时时间段应有时间的变化显示。变量定义设置如图 4-104 所示。

（1）上罐水位的动态设置

在图库中选择打开图库，并在图库中选择反应器，选一款适合本控制系统的，双击后拖到设计界面，如图 4-105 所示。拖到界面认为合适的地方，然后双击反应器出现如图 4-106 所示设置栏，在此设置变量名、罐体颜色、罐内背景颜色、反应液体变化的填充颜色、数码显示的输出值颜色，还有液面上下浮动的范围也就是占据百分比，本例选择 100%，最大值选择 32000，因为此值与 PLC 的 VW10 对应，最大可存储带符号数据 32767。以此反应器作为上罐。

上罐水位	I/O整型	21	食品杀菌	V10
上罐水温	I/O整型	22	食品杀菌	V12
下罐水位	I/O整型	23	食品杀菌	V14
下罐水温	I/O整型	24	食品杀菌	V16
杀菌时间	I/O整型	25	食品杀菌	V18
冷却时间	I/O整型	26	食品杀菌	V20
给水阀	I/O离散	27	食品杀菌	Q0.0
储水罐蒸汽阀	I/O离散	28	食品杀菌	Q0.1
储水罐排气阀	I/O离散	29	食品杀菌	Q0.2
储水罐加压阀	I/O离散	30	食品杀菌	Q0.3
处理罐蒸汽阀	I/O离散	31	食品杀菌	Q0.4
处理罐排气阀	I/O离散	32	食品杀菌	Q0.5
处理罐加压阀	I/O离散	33	食品杀菌	Q0.6
处理罐空气导入	I/O离散	34	食品杀菌	Q0.7
连结阀	I/O离散	35	食品杀菌	Q1.0
阀1	I/O离散	36	食品杀菌	Q1.1
阀2	I/O离散	37	食品杀菌	Q1.2
阀3	I/O离散	38	食品杀菌	Q1.3
阀4	I/O离散	39	食品杀菌	Q1.4
阀5	I/O离散	40	食品杀菌	Q1.5
储水罐排液阀	I/O离散	41	食品杀菌	Q1.6
处理罐排液阀	I/O离散	42	食品杀菌	Q1.7
控制按钮	I/O离散	43	食品杀菌	M1.0
停止按钮	I/O离散	44	食品杀菌	M1.1
A液位	I/O离散	45	食品杀菌	M1.2
B液位	I/O离散	46	食品杀菌	M1.3
C液位	I/O离散	47	食品杀菌	M1.4
D液位	I/O离散	48	食品杀菌	M1.5
E液位	I/O离散	49	食品杀菌	M1.6

图 4-104 变量定义设置

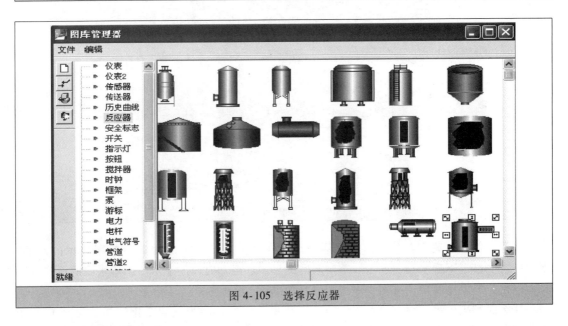

图 4-105 选择反应器

（2）上罐水温的动态设置

先制作一个圆角矩形框，此框不用动画连接，在框里面制作文本，输入三个 0，然后双击这三个 0 弹出动画连接，如图 4-107 所示。在图 4-107 中有很多动画连接选项，在"值输出"选项栏有三个选项，选定模拟值输出，单击后弹出图 4-108 所示的选项框，在这里确定变量连接、输出格式等。

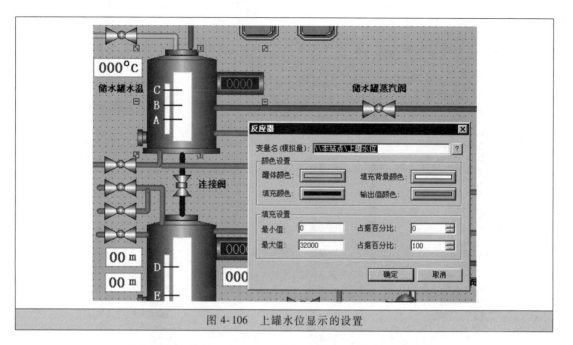

图 4-106　上罐水位显示的设置

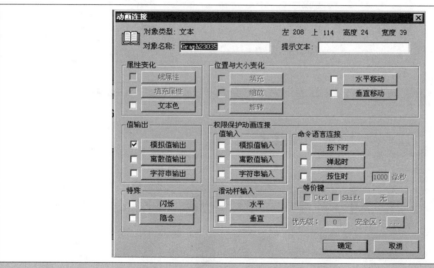

图 4-107　文本的动画连接选择

选择后单击"确定"按钮退出对话框，这样就完成了"上罐水温"数字显示的设定。用同样方法设定下罐水温的显示、杀菌时间的显示、冷却时间的显示。下罐水位的设定可参考上罐水位的设定步骤。应用程序命令语言如图 4-109 所示。

什么时候应用程序命令语言呢？连续变化量不需要，因为连续变化量都是与 PLC 的变量存储器（V）对应，只要 V 里面的数据变化，画面上的量值就跟着变化，不管是数据、液面还是滑动杆都会随之而动。凡是在画面上显示的数字量也就是离散值需要应用程序命令语言，如某个环节哪盏灯亮、哪个阀动作都要编写命令语言，命令语言有自己的规定格式，编写后单击确认若能退出，则说明编写没有错误，若有问题就会指出错在哪儿，直到错误的地方都改完才可退出。控制系统的工作画面如图 4-110 所示。

图 4-108　确定输出值对应变量及格式

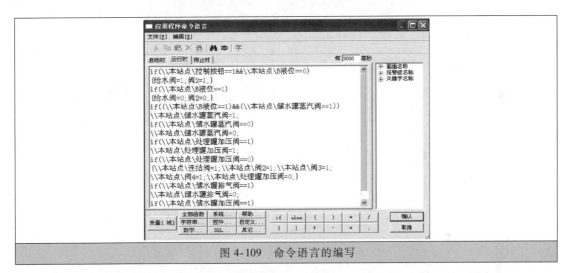

图 4-109　命令语言的编写

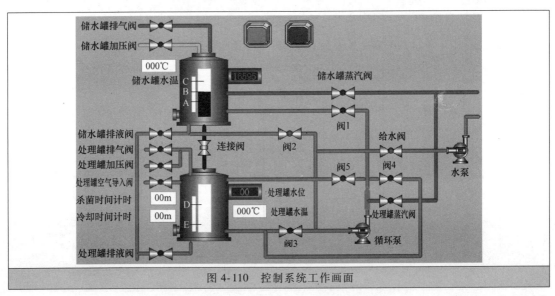

图 4-110　控制系统工作画面

5. PLC 梯形图程序

PLC 梯形图程序如图 4-111 所示。

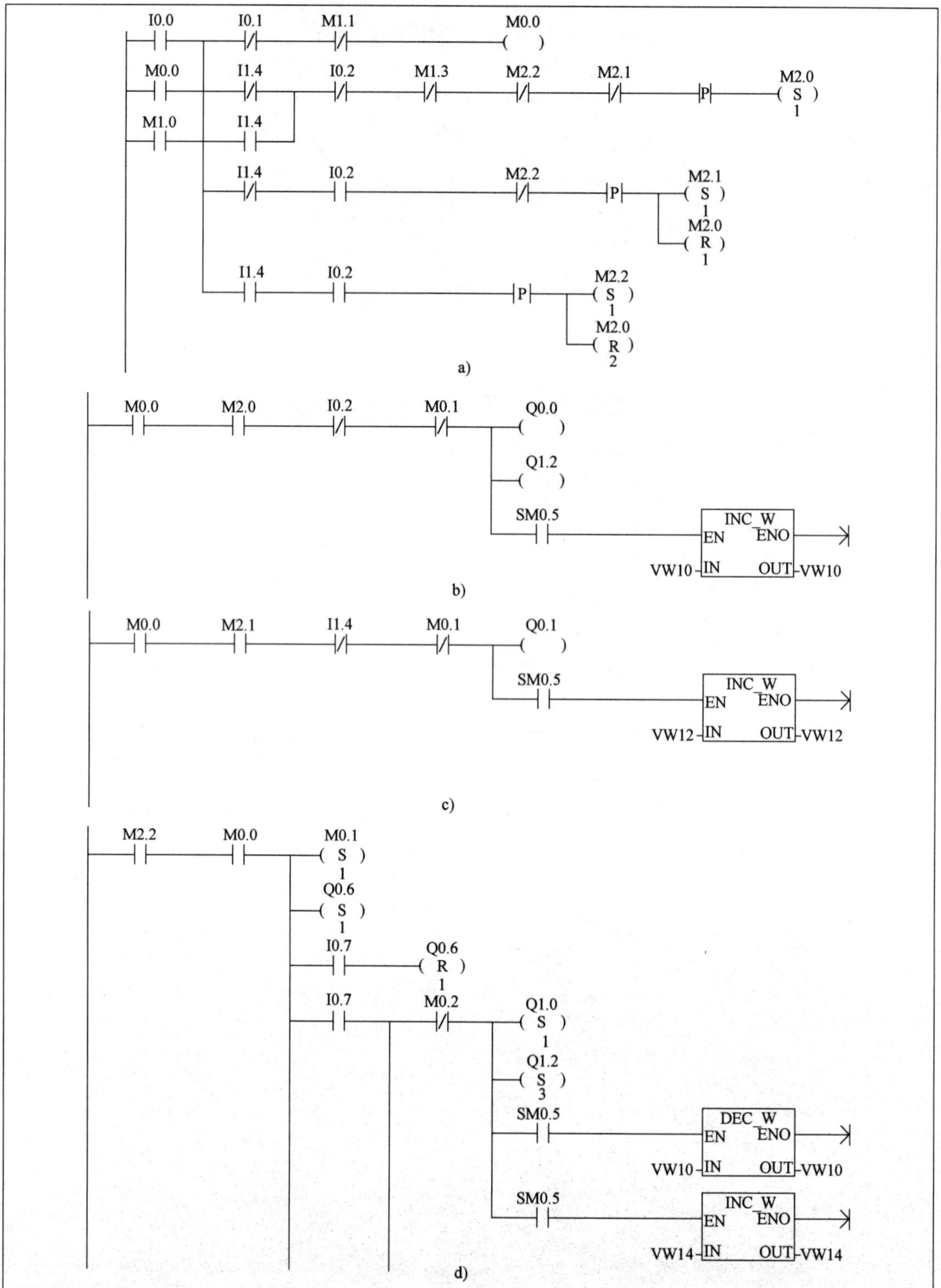

图 4-111　PLC 梯形图程序

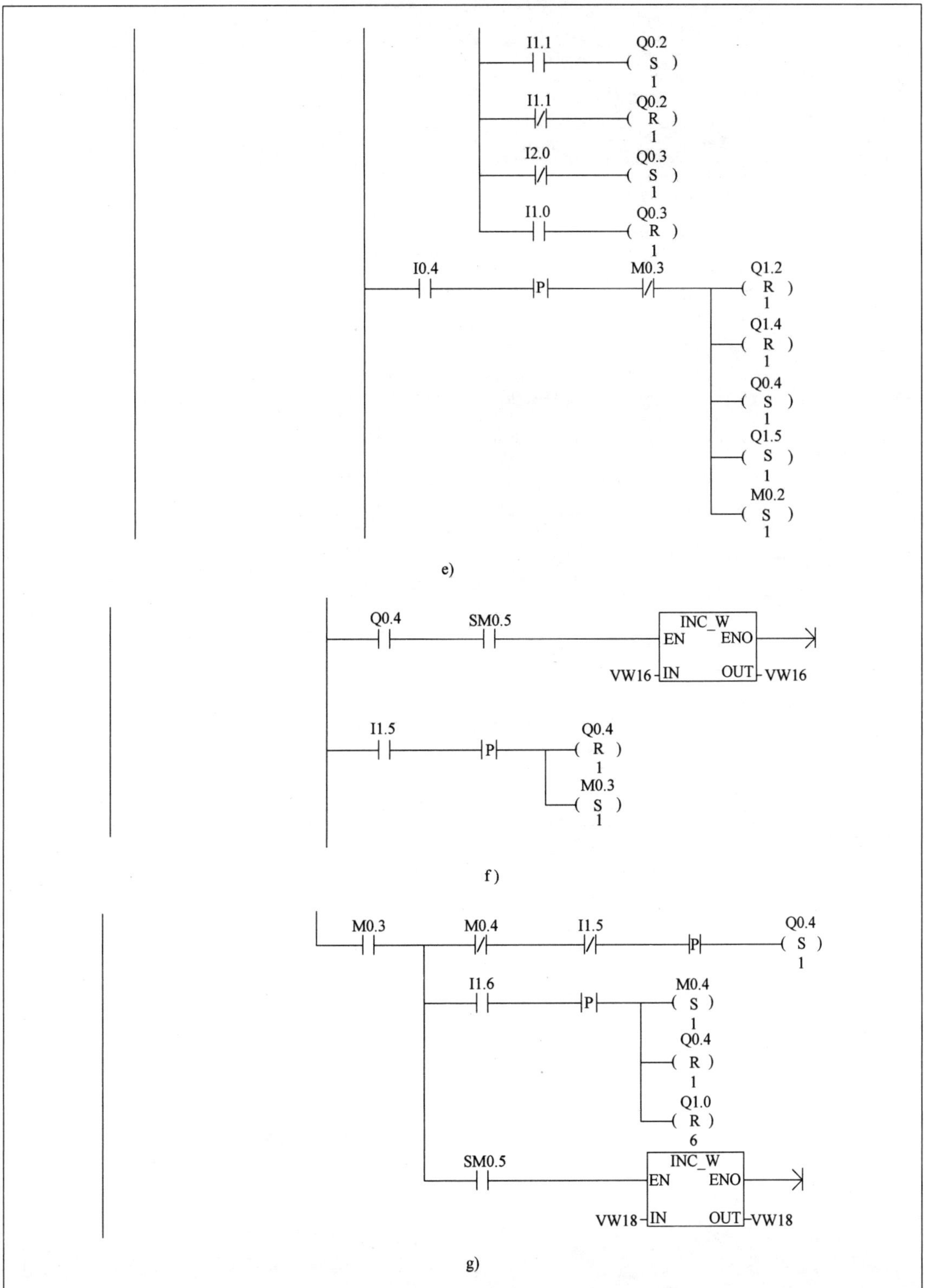

e)

f)

g)

图 4-111　PLC 梯形图程序（续）

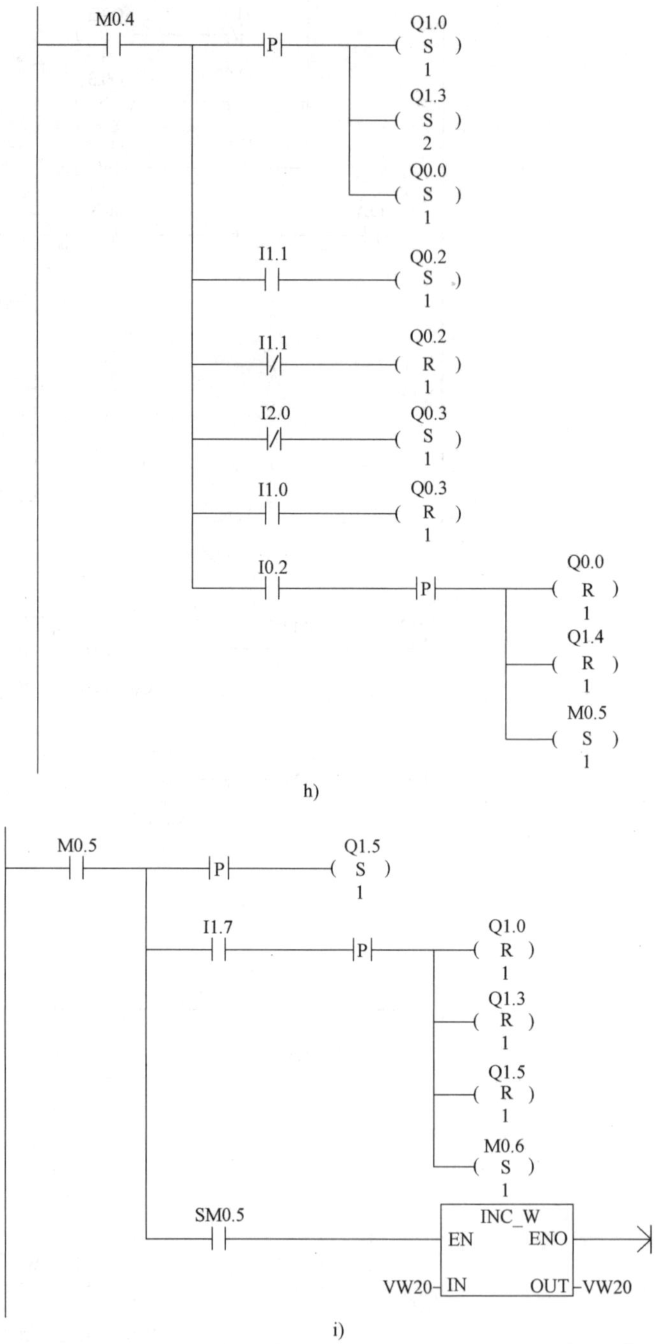

```
            M0.4                    P           Q1.0
            ─┤ ├─────┬──────────┤ ├──────────( S )
                     │                          1
                     │                         Q1.3
                     ├─────────────────────────( S )
                     │                          2
                     │                         Q0.0
                     ├─────────────────────────( S )
                     │                          1
                     │   I1.1                  Q0.2
                     ├───┤ ├──────────────────( S )
                     │                          1
                     │   I1.1                  Q0.2
                     ├───┤/├──────────────────( R )
                     │                          1
                     │   I2.0                  Q0.3
                     ├───┤/├──────────────────( S )
                     │                          1
                     │   I1.0                  Q0.3
                     ├───┤ ├──────────────────( R )
                     │                          1
                     │   I0.2          P       Q0.0
                     └───┤ ├────────┤ ├────┬──( R )
                                            │    1
                                            │   Q1.4
                                            ├──( R )
                                            │    1
                                            │   M0.5
                                            └──( S )
                                                 1
```

h)

```
            M0.5                    P           Q1.5
            ─┤ ├─────┬──────────┤ ├──────────( S )
                     │                          1
                     │   I1.7          P       Q1.0
                     ├───┤ ├────────┤ ├────┬──( R )
                     │                      │    1
                     │                      │   Q1.3
                     │                      ├──( R )
                     │                      │    1
                     │                      │   Q1.5
                     │                      ├──( R )
                     │                      │    1
                     │                      │   M0.6
                     │                      └──( S )
                     │                           1
                     │   SM0.5         ┌──────────────┐
                     └───┤ ├───────────┤EN  INC_W  ENO├──────>
                                       │              │
                                  VW20─┤IN        OUT ├─VW20
                                       └──────────────┘
```

i)

图 4-111 PLC 梯形图程序（续）

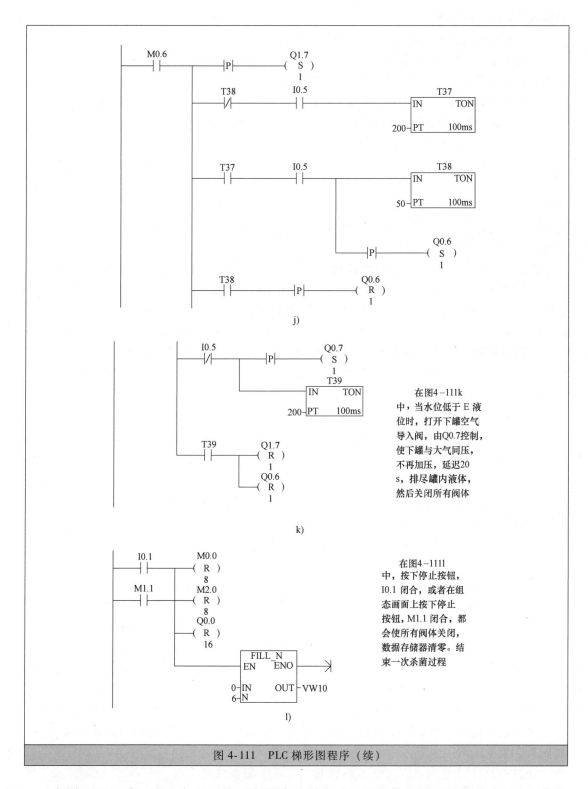

j)

在图4-111k中，当水位低于E液位时，打开下罐空气导入阀，由Q0.7控制，使下罐与大气同压，不再加压，延迟20 s，排尽罐内液体，然后关闭所有阀体

k)

在图4-111l中，按下停止按钮，I0.1闭合，或者在组态画面上按下停止按钮，M1.1闭合，都会使所有阀体关闭，数据存储器清零。结束一次杀菌过程

l)

图4-111 PLC梯形图程序（续）

在图4-111a中，I0.0与I0.1是现场设备上的起动按钮与停止按钮，M1.0与M1.1是组态画面上的起动按钮与停止按钮，起动后不管上罐温度是多少，只要水位没有到达B液位，

起动后就要给上罐加水，M2.0置位。若水位已到B液位，I0.2闭合，就不加水，然后再看水温，水温不到则加温，M2.1置位。水温到了转到下一步给下罐初加压，M2.2置位。

在图4-111b中，Q0.0控制给水泵及给水阀，Q1.2控制阀2，通过阀2将水送到上罐，与此同时，上罐中的水位也随之上升，控制水位的是VW10。

在图4-111c中，当上罐水位到达B液位后就要开始加温，Q0.1控制上罐加温阀，使温度上升，与此同时，上罐的水温也随之上升，控制水温的是VW12。

在图4-111d中，上罐（储水罐）的准备工作已经完成，开始进行下罐的初加压，为将水送到下罐做准备。Q0.6控制下罐（处理罐）加压阀，当压力加到0.7MPa，反映此值的压力开关动作，I0.7闭合使加压阀关闭同时开启送水通路，使上罐的水送到下罐，Q1.0控制连接阀；Q1.2控制阀2；Q1.3控制阀3；Q1.4控制阀4，在送水的同时，上罐水位应逐渐下降，水位变化与VW10对应；下罐水位应逐渐上升，水位变化与VW14对应。当下罐水位到达D液位时结束以上动作。

在图4-111e中，I1.1连接储水罐排气控制开关，闭合时说明罐内压力超值需要排气，Q0.2控制储水罐排气阀打开，排出罐内压力。如果罐内压力太低，则还需加压，I2.0常闭点闭合使Q0.3控制储水罐加压阀打开，向罐内加压，达到需要值时I1.0闭合，断开加压阀。I1.1是控制排气的上限开关；I2.0是控制压力的下限开关；I1.0是控制压力的上限开关。水位到达D液位时，I0.4闭合，关闭相关管道停止送水，开始送蒸汽，Q0.4连接处理罐蒸汽阀，Q1.5连接阀5，这两个阀再加上先前没有关闭的阀形成循环水流的通路，即边加热边循环，直到恒温温度。

在图4-111f中，在不断给处理罐送蒸汽时，水温肯定就会上升，反映水温变化的存储器是VW16，只要VW16里面的数据变化，画面上的水温数据就会变化。加热到预设温度时，I1.5就会闭合，停止加热断开蒸汽阀，Q0.4复位。

在图4-111g中，当加热温度到达恒温值后，M0.3闭合，开始恒温计时，除了现场设备上有时间继电器用来计时，程序中也有用来显示时间的存储器VW18，开始恒温计时时，VW18的变化在画面上就是时间的变化。I1.6闭合计时时间到。

在图4-111h中，杀菌恒温时间结束后，下一步就是置换回收，给处理罐（下罐）送水，送进来的低温水将刚才杀菌恒温用的高温水高高顶起，推送到储水罐，水温依然很高以备下一次杀菌使用，水位达到储水罐的B液位时，I0.2开关动作，停止送水。在送水过程中还需保持恒压，压力超过了，Q0.2控制排气阀排气；压力低于下限，Q0.3控制加压阀加压。送进来的低温水留在下罐，打开循环泵及相关管道，使罐内的水循环流动，程序进入冷却计时段。

在图4-111i中，用来冷却的低温水在下罐循环流动，等待计时时间，存储器VW20是用来在组态画面上显示冷却计时时间的，Q1.5是控制阀5的，阀5动作是为水流循环提供通路的。冷却时间结束，I1.7闭合，使用来冷却水循环的阀门全部关闭，程序进入排液工作段。

在图4-111j中，工序已经到了排液，一次杀菌过程即将结束，Q1.7控制下罐排液阀；I0.5是下罐E液位，当水位在E液位之上时需给下罐内施压，催促水尽快排出，每隔20s加压5s，由T37与T38配合形成间断工作制。

在图4-111k中，当水位低于E液位时，打开下罐空气导入阀，由Q0.7控制，使下罐与大气同压，不再加压，延迟20s，排尽罐内液体，然后关闭所有阀体。

在图4-111l中，按下停止按钮，I0.1闭合，或者在组态画面上按下停止按钮，M1.1闭合，都会使所有阀体关闭，数据存储器清零。结束一次杀菌过程。

实例十一 基于触摸屏控制技术的地铁售票机控制程序

1. 控制要求

用 S7-200 PLC 与 TP177A 触摸屏组成控制系统，实现天津地铁 1 号线沿线自动售票。本例以营口道站为例，能够实现的控制功能包括：

1）在触摸屏上选站、购票张数选择、所需钱币显示、所投钱币显示。

2）自动售票机可识别 1 元、5 元和 10 元的人民币（只限纸币）。

3）能够进行购票所付钱币与应收钱币的比较，显示所选站点。

4）能够自动完成找零、制票的操作。

5）在购票的过程中有各个步骤的相应提示。

2. 触摸屏控制界面设计制作

选择西门子 TP177A 触摸屏，其外形图、对外接口连线、建立通信连接设置过程可参考图 4-24～图 4-30。

打开应用软件 WinCC flexible，开始组态地铁自动售票界面。

（1）变量的生成与属性设置

双击项目视图中的“变量”图标，将打开变量编辑器，可参考图 4-29。本例的变量设置如图 4-112 所示，变量设置最方便的一项设置就是“连接”，因为触摸屏界面只与一台 PLC 连接，所以都是“连接_1”；在“名称”选项下逐个输入界面上的变量名；在“数据类型”选项下决定变量是离散型还是整数型；在“地址”选项下决定变量地址，凡是离散型输入变量都与 PLC 的辅助继电器 M 对应，离散型输出变量都与 PLC 的输出继电器 Q 对应。整数型变量都与 PLC 的变量存储器 V 对应。选项栏“数组计数”及“采集周期”不用设置。

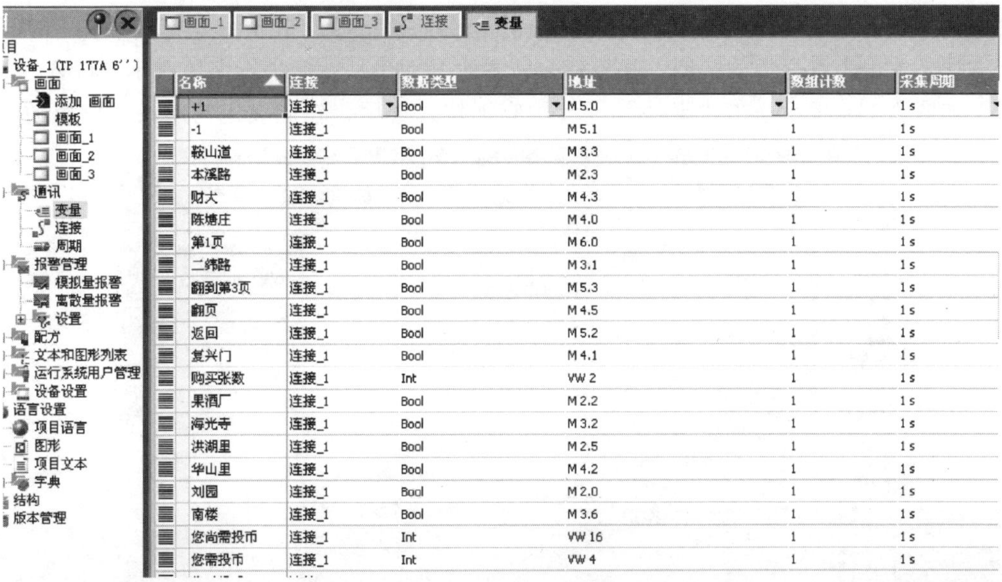

画面_1
画面_2
画面_3
连接
变量
设备_1 (TP 177A 6'')
画面
添加 画面
模板
画面_1
画面_2
画面_3
通讯
变量
连接
周期
报警管理
模拟量报警
离散量报警
设置
配方
文本和图形列表
运行系统用户管理
设备设置
语言设置
项目语言
图形
项目文本
字典
结构
版本管理
名称 连接 数据类型 地址 数组计数 采集周期
+1 连接_1 Bool M 5.0 1 1 s
-1 连接_1 Bool M 5.1 1 1 s
鞍山道 连接_1 Bool M 3.3 1 1 s
本溪路 连接_1 Bool M 2.3 1 1 s
财大 连接_1 Bool M 4.3 1 1 s
陈塘庄 连接_1 Bool M 4.0 1 1 s
第1页 连接_1 Bool M 6.0 1 1 s
二纬路 连接_1 Bool M 3.1 1 1 s
翻到第3页 连接_1 Bool M 5.3 1 1 s
翻页 连接_1 Bool M 4.5 1 1 s
返回 连接_1 Bool M 5.2 1 1 s
复兴门 连接_1 Bool M 4.1 1 1 s
购买张数 连接_1 Int VW 2 1 1 s
果酒厂 连接_1 Bool M 2.2 1 1 s
海光寺 连接_1 Bool M 3.2 1 1 s
洪湖里 连接_1 Bool M 2.5 1 1 s
华山里 连接_1 Bool M 4.2 1 1 s
刘园 连接_1 Bool M 2.0 1 1 s
南楼 连接_1 Bool M 3.6 1 1 s
您尚需投币 连接_1 Int VW 16 1 1 s
您需投币 连接_1 Int VW 4 1 1 s

图 4-112 变量设置

（2）画面的生成与组态

双击项目视图中的"画面"图标，将打开画面编辑界面。画面名称自动命名为"画面_1"，因本例需3个界面，当需要生成与组态后两个画面时只要双击项目视图中的新建画面，就会自动排序为"画面_2"及"画面_3"，画面不需要变量对应，某个操作后如要求转画面，在进行动作结果设置时有一项"单击"，单击一下有选项，选择ActivateScreen选项，在下拉选项中再选需要转成的画面。

在"画面_1"中要生成地铁全线各站点名称，除了本站点营口道站外，其他站点都做成按钮并进行动画连接。画面如图4-113所示。

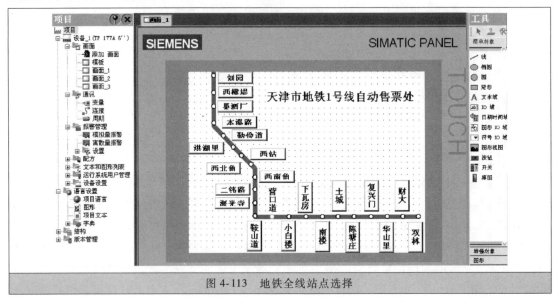

图4-113　地铁全线站点选择

在画面_1中"天津市地铁1号线自动售票处"不是动态的，用文本域设置，线路也不是动态的，直接用线段工具画成即可。除了本站点"营口道"，其他站点都用按钮并动画连接。方法是单击工具栏中的按钮，拖到适合位置定好大小，然后进行字体大小、位置、颜色设置，如图4-114所示。在"事件"设置中有下拉式选项，在此设定与本按钮对应的变量

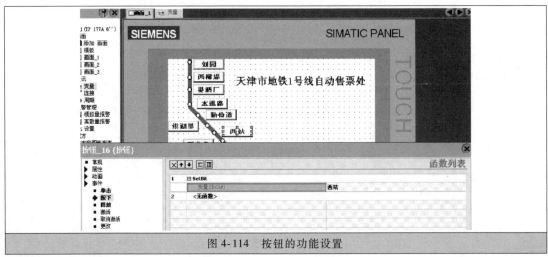

图4-114　按钮的功能设置

名，按下后变量位是置位还是复位都需在此设定。另外，还有单击、释放等功能，如按下按钮需切换画面就在"单击"处设置画面"激活功能"，如图4-115所示。通常按钮都是按下"置位"、释放"复位"。

画面_2的功能如图4-116所示，动态设置有显示钱数与张数的整数变化量、"+1"及"−1"按钮、"确认"及"返回"按钮。从工具中的I/O域设置整数变化量，如图4-117所示。"返回"按钮按下应返回到画面_1，设置步骤如图4-118所示。

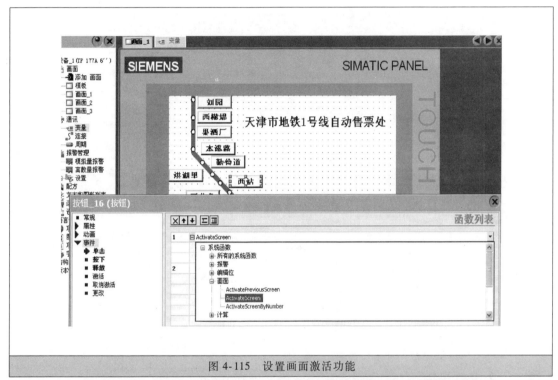

图4-115 设置画面激活功能

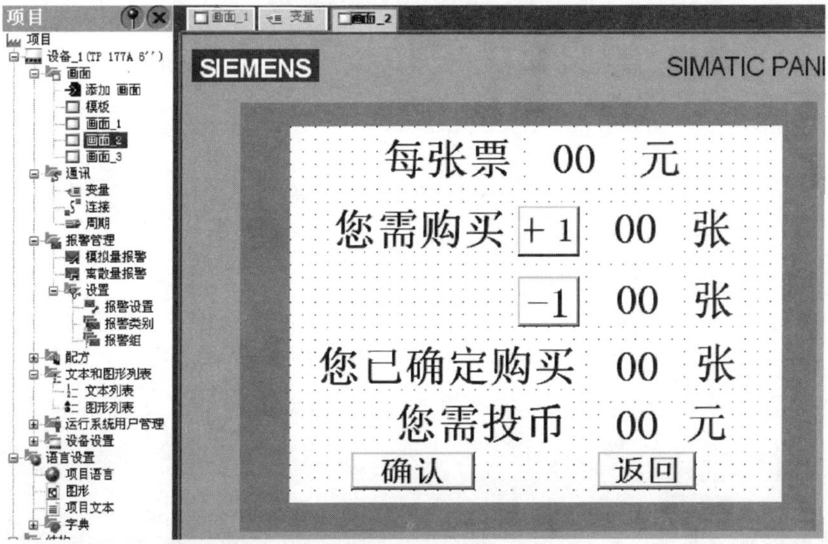

图4-116 画面_2设置内容

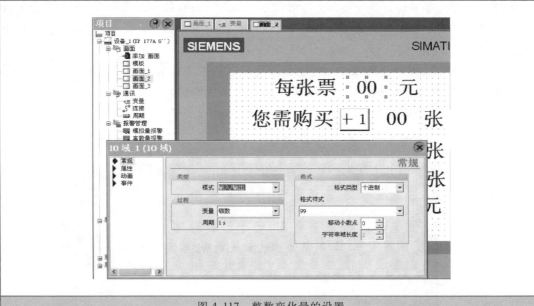

图 4-117　整数变化量的设置

图 4-118　画面切换设置

　　在画面_1中假设选中去西站，单击西站后就会切换到画面_2，在画面切换的同时，PLC程序会计算出西站与营口道两站间每张票需要多少钱，打算买几张，选定后单击画面_2中的"确认"按钮，画面就会切换到画面_3，如图4-119所示。在画面_3中显示投币总数，是否达到所需币值，是否需要找零钱等，如果投币数达到要求，即可在托盘处取票，然后单击"返回"按钮或等待程序中设定的延迟时间就会回到画面_1中。

　　（3）下载设置及通信设置

　　利用 WinCC flexible 软件完成画面制作后就要将制作内容发到触摸屏中。依然使用 PPT

专用电缆，接好电缆给触摸屏通上电，触摸屏开始初始化，10 多秒后出现装载对话框，单击其中的 Transfer 按钮，等待上位机（计算机）传送信息，在计算机的应用软件 WinCC flexible 中找到"下载"按钮并单击后出现如图 4-120 所示的设置框，确定通信端口、通信波特率、模式，最后单击"应用"及"传送"按钮开始传送。如果软件中的设置不能传送到触摸屏中，则有可能版本不匹配，还要先进行版本的读取。

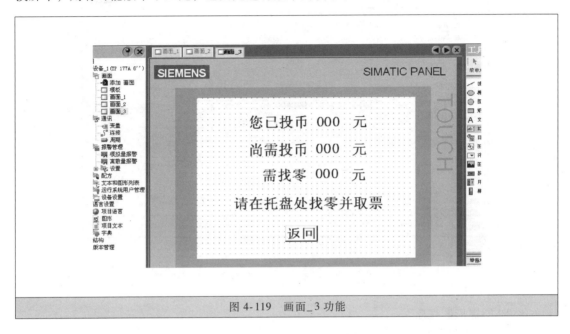

图 4-119 画面_3 功能

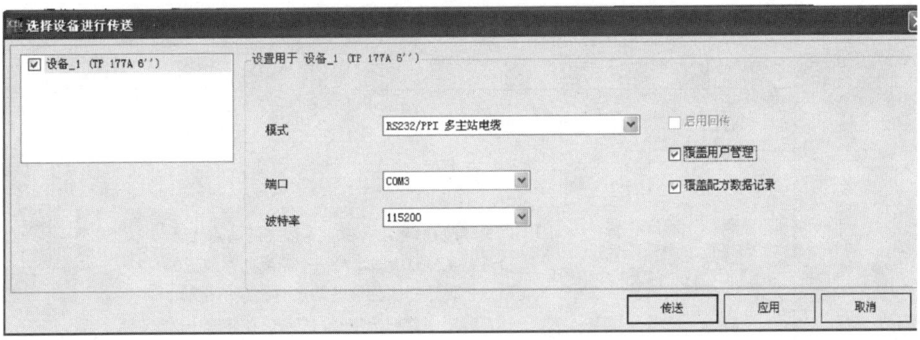

图 4-120 下载设置

　　PLC 与触摸屏间的通信需用专业网络电缆，两头都是阳性，触摸屏这边插到 IF 1B 口，PLC 这边两个通信口选其中之一，选好后即固定，因为通信波特率两者需一致，如图 4-121 所示，在 STEP 7 编程软件中找到系统块，然后即可进行端口设置，本例使用端口 0 与触摸屏通信，所以在端口 0 的波特率处选 187.5kbit/s，因为触摸屏早已设置为 187.5，参见图 4-30，这时单击"确认"按钮然后下载，即将端口 0 的波特率下载到 PLC 中，PLC 程序编写好再下载，两者即可交换数据配合工作。

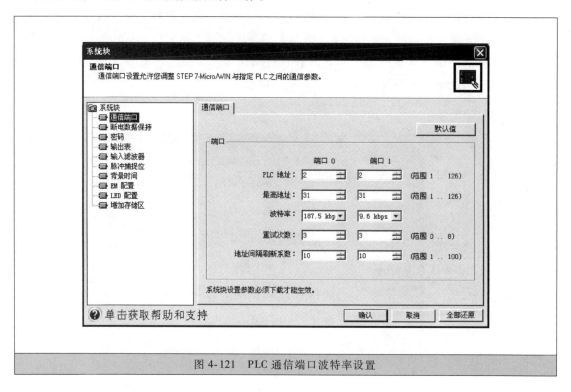

图 4-121　PLC 通信端口波特率设置

3. PLC 梯形图程序

PLC 梯形图程序如图 4-122 所示。

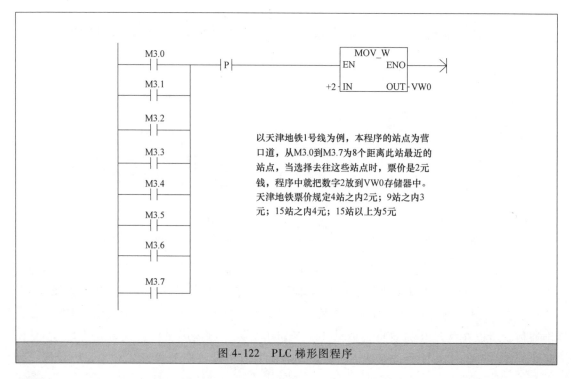

以天津地铁1号线为例，本程序的站点为营口道，从M3.0到M3.7为8个距离此站最近的站点，当选择去往这些站点时，票价是2元钱，程序中就把数字2放到VW0存储器中。天津地铁票价规定4站之内2元；9站之内3元；15站之内4元；15站以上为5元

图 4-122　PLC 梯形图程序

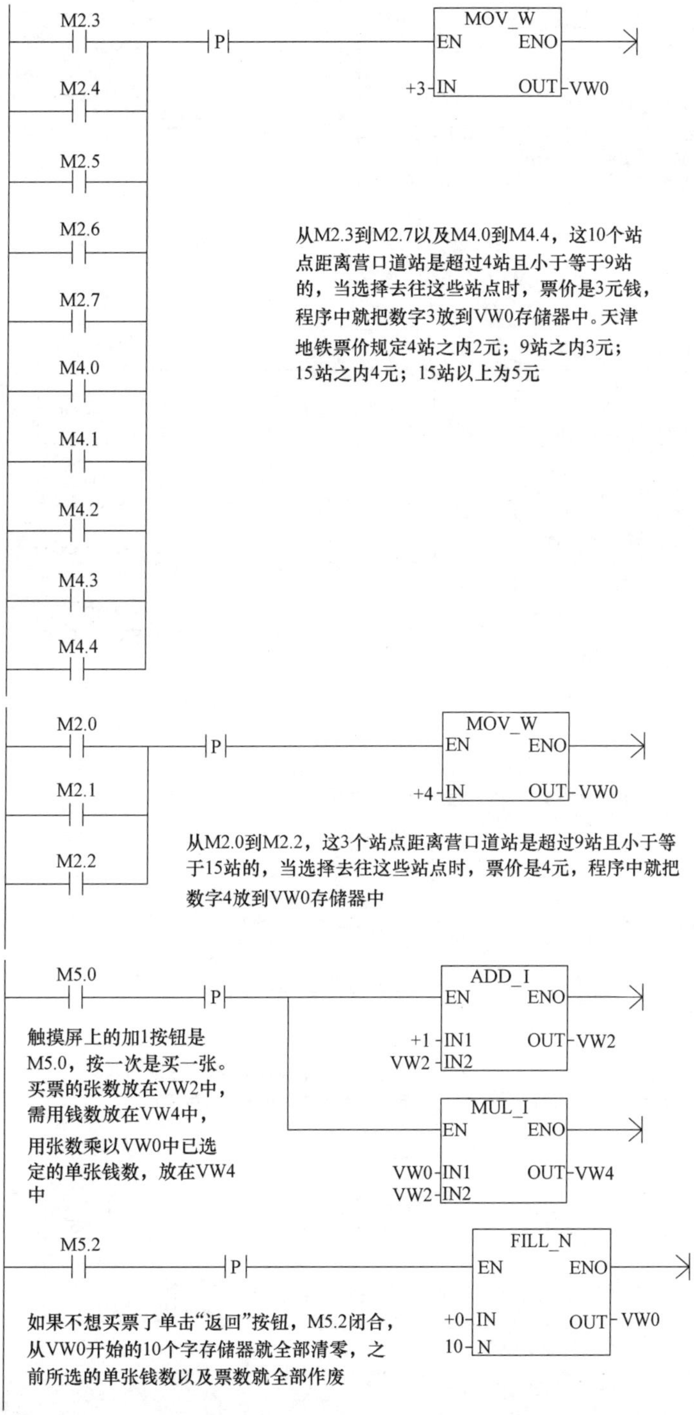

```
      M2.3                            ┌─ MOV_W ─┐
     ──┤├──────────────┤P├──────────┤EN    ENO├────┤
      M2.4                           │         │
     ──┤├──                       +3─┤IN    OUT├─VW0
      M2.5
     ──┤├──
      M2.6
     ──┤├──
      M2.7
     ──┤├──
      M4.0
     ──┤├──
      M4.1
     ──┤├──
      M4.2
     ──┤├──
      M4.3
     ──┤├──
      M4.4
     ──┤├──
```

从M2.3到M2.7以及M4.0到M4.4，这10个站点距离营口道站是超过4站且小于等于9站的，当选择去往这些站点时，票价是3元钱，程序中就把数字3放到VW0存储器中。天津地铁票价规定4站之内2元；9站之内3元；15站之内4元；15站以上为5元

```
      M2.0                            ┌─ MOV_W ─┐
     ──┤├──────────────┤P├──────────┤EN    ENO├────┤
      M2.1                           │         │
     ──┤├──                       +4─┤IN    OUT├─VW0
      M2.2
     ──┤├──
```

从M2.0到M2.2，这3个站点距离营口道站是超过9站且小于等于15站的，当选择去往这些站点时，票价是4元，程序中就把数字4放到VW0存储器中

```
      M5.0                            ┌─ ADD_I ─┐
     ──┤├──────────────┤P├──────────┤EN    ENO├────┤
                                     │         │
                                  +1─┤IN1   OUT├─VW2
                                 VW2─┤IN2      │

                                      ┌─ MUL_I ─┐
                                     ┤EN    ENO├────┤
                                     │         │
                                 VW0─┤IN1   OUT├─VW4
                                 VW2─┤IN2      │
```

触摸屏上的加1按钮是M5.0，按一次是买一张。买票的张数放在VW2中，需用钱数放在VW4中，用张数乘以VW0中已选定的单张钱数，放在VW4中

```
      M5.2                            ┌─ FILL_N ─┐
     ──┤├──────────────┤P├──────────┤EN    ENO├────┤
                                     │          │
                                  +0─┤IN    OUT├─VW0
                                  10─┤N         │
```

如果不想买票了单击"返回"按钮，M5.2闭合，从VW0开始的10个字存储器就全部清零，之前所选的单张钱数以及票数就全部作废

图 4-122　PLC 梯形图程序（续）

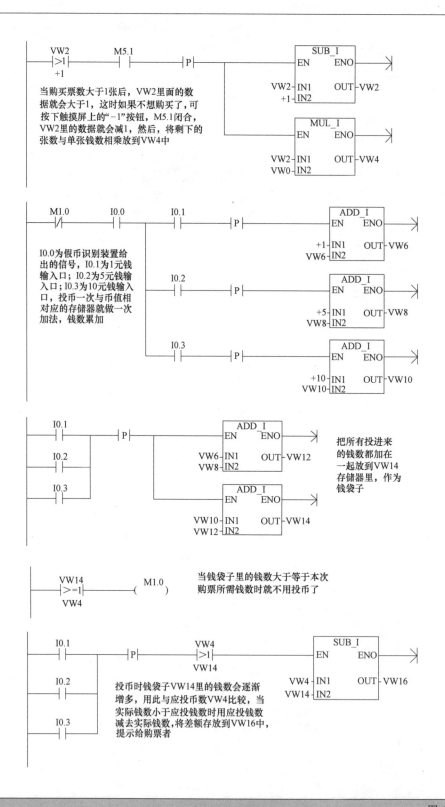

当购买票数大于1张后，VW2里面的数据就会大于1，这时如果不想购买了，可按下触摸屏上的"-1"按钮，M5.1闭合，VW2里的数据就会减1，然后，将剩下的张数与单张钱数相乘放到VW4中

I0.0为假币识别装置给出的信号，I0.1为1元钱输入口；I0.2为5元钱输入口；I0.3为10元钱输入口，投币一次与币值相对应的存储器就做一次加法，钱数累加

把所有投进来的钱数都加在一起放到VW14存储器里，作为钱袋子

当钱袋子里的钱数大于等于本次购票所需钱数时就不用投币了

投币时钱袋子VW14里的钱数会逐渐增多，用此与应投币数VW4比较，当实际钱数小于应投钱数时用应投钱数减去实际钱数，将差额存放到VW16中，提示给购票者

图 4-122　PLC

```
   I0.1              P       VW14              SUB_I
 ──┤ ├──┬──────────┤P├────┤ >1 ├──────┤EN      ENO├────┤ ├──
   I0.2 │                    VW4
 ──┤ ├──┤                               VW14─┤IN1
   I0.3 │                                VW4─┤IN2  OUT├─VW18
 ──┤ ├──┘
```

投币时钱袋子VW14里的钱数如果大于应需投币数，用钱袋子里的钱数减去应投币数VW4，将差额存放到VW18中，作为零钱找给购票者

```
   I0.1              P       VW4               MOV_W
 ──┤ ├──┬──────────┤P├────┤ <=1 ├──────┤EN      ENO├────┤ ├──
   I0.2 │                    VW14
 ──┤ ├──┤                                 +0─┤IN   OUT├─VW16
   I0.3 │
 ──┤ ├──┘
```

当实际投币数VW14大于等于应投币数VW4时，也就是说投多了，将VW16清零，不再提示投币

```
   I0.1              P       VW4               MOV_DW
 ──┤ ├──┬──────────┤P├────┤ ==I ├──────┤EN      ENO├────┤ ├──
   I0.2 │                    VW14
 ──┤ ├──┤                                 +0─┤IN   OUT├─VD16
   I0.3 │
 ──┤ ├──┘
```

当实际投币数VW14等于应投币数VW4时，也就是说不用投币了，也不用找零了，就将VW16以及VW18都清零，不再提示投币也不用找零

```
   VW4      VW2      VW14     T40          T39
 ──┤ >1 ├──┤ >1 ├──┤ >=1 ├──┤/├────────┤IN      TON├
    +0       +0      VW4
                                    +20─┤PT   100ms
```

当去往的站点已选择好，也确定了购买的张数，钱袋子里面的钱数大于等于需用钱数，就开始出票。方法是每隔2s就发出一张票，同时存放票数的存储器VB3里面的数据自动减1

```
                             T39          T40
                            ┤ ├────────┤IN      TON├
                                    +10─┤PT   100ms

                             T39        Q0.6
                            ┤ ├────────( )

                             T39     N      DEC_B
                            ┤ ├────┤N├───┤EN      ENO├────┤ ├──
                                         VB3─┤IN   OUT├─VB3
```

梯形图程序（续）

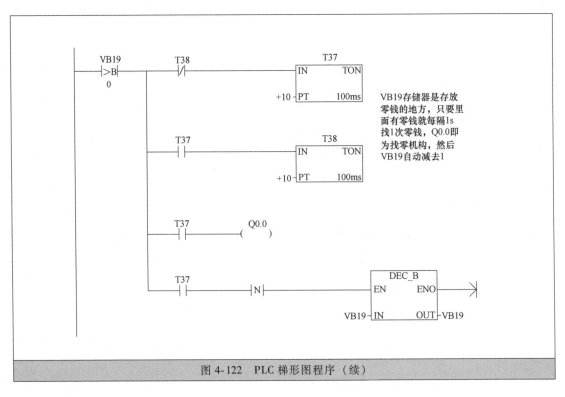

图 4-122 PLC 梯形图程序（续）

4. 触摸屏运行界面截屏

图 4-123 所示是触摸屏上电后的第一个画面，前面也说过如果重新下载设置，必须在几秒钟之内触按最上面的 Transfer 按钮，进入下载界面，不然就会自动转为已设置好的工作界面。本例工作界面如图 4-124～图 4-126 所示，分别为画面_1、画面_2、画面_3，依据操作结果三个画面间可相互转换。

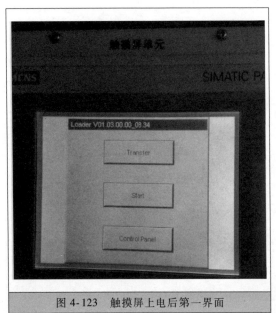

图 4-123 触摸屏上电后第一界面

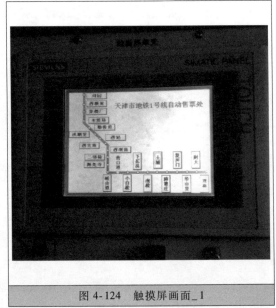

图 4-124 触摸屏画面_1

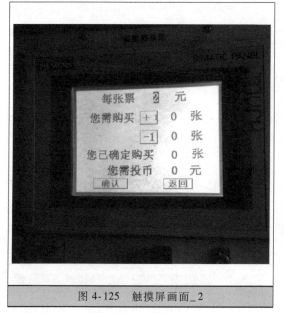

图 4-125　触摸屏画面_2

图 4-126　触摸屏画面_3

实例十二　S7-200 PLC 与 S7-300 PLC 实现通信的控制程序

1. 控制要求

在 S7-200 PLC 与 S7-300 PLC 之间建立 MPI 通信连接，能够将 S7-200 PLC 的 VB0 ~ VB3 中的数据传送到 S7-300 PLC 的 MB0 ~ MB3 中；同时将 S7-300 PLC 中 MB4 ~ MB7 的数据传送到 S7-200 PLC 的 VB4 ~ VB7。

测试通信要求，当 S7-300 PLC 的输入端 I0.0 逻辑状态为 1 时，S7-200 PLC 的输出端 Q0.0 的逻辑状态为 1，当 S7-200 PLC 的输入端 I0.0 逻辑状态为 1 时，S7-300 PLC 的输出端 Q0.0 的逻辑状态为 1。

2. 系统组成

CPU314C-2DP 型 S7-300 PLC 一台、CPU226 型 S7-200 PLC 一台、MPI 网络线一条、西门子 MPI 电缆下载线一条。

3. MPI 网络通信简介

MPI（MultiPoint Interface）是多点通信接口的英文简称。在 SIMATIC S7/M7/C7 上都集成有 MPI 接口，MPI 接口的基本功能是 S7 的编程接口，可以进行 S7-300/400 之间、S7-300/400 与 S7-200 之间小数据量的通信，是一种应用广泛、经济、不用做连接组态的通信方式。

通过 MPI 可实现 S7 系列 PLC 之间三种通信方式：全局数据包通信、无组态连接通信和组态连接通信。S7-200 PLC 只支持无组态连接的 MPI 通信。

无组态的 MPI 通信需要调用系统功能块 SFC 65-SFC-69 来实现，它又分为单边编程通信方式和双边编程通信方式。"无组态连接方式"不能和"全局数据通信方式"混合使用。本例通过单边编程通信方式实现任务目标。

单边通信方式只需在一方编写通信程序，也就是客户机与服务器的访问模式。编写通信程序一方为客户机，无须编写通信程序一方为服务器，客户机调用 SFC67（X_GET）和 SFC68（X_PUT）对服务器进行访问。SFC67（X_GET）用来读取服务器指定数据区中的数据并存放到本地的数据区中，SFC68（X_PUT）用来将本地数据区中的数据写到服务器中指定的数据区。

这种通信方式适合 S7-300/400/200 之间通信，S7-300/400 CPU 可以同时作为客户机和服务器，S7-200 只能作服务器，也就是说在本例中不用为 S7-200 编写程序。

4. 控制要求分析

根据控制要求，S7-200 PLC 与 S7-300 PLC 之间采用 MPI 通信方式时，S7-200 PLC 作为服务器，不需要编写任何与通信有关的程序，只需要将要交换的数据整理到一个连续的 V 存储区中即可，而 S7-300 作为客户机，需要在主程序（OB1）中调用系统功能 X_GET（SFC67）和 X_PUT（SFC68），实现 S7-300 与 S7-200 之间的通信，调用 SFC67 和 SFC68 时 VAR_ADDR 参数填写 S7-200 的数据地址区，由于 S7-200 的数据区为 V 区，这里需填写 P#DB1.xxx BYTE n（或 DB1 内的变量名称），对应的就是 S7-200 存储区中 VBxx ~ VB（xx+n）的数据区。

图 4-127　新建项目

5. S7-300 PLC 组态

（1）新建项目

在 STEP7 V5.5 中新建一个项目，项目名称是"S7-300 与 S7-200 的 MPI 通信"。操作如下：在"文件"菜单下选择"新建"命令，或者单击工具栏上的图标"□"，在弹出的对话框中输入项目名称"S7-300 与 S7-200 的 MPI 通信"，单击"确定"按钮完成，如图 4-127 所示。

（2）添加站点

在"S7-300 与 S7-200 的 MPI 通信"的下拉菜单中选择"插入新对象"，单击鼠标右键插入一个 S7-300 站点，如图 4-128 所示，选中 SIMATIC 300（1）站，双击右侧的"硬件"，如图 4-129 所示。

（3）添加 RACK

单击"硬件"后，在出现的对话框的左侧打开资源图，选中 SIMATIC 300，打开 RACK-300，双击 Rail，完成主机架的配置，如图 4-130 所示。在对 S7-300 进行硬件组态的时候，RACK 是第一个需要组态的硬件。

（4）添加电源与 CPU

在 1 号槽位置添加电源 PS 307 2A（在 PS-300 资源库内），如图 4-131 所示。在 2 号槽位添加 CPU，在 CPU-300 处选择"CPU 314C-2 DP，双击 6ES7 314-6CF02-0AB0"，如图 4-132 所示。如果需要扩展机架，则应在 IM-300 目录下找到相应的接口模块，添加到 3 号槽。在此，不需扩展，所以，3 号槽留空。4～11 号槽中可添加信号模块、功能块、通信处理模块等，在此无须配置，所以均留空。

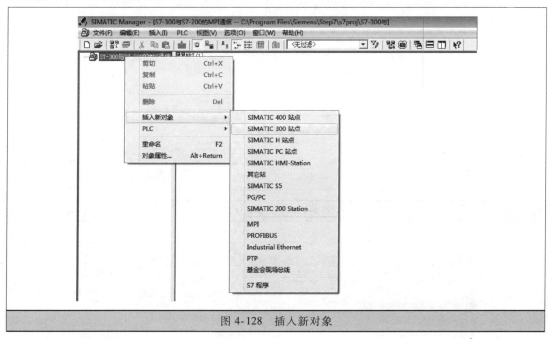

图 4-128　插入新对象

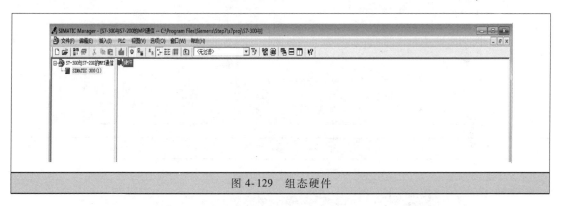

图 4-129　组态硬件

在配置的过程中，STEP 7 可以自动检查配置的正确性。当一个待添加模块被选中时，机架中允许插入该模块的槽会变成绿色，而不允许插入该模块的槽颜色无变化。双击待添加模块时，如果不能插入，则会出现一个对话框，提示不能插入的原因。

注意：在选择硬件型号时，以实际设备上的型号为准。

（5）配置 CPU

正确添加 CPU 后双击"插槽 2"，进行 CPU 配置，如图 4-133 所示，在出现的对话框内单击"属性"按钮，如图 4-134 所示。

在出现的对话框里选择 MPI（1），地址选择 2，如图 4-135 所示。单击"确定"按钮，完成 MPI 接口配置。此配置的含义是，S7-300 PLC 的 MPI 地址是 2，通信波特率是 187.5kbit/s。如需对中断、时钟等进行设置，选中图 4-134 上的对应任务栏进行设置即可。在这里，不对 S7-300 PLC 的 CPU 进行其他设置。

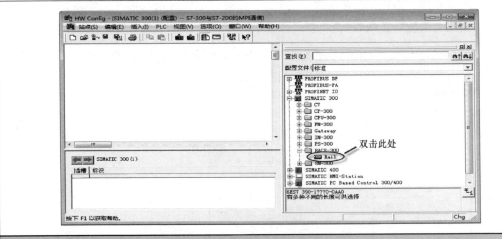

图 4-130　配置 RACK

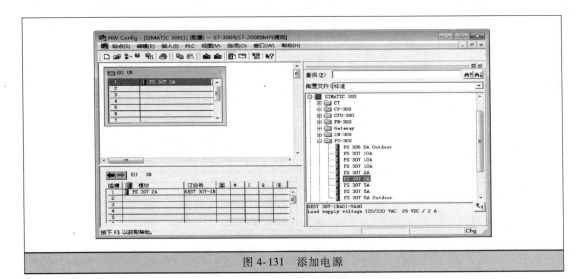

图 4-131　添加电源

图 4-132　添加 CPU

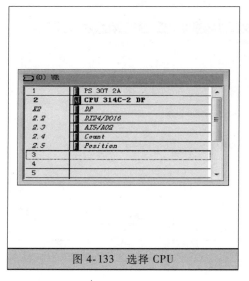

图 4-133 选择 CPU

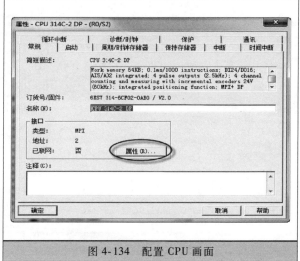

图 4-134 配置 CPU 画面

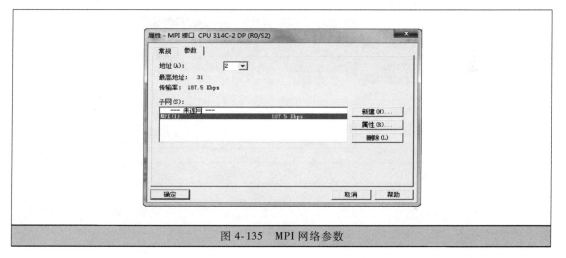

图 4-135 MPI 网络参数

（6）输入/输出的地址设置

双击插槽 2 中的 2.2 DI24/DO16 ，在出现的对话框里打开"地址"选项卡。取消选中"系统默认"复选框，把"开始"后的 124 改为 0。更改后的画面如图 4-136 所示。S7-300 系统默认的输入/输出地址均从 124 开始，这里均改为从 0 开始。

（7）下载硬件组态

选择编译并保存 ，将 S7-300 PLC 电源打开，单击下载图标 ，单击"视图"，选择出现的"网络节点"，如图 4-137 所示。按照提示，单击"确定"按钮，下载时出现的对话框如图 4-138 所示。

6. S7-200 PLC 组态

打开 STEP 7-Micro/WIN 软件，单击系统块，在出现的对话框里将端口 0 的 PLC 地址改为 3，波特率改为 187.5kbit/s，应与 S7-300 的波特率相同才能实现两者的通信。单击下方的"确认"按钮，如图 4-139 所示。

图 4-136　地址的设置

图 4-137　选中下载节点

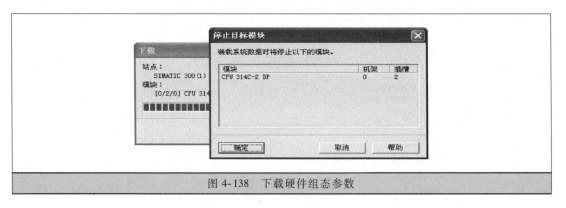

图 4-138　下载硬件组态参数

　　组态完毕后下载组态参数，如使用 PC/PPI 电缆下载，请将电缆插在端口 1 上，如果选择使用 MPI 电缆下载，请在 PC/PG 接口里面选择 CP5611 PPI 形式。记住在 PLC 上电前插拔电缆。

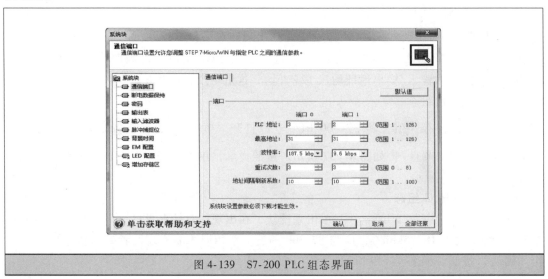

图 4-139　S7-200 PLC组态界面

7. S7-300 PLC 程序编写

（1）建立数据块 DB1

由于 S7-300 中没有 V 存储区，S7-200 只有 V 存储区，没有数据块 DB，则如果对 S7-200 的 V 存储区进行读写操作，就要在 S7-300 中用 DB1 定义，也就是说 S7-200 的 V 存储区对应 S7-300 的 DB1 存储区。因此，首先需要在 S7-300 中建立数据块 DB1。

在新建的项目"S7-300 与 S7-200 的 MPI 通信"左侧项目树中依次打开到"块"，在"块"中插入一个数据块 DB1，然后打开该数据块，并在该数据块中插入 2 个结构变量：RD_S7_200 和 WR_S7_200。DB1 的数据结构如图 4-140 所示。

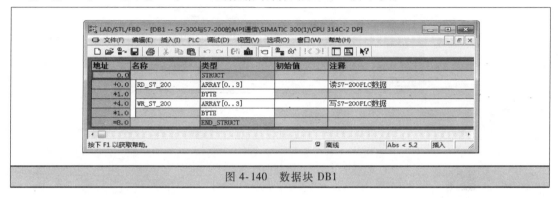

图 4-140　数据块 DB1

（2）添加组织块 OB1

在新建的项目"S7-300 与 S7-200 的 MPI 通信"左侧项目树中依次打开到"块"，双击右侧的 OB1，如图 4-141 所示。在出现的对话框里将创建语言改为 LAD，单击 OK 按钮，如图 4-142 所示。

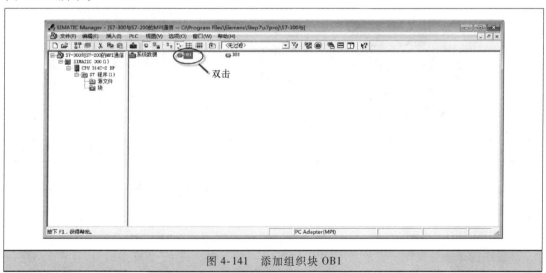

图 4-141　添加组织块 OB1

（3）进入 OB1 主程序后，编写通信程序

在左侧指令树中找到"库"，依次打开到 System Function Blocks，如图 4-143 所示，单击 System Function Blocks 左侧加号打开功能块，下拉右侧活动条找到 SFC67、SFC68 功能块，如图 4-144 所示，将 SFC67 X_GET COM_FUNC、SFC68 X_PUT COM_FUNC 用鼠标分

别拖拽放置到"程序段 1"和"程序段 2",并正确填写功能块左右两侧的参数,关于功能块两侧参数含义请参照西门子相关手册及软件帮助文件。完整程序如图 4-145 ~ 图 4-147所示。

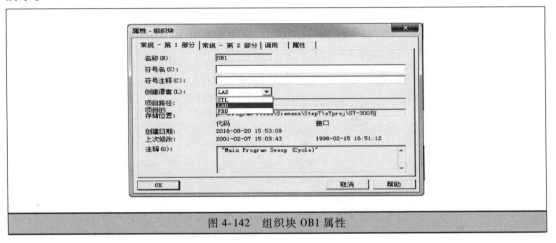

图 4-142　组织块 OB1 属性

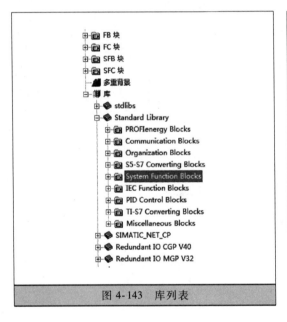

图 4-143　库列表

图 4-144　SFC 功能块列表

程序段 1 为读操作,表示当 M10.0 和 M10.1 为 1 时,将 S7-200 PLC 中 VB0-VB3 的数据读到 S7-300 PLC 中的 DB1. RD_S7_200 变量中来。这里说的 DB1. RD_S7_200 变量即是DB1. DBB0-DB1. DBB3。

程序段 2 为写操作,表示当 M10.3 和 M10.4 为 1 时,将 S7-300 中的 DB1. WR_S7_200变量数据写到 S7-200 PLC 中 VB4 ~ VB7 中去。这里说的 DB1. WR_S7_200 变量即是DB1. DBB4 ~ DB1. DBB7。

程序段 3 表示当 S7-300 PLC 中 I0.0 为 1 时,同时使 M4.0 接通,M4.0 的状态通过程序段 5 的 MOVE 移动指令传送给 DB1. DBX4.0,并通过网络使 S7-200 PLC 中的 V4.0 接通。

程序段 4 表示当 S7-200 PLC 中 V0.0 为 1 时,通过网络读操作将 V0.0 的状态读取到

S7-300PLC 的 DB1.DBX0.0 变量中，通过程序段 5 的 MOVE 移动指令传送给 M0.0，M0.0
接通后使 Q0.0 接通。

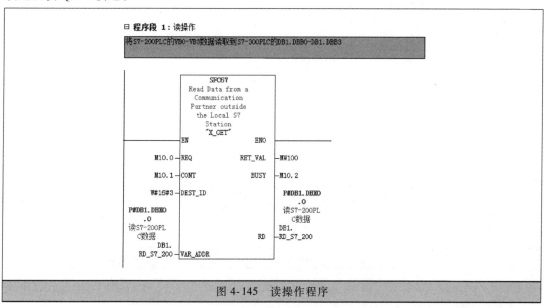

图 4-145　读操作程序

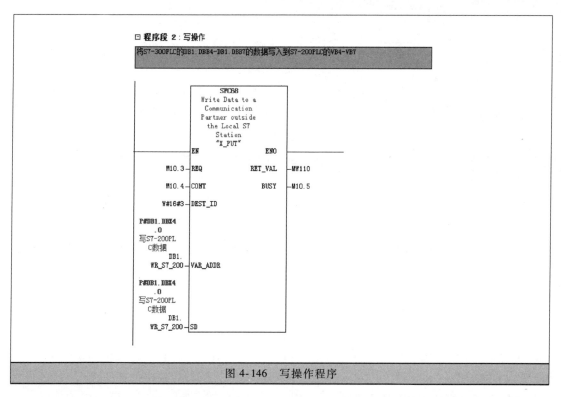

图 4-146　写操作程序

8. S7-200 PLC 程序编写

打开 STEP 7-Micro/WIN 软件，在程序块界面中编写程序，本例中 S7-200 PLC 程序如
图 4-148 所示。

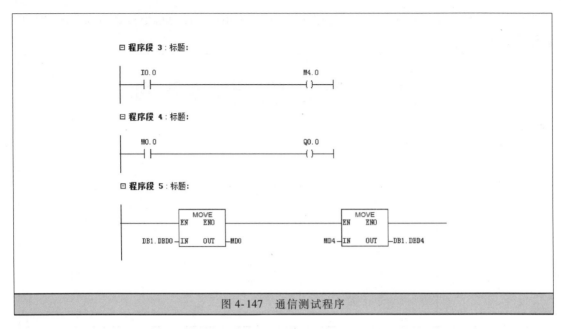

图 4-147　通信测试程序

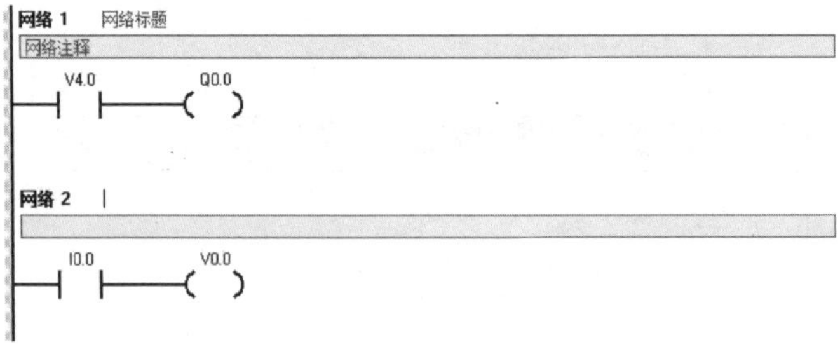

图 4-148　S7-200 PLC 程序

　　网络 1 表示当 S7-300 PLC 中变量 DB1. DBX4. 0 为 1 时，通过网络通信写入到 V4.0，使 S7-200 PLC 的 Q0. 0 接通。

　　网络 2 表示当 S7-200 PLC 中 I0. 0 为 1 时，使变量 V0. 0 接通，S7-300 PLC 通过网络通信读操作，将 V0. 0 的状态读入变量"DB1. DBX0. 0"中，从而控制 S7-300 PLC 的 Q0. 0 接通。

9. 调试

　　在进行 MPI 单边编程通信时，前面已经提到过要对 S7-200 PLC 进行通信设置。进行设备连线的时候，将 MPI 电缆一端连接到 S7-300 PLC 的 MPI 接口上，另一端连接到 S7-200 PLC 的 PORT0 或 PORT1 口上，本例中使用的是 PORT0 口。

　　本例测试通信是否成功的步骤：

　　1）将 M10. 0、M10. 1、M10. 3 和 M10. 4 分别置 1，启用连续通信功能。

　　2）将 S7-200 PLC 中 I0. 0 接通为 1 后，对应 S7-300 PLC 中 Q0. 0 接通。

　　3）将 S7-300 PLC 中 I0. 0 接通为 1 后，对应 S7-200 PLC 中 Q0. 0 接通。

—— 实例十三 S7-200 PLC 与现场总线通信的控制程序 ——

1. 控制要求

S7-200 PLC 通过 EM277 模块建立与 S7-300 PLC 之间的 PROFIBUS 现场总线通信连接，能够将 S7-200 PLC 的 IW0 中的状态信息传送到 S7-300 PLC 的 QW0；同时将 S7-300 PLC 的 IW0 中的状态信息传送到 S7-200 PLC 的 QW0。

当 S7-300 的输入端 I0.0~I1.7 逻辑状态分别为 1 时，S7-200 的输出端 Q0.0~Q1.7 的逻辑状态也随之对应改变为 1；当 S7-200 PLC 的输入端 I0.0~I1.7 逻辑状态分别为 1 时，S7-300 PLC 的输出端 Q0.0~Q1.7 的逻辑状态也随之对应改变为 1。

2. 系统组成

S7-300（CPU314C-2DP）PLC 一台、S7-200（CPU226）PLC 一台、EM277 通信模块一台、PROFIBUS-DP 网络线一条、西门子 MPI 电缆下载线一条。

3. PROFIBUS 现场总线简介

PROFIBUS 现场总线是一种国际性开放式现场总线，是国际上公认的标准，实现了数字和模拟输入/输出模块、智能信号装置和过程调节装置与 PLC 和 PC 的数据传输，把 I/O 通道分散到实际需要的现场设备附近，从而使整个系统的工程费用、维修费用减少到最小。

PROFIBUS 网络通信结构精简，传输速度很高且稳定，它按"主/从令牌通行"访问网络，只有主动节点才有接收访问网络的权利，通过从一个主站将令牌传输到下一个主站来访问网络。

PROFIBUS 提供三种通信协议类型：PROFIBUS-DP、PROFIBUS-FMS、PROFIBUS-PA。

1）PROFIBUS-DP：适合 PLC 之间以及 PLC 与现场分散的 I/O 设备之间的通信。

2）PROFIBUS-FMS：处理 PLC 和 PC 之间的数据通信。

3）PROFIBUS-PA：使用扩展的 PROFIBUS-DP 协议进行数据传输，通过现场总线对现场设备供电。

PROFIBUS 总线符合 EIA RS485 标准，PROFIBUS 使用两端均有终端的总线拓扑结构。保证在运行期间，接入和断开一个或多个站时，不会影响其他站的工作。

PROFIBUS RS-485 的传输程序是以半双工、异步、无间隙同步为基础，传输介质可以是屏蔽双绞线或光纤。RS-485 若采用屏蔽双绞线进行电气传输，不用中继器时，每个 RS-485 段最多连接 32 个站；用中继器时，可扩展到 127 个站，传输速度为 9.6kbit/s~12Mbit/s，电缆的长度为 100~1200m，总线长度与传输速率有关，传输速率越高，总线长度越短，越容易受到干扰。

4. EM277 从站模块简介

EM277 是 S7-200 PLC 连接 PROFIBUS DP 系统的 DP 从站模块，其外形结构前视图如图 4-149 所示。该模块是一种智能扩展模块，可与 CPU222、CPU224、CPU224XP 及 CPU226 连接。

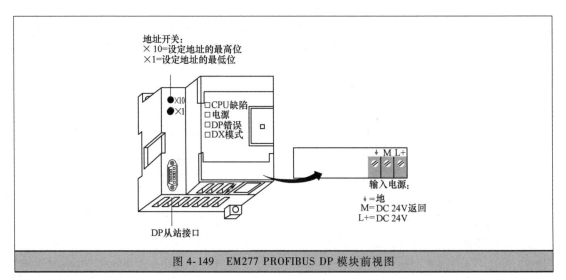

图 4-149　EM277 PROFIBUS DP 模块前视图

　　EM277 可作为连接到其他 MPI 主站的通信接口，而不论该模块是否用作 PROFIBUS DP 从站。该模块利用 S7-300/400 的 XGET/XPUT 功能，提供从 S7-300/400 到 S7-200 的连接。STEP 7-Micro/WIN 以及使用 MPI 或 PROFIBUS 参数集的网卡（如 CP5611），还有 OP 设备或者 TD 200 都可以通过 EM277 和 S7-200 进行通信。

　　当 EM277 用于 MPI 通信时，MPI 主站必须使用 EM277 模块的站地址向 S7-200 CPU 发送信息，发送给 EM277 的 MPI 信息将通过 EM277 传送给 S7-200 CPU。

　　EM277 是一种从站模块，不能用来通过 NETR 和 NETW 语句进行不同的 S7-200 PLC 之间的通信，不能用于自由端口的通信。

　　通过 EM277 PROFIBUS-DP 扩展从站模块，可将 S7-200 CN CPU 连接到 PROFIBUS-DP 网络。EM277 经过串行 I/O 总线连接到 S7-200 CN 的 CPU。PROFIBUS 网络经过其 DP 通信端口，连接到 EM277 PROFIBUS-DP 模块。这个端口可运行于 9600bit/s 和 12Mbit/s 之间的任何 PROFIBUS 波特率。

　　作为 DP 从站，EM277 模块接收从主站来的多种不同的 I/O 配置，向主站发送和接收不同数量的数据。这种特性使用户能修改所传输的数据量，以满足实际应用的需要。

　　与许多 DP 站不同的是，EM277 模块不仅仅是传输 I/O 数据。EM277 能读写 S7-200 CN CPU 中定义的变量数据块。这样，使用户能与主站交换任何类型的数据。首先将数据移到 S7-200 CN CPU 中的变量存储器，就可将输入、计数值、定时器值或其他计算值传送到主站。类似地，从主站来的数据存储在 S7-200 CN CPU 中的变量存储器内，并可移到其他数据区。

5. 控制要求分析

　　根据控制要求，S7-200 PLC 与 S7-300 PLC 之间实现 PROFIBUS 现场总线通信，需要借助 EM277 模块来支持 S7-200 CPU 到 PROFIBUS DP 系统的连接，将 S7-300（CPU314C-2DP）PLC 作为主站，S7-200（CPU226）PLC 作为从站。

　　在使用第三方从站设备 EM277 模块连接到 PROFIBUS DP 系统时，必须在 STEP7 的硬件组态软件中安装 EM277 的硬件识别文件，也就是 GSD 文件。

　　S7-300 与 S7-200 通过 EM277 进行 PROFIBUS DP 通信，需要在 STEP7 中进行 S7-300

站组态，在 S7-200 系统中不需要对通信进行组态和编程，只需将要进行通信的数据整理

存放到设置好的 V 存储区，与 S7-300 组态 EM277 从站时的硬件 I/O 地址相对应就可以了。

6. S7-300 PLC 组态

（1）新建项目

在 STEP7V5.5 中新建一个项目，项目名称是"PROFIBUS_EM277 通信"。操作如下：在"文件"菜单下选择"新建"命令，或者单击工具栏上的图标，在弹出的对话框中输入项目名称"PROFIBUS_EM277 通信"，单击"确定"按钮完成，如图4-150 所示。

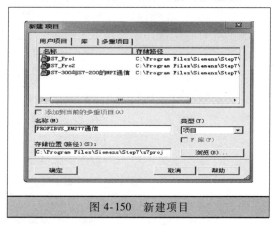

图 4-150　新建项目

（2）添加站点

在"PROFIBUS_EM277 通信"下面单击鼠标右键插入一个 S7-300 站点。如图 4-151 所示，选中 SIMATIC 300（1）站，双击右侧"硬件"，如图 4-152 所示。

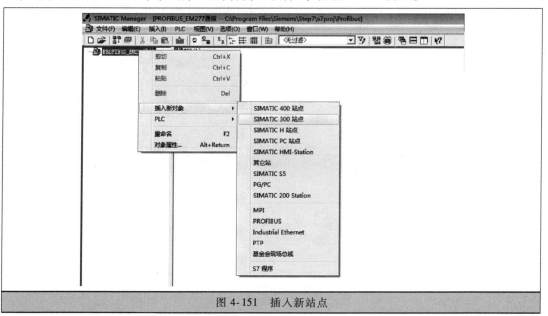

图 4-151　插入新站点

图 4-152　组态硬件

（3）添加 RACK

在出现的对话框的左侧，打开资源图，选中 SIMATIC 300，打开 RACK-300，双击 Rail，完成主机架的配置，如图 4-153 所示。在对 S7-300 进行硬件组态的时候，RACK 是第一个需要组态的硬件。

（4）添加电源与 CPU

在 1 号槽位置添加电源 PS 307 2A（在 PS-300 资源库内），如图 4-154 所示。在 2 号槽位置添加 CPU，在 CPU 300 处选择 CPU 314C-2 DP，双击 6ES7 314-6CF02-0AB0，如图 4-155 所示。如果需要扩展机架，则应在 IM-300 目录下找到相应的接口模块，添加到 3 号槽。在此，不需扩展，所以，3 号槽留空。4～11 号槽中可添加信号模块、功能块、通信处理模块等，在此无须配置，所以均留空。

图 4-153　配置 RACK

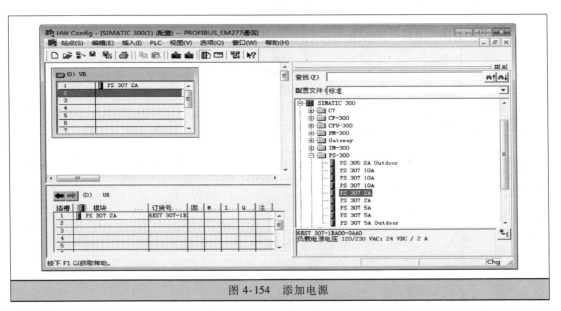

图 4-154　添加电源

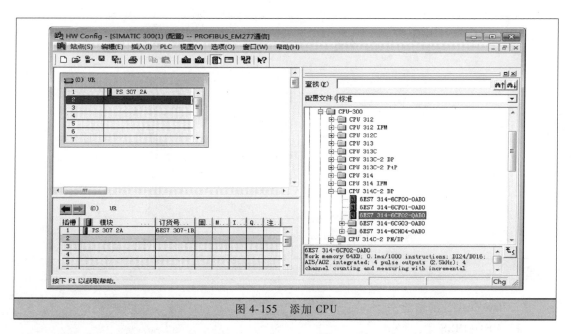

图 4-155　添加 CPU

在配置的过程中，STEP7 可以自动检查配置的正确性。当一个待添加模块被选中时，机架中允许插入该模块的槽会变成绿色，而不允许插入该模块的槽颜色无变化。双击待添加模块时，如果不能插入，则会出现一个对话框，提示不能插入的原因。

注意：在选择硬件型号时，以实际设备上的型号为准。

（5）输入/输出的地址设置

在硬件配置界面中，双击插槽 2 中的 ，如图 4-156 所示。在出现的对话框里单击"地址"，出现地址的设置画面。取消选中"系统默认"复选框，把"开始"后的 124 改为 0。更改后的画面如图 4-157 所示。S7-300 系统默认的输入/输出地址均从 124 开始，这里均改为从 0 开始。

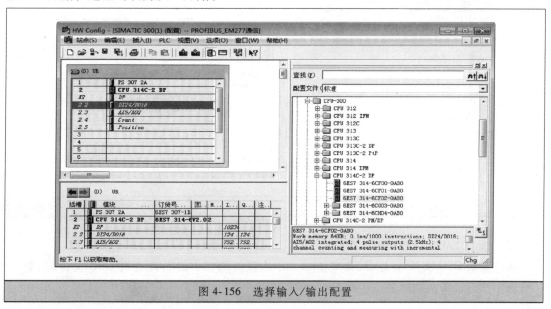

图 4-156　选择输入/输出配置

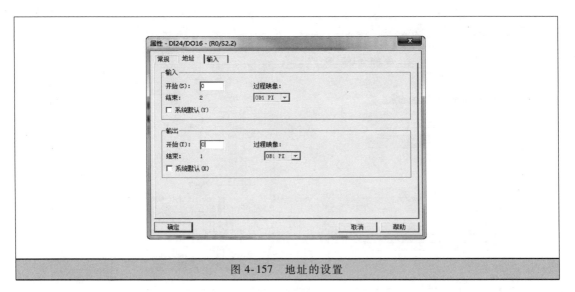

图 4-157 地址的设置

7. PROFIBUS 网络组态

（1）PROFIBUS 主站组态

在硬件配置界面中，双击插槽 2 中的 ▉▉▉▉▉▉ ▉ DP ▉▉▉▉▉ ，如图 4-158 所示，弹出"PROFIBUS DP 属性"对话框，如图 4-159 所示。单击对话框中的"属性"按钮，弹出"PROFIBUS 接口属性"对话框，将主站地址设置为 2，如图 4-160 所示。在该对话框中单击"新建"按钮，弹出"新建子网 PROFIBUS 属性"对话框，在该对话框中单击"网络设置"选项，进行网络设置，将传输率设为 187.5kbit/s，配置文件为 DP，单击"确定"按钮，如图 4-161 所示。再依次单击图 4-160、图 4-159 中的"确定"按钮。得出组态完毕的主站，如图 4-162 所示。

图 4-158 配置 DP 属性

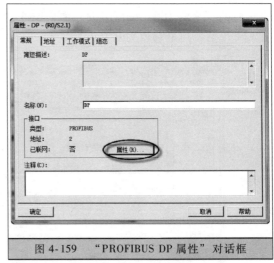

图 4-159 "PROFIBUS DP 属性"对话框

（2）安装 EM277 的 GSD 文件

通过安装 GSD 文件（支持 PROFIBUS-DP 协议的第三方设备都会有 GSD 文件），就可以组态第三方设备从站的通信接口。

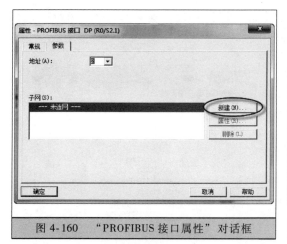

图 4-160　"PROFIBUS 接口属性" 对话框

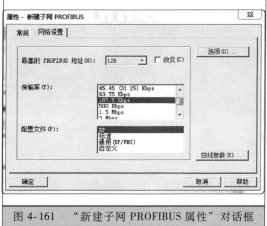

图 4-161　"新建子网 PROFIBUS 属性" 对话框

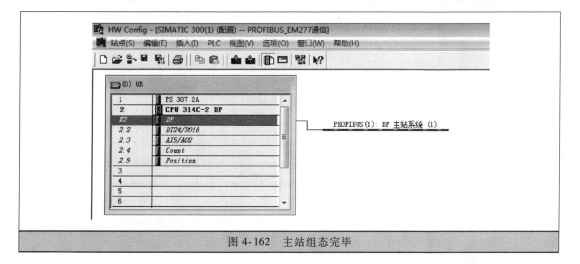

图 4-162　主站组态完毕

在硬件组态界面中，退出所有应用程序，选择"选项"→"安装 GSD 文件"命令，如图 4-163 所示（GSD 文件可以去西门子网站下载），弹出"安装 GSD 文件"窗口，如图 4-164 所示。

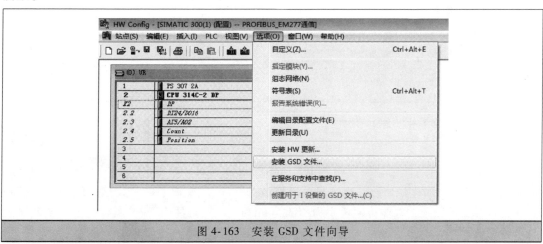

图 4-163　安装 GSD 文件向导

在"安装GSD文件"窗口单击"浏览"按钮，如图4-165，找到并添加EM277文件夹，然后选择sime089d.gsd并安装。

| 图4-164　"安装GSD文件"窗口 | 图4-165　选择GSD文件 |

（3）添加EM277模块

安装完成"EM277 GSD文件"后选择硬件窗口菜单栏中"选项"里面的"更新目录"命令，将EM277 PROFIBUS DP从站模块拖放到总线上，如图4-166所示。弹出"EM277从站模块地址"设置窗口，将该从站模块地址设置为3，如图4-167所示。

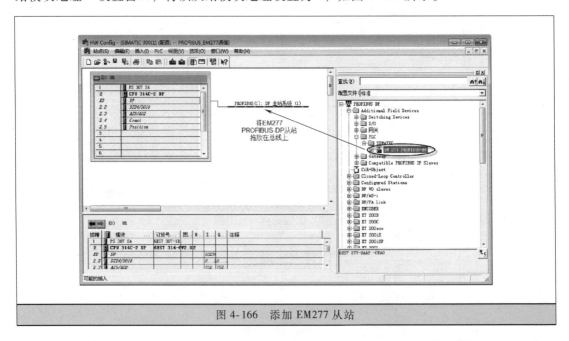

图4-166　添加EM277从站

双击EM277从站图标，出现图4-168所示的设置界面，单击PROFIBUS按钮，确认从站地址为3（若前面未做修改，在这里可以修改为3）。需要说明的是，这个站号与EM277上的拨码开关要一致，选择传输速率为187.5kbit/s，配置文件为DP，其设置要与主站系统的参数一致。

在图 4-168 所示界面中选择"分配参数",出现图 4-169 所示组态界面,选中 I/O Offset in the V-memory,在右视窗内可调整 V 存储区的偏移量。V 存储区的偏移默认为 0,在本例中修改为 100,因此 S7-200 的接收区地址为 VW100,S7-200 的发送区地址为 VW102。单击"确定"按钮。

在右侧项目栏双击 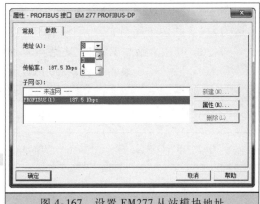 2 Bytes Out/ 2 Bytes In 图标,定义通信接口数据区为输入 2 个字节,输出 2 个字节,如图 4-170 所示。

图 4-167　设置 EM277 从站模块地址

图 4-168　DP 从站属性设置窗口

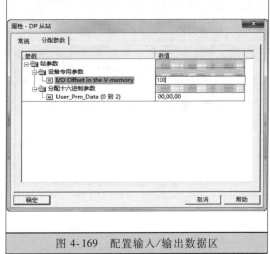

图 4-169　配置输入/输出数据区

图 4-170　组态 EM277 发送区和接收区

图 4-170 中对应的地址是主站的数据交换映射区地址，输入区为 IW3 共 2 个字节，输出区为 QW2 共两个字节，对应 S7-200 PLC 的 V 存储区域，占用 4 个字节。

S7-300 PLC 主站与 EM277 从站在本例中的数据交换关系见表 4-6。

表 4-6　S7-300 PLC 主站与 EM277 从站数据交换关系

S7-300 主站	EM277 从站	备注
IB3～IB4(接收区)	VB102～VB103(发送区)	主站的 IB3～IB4 接收来自从站 VB102～VB103 发送的数据
QB2～QB3(发送区)	VB100～VB101(接收区)	从站 VB100～VB101 接收来自主站 QB2～QB3 发送的数据

（4）下载硬件组态

选择编译并保存  ，将 S7-300 PLC 电源打开，单击下载图标  ，单击"视图"，选择出现的"网络节点"，如图 4-171 所示。按照提示，单击"确定"按钮，下载时出现的对话框如图 4-172 所示。

图 4-171　选中下载节点

图 4-172　下载硬件组态参数

8. 程序编写

（1）S7-300 主站程序编写

在新建的项目"PROFIBUS_EM277 通信"左侧项目树中依次打开到"块"，双击右侧的 OB1，如图 4-173 所示。在出现的对话框里将创建语言改为 LAD，单击 OK 按钮，如图 4-174 所示。

进入 OB1 主程序后，编写通信系统调试程序，在左侧指令树中找到 MOVE 指令，依次用鼠标分别拖拽放置到"程序段 1"和"程序段 2"，并正确填写指令左右两侧的变量。完整程序如图 4-175 所示。

（2）S7-200 从站程序编写

打开 STEP 7-Micro/WIN 软件，在程序块界面中编写程序，本实验中 S7-200 PLC 从站程序如图 4-176 所示。

网络 1 表示将 EM277 从站 IW0 的外部开关信号传送到数据发送区 VW102，该数据自动映射到主站 S7-300 PLC 的接收区 IW3。

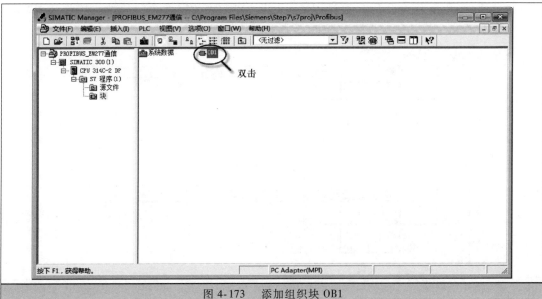

图 4-173　添加组织块 OB1

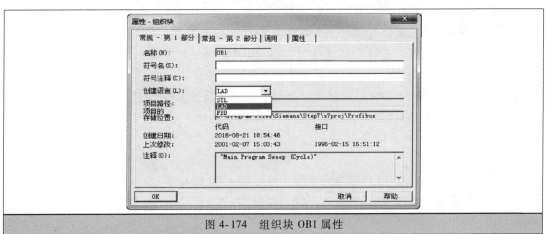

图 4-174　组织块 OB1 属性

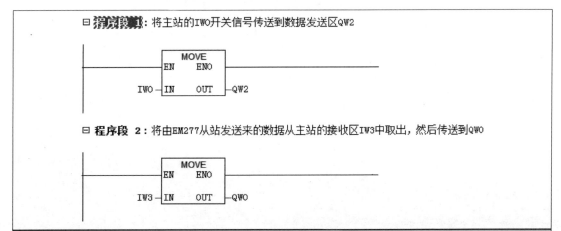

图 4-175　主站完整程序

网络 2 表示当 S7-300 PLC 通过网络发送区 QW2 将数据发送到从站的接收区 VW100 后，通过传送指令将从站接收区 VW100 数据取出传送到 QW0。

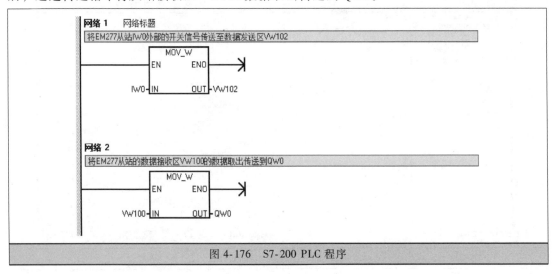

图 4-176   S7-200 PLC 程序

9. 调试

在进行 PROFIBUS 通信调试时，需要注意 EM277 拨码开关的设置，硬件开关地址要与软件设置从站地址一致。进行设备连线时，将 PROFIBUS DP 电缆一端连接到 S7-300 PLC 的 DP 接口上，另一端连接到 EM277 模块上的 DP 从站接口。

然后将 S7-300 和 S7-200 的调试程序分别下载到各自的 CPU，打开 STEP7 中的变量表和 STEP 7-Micro/WIN 的状态表进行监控，然后操作主站和从站各自 IW0 外部的开关，观察通信伙伴方控制对象 QW0 的变化。

例如：

1）将 S7-200 PLC 中 I0.0 接通为 1 后，对应 S7-300 PLC 中 Q0.0 接通。

2）将 S7-300 PLC 中 I0.0 接通为 1 后，对应 S7-200 PLC 中 Q0.0 接通。

电气控制线路中常用图形符号和文字符号新旧国标对照

名　称	图形符号	文字符号		说　明
		新国标 （GB/T 5094.2—2003 GB/T 20939—2007）	旧国标 （GB 7159—1987）	
1. 能的发生和转换				
电动机	M 3～	MA	MA	三相笼型异步电动机
	M		M	步进电动机
	MS 3～		MV	三相永磁同步交流电动机
双绕组变压器	样式1	TA	T	双绕组变压器 画出铁心
	样式2			双绕组变压器
整流器	～/---	TB	U	整流器
	◇			桥式全波整流器
变频器	f_1/f_2	TA	—	变频器 频率由 f_1 变到 f_2，f_1 和 f_2 可用输入和输出频率数值代表

（续）

名　　称	图形符号	文字符号		说　　明
		新国标 （GB/T 5094.2—2003 GB/T 20939—2007）	旧国标 （GB 7159—1987）	
2. 触点				
触点		KF	KA、KM、KT、 KI、KV 等	动合（常开）触点 本符号也可用作开关的一般符号
				动断（常闭）触点
延时动作触点		KF	KT	当操作器件被吸合时延时闭合的动合触点
				当操作器件被释放时延时断开的动合触点
				当操作器件被吸合时延时断开的动断触点
				当操作器件被释放时延时闭合的动断触点
3. 开关及开关部件				
单极开关		SF	S	手动操作开关一般符号
			SB	具有动合触点且自动复位的按钮
				具有动断触点且自动复位的按钮
			SA	具有动合触点但无自动复位的拉拨开关
				具有动合触点但无自动复位的旋转开关
				钥匙动合开关
				钥匙动断开关

（续）

名　　称	图形符号	文字符号		说　　明
		新国标 （GB/T 5094.2—2003 GB/T 20939—2007）	旧国标 （GB 7159—1987）	
位置开关		BG	SQ	位置开关、动合触点
				位置开关、动断触点
电力开关器件		QA	KM	接触器的主动合触点 （在非动作位置触点 断开）
				接触器的主动断触点 （在非动作位置触点 闭合）
			QF	断路器
		QB	QS	隔离开关
				三极隔离开关
				负荷开关 负荷隔离开关
				具有由内装的量度继电器或脱扣器触发的自动释放功能的负荷开关
4. 检测传感器类开关				
开关及触点		BG	SQ	接近开关
			SL	液位开关
		BS	KS	速度继电器触点
		BB	FR	热继电器常闭触点

（续）

名　　称	图形符号	文字符号		说　　明
		新国标 （GB/T 5094.2—2003 GB/T 20939—2007）	旧国标 （GB 7159—1987）	
开关及触点		BT	ST	热敏自动开关（例如双金属片）
				温度控制开关（当温度低于设定值时动作），把符号"<"改为">"后，温度高于设定值时动作
		BP	SP	压力控制开关（当压力大于设定值时动作）
		KF	SSR	固态继电器触点
			SP	光电开关
5. 继电器操作				
线圈		QA MB	KM YA K	接触器线圈 电磁铁线圈 电磁继电器线圈一般符号
			KT	延时释放继电器的线圈
				延时吸合继电器的线圈
		KF	KV	欠电压继电器线圈，把符号"<"改为">"表示过电压继电器线圈
			KI	过电流继电器线圈，把符号">"改为"<"表示欠电流继电器线圈
			SSR	固态继电器驱动器件
		BB	FR	热继电器驱动器件
		MB	YV	电磁阀
			YB	电磁制动器（处于未开动状态）

（续）

名　称	图形符号	文字符号		说　明
		新国标 （GB/T 5094.2—2003 GB/T 20939—2007）	旧国标 （GB 7159—1987）	
6. 熔断器和熔断器式开关				
熔断器		FA	FU	熔断器一般符号
熔断器式开关		QA	QKF	熔断器式开关
				熔断器式隔离开关
7. 指示仪表				
指示仪表	V	PG	PV	电压表
	↑		PA	检流计
8. 灯和信号器件				
灯、信号器件	⊗	EA 照明灯 PG 指示灯	EL HL	灯一般符号,信号灯一般符号
	⊗		HL	闪光信号灯
		PG	HA	电铃
			HZ	蜂鸣器

271

参 考 文 献

［1］　王永华. 现代电气控制及 PLC 应用技术 ［M］. 北京：北京航空航天大学出版社，2017.

［2］　胡学林. 可编程控制器教程（基础篇）［M］. 北京：电子工业出版社，2014.

［3］　廖常初. PLC 编程及应用 ［M］. 北京：机械工业出版社，2014.

［4］　肖宝兴. 西门子 S7-200PLC 的使用经验与技巧 ［M］. 北京：机械工业出版社，2014.

［5］　罗宇航. 流行 PLC 实用程序及设计 ［M］. 西安：西安电子科技大学出版社，2006.

［6］　廖常初. 西门子人机界面（触摸屏）组态与应用技术 ［M］. 北京：机械工业出版社，2008.

［7］　李辉. S7-200 PLC 编程原理与工程实训 ［M］. 北京：北京航空航天大学出版社，2008.

［8］　袁秀英. 计算机监控系统的设计与调试 ［M］. 北京：电子工业出版社，2017.

读者需求调查表

亲爱的读者朋友：

　　您好！为了提升我们图书出版工作的有效性，为您提供更好的图书产品和服务，我们进行此次关于读者需求的调研活动，恳请您在百忙之中予以协助，留下您宝贵的意见与建议！

个人信息

姓名：		出生年月：		学历：	
联系电话：		手机：		E-mail：	
工作单位：	职务：				
通讯地址：	邮编：				

1. 您感兴趣的科技类图书有哪些？

□自动化技术　□电工技术　□电力技术　□电子技术　□仪器仪表　□建筑电气
□其他（　　）以上各大类中您最关心的细分技术（如 PLC）是：（　　　）

2. 您关注的图书类型有：

□技术手册　□产品手册　□基础入门　□产品应用　□产品设计　□维修维护
□技能培训　□技能技巧　□识图读图　□技术原理　□实操　　　□应用软件
□其他（　　　）

3. 您最喜欢的图书叙述形式：

□问答型　　□论述型　　□实例型　　□图文对照　□图表　　□其他（　　　）

4. 您最喜欢的图书开本：

□口袋本　　□32 开　　　□B5　　　　□16 开　　　□图册　　□其他（　　　）

5. 图书信息获得渠道：

□图书征订单　□图书目录　□书店查询　□书店广告　□网络书店　□专业网站
□专业杂志　　□专业报纸　□专业会议　□朋友介绍　□其他（　　　）

6. 购书途径：

□书店　□网站　□出版社　□单位集中采购　□其他（　　　）

7. 您认为图书的合理价位是（元/册）：

手册（　　）图册（　　）技术应用（　　）技能培训（　　）基础入门（　　）其他（　　）

8. 每年购书费用：

□100 元以下　□101~200 元　□201~300 元　□300 元以上

9. 您是否有本专业的写作计划？

□否　　□是（具体情况：　　　）

非常感谢您对我们的支持，如果您还有什么问题欢迎和我们联系沟通！

地址：北京市西城区百万庄大街 22 号　机械工业出版社电工电子分社　邮编：100037
联系人：张俊红　联系电话：13520543780　传真：010-68326336
电子邮箱：buptzjh@163.com（可来信索取本表电子版）

读者需求调查表

姓名：		出生年月：		职称/职务：		专业：	
单位：				E-mail：			
通讯地址：						邮政编码：	
联系电话：			研究方向及教学科目：				

个人简历(毕业院校、专业、从事过的以及正在从事的项目、发表过的论文)

您近期的写作计划有：

您推荐的国外原版图书有：

您认为目前市场上最缺乏的图书及类型有：

地址：北京市西城区百万庄大街 22 号　机械工业出版社电工电子分社

邮编：100037　网址：www.cmpbook.com

联系人：张俊红　电话：13520543780　010-68326336（传真）

E-mail：buptzjh@163.com（可来信索取本表电子版）